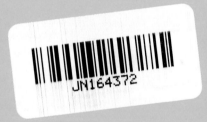

情報理論 改訂2版

今井秀樹 著

Ohmsha

改訂2版まえがき

本書の初版が出版されてから，既に35年以上経過している．その間，本書は多くの大学や教育機関で教科書として用いられ，非常に多くの方々にお読みいただけた．それが，我が国の情報関連の技術の発展に少しでも貢献したとすれば，著者として望外の喜びである．

この35年の間，本書の軽微な改訂・修正は行ってきたが，情報理論に密接に関連する符号化技術や通信放送技術のこの間の進展は目覚ましく，現在の情報理論全体を見渡すには増補が必要と考え，今回改訂を行うことにしたのである．実際，情報理論の応用分野は拡大を続けている．今日急速に進展している通信放送技術やコンピュータ技術はいうまでもないが，最先端の人工知能分野や遺伝子工学あるいは経済学などの分野でも情報の扱いは基本的重要性をもっていて，情報理論の考え方が，そこかしこで用いられている．

とはいえ，情報理論の基盤そのものが変わったわけではない．情報や情報量の概念，それを扱う基本的手法は不変である．そこで，改訂に際しても，初版を著したときの方針を変えないこととした．すなわち，情報理論の主要な問題を明示し，それに答えていくという形式はそのままであるし，内容の多くも，よりわかりやすくするような若干の変更は行っているが，初版を踏襲している．

しかし，今回いくつかの新しい技術を取り入れている．複雑な構造をもつ通信システムにおける符号化法や確率的性質が未知の情報源に対するユニバーサル符号化法，そして非常に強力な誤り訂正符号である低密度パリティ検査符号の構成法とその繰返し復号法などである．これらは今日広く使われるようになってきた．

今回の改訂で取り入れなかった理論に量子情報理論がある．量子コンピュータや量子暗号が現れつつあり，従来のスーパーコンピュータでは不可能であるような，ある種の高速演算や，絶対的に安全な暗号を実現する技術として期待されてはいるが，未だ技術が確立しているわけではなく，本書に入れるには時機尚早と判断した．しかし，これらの技術が順調に発展していけば，次の改訂の際には取り入れることになるであろう．

末筆であるが，本改訂版執筆の機会を与えていただいたオーム社津久井靖彦氏，角田一康氏，橋本享祐氏，刊行にあたり大変お世話になった原純子氏に心から感謝の意を表する次第である．

平成 31 年 1 月

今井　秀樹

初版まえがき

情報の伝達，蓄積，処理の技術は，今日の情報化社会を支える基盤技術となっている．情報理論は，この情報伝達，蓄積の効率化，高信頼化に関する基礎理論である．また，それは，“情報”に対し，一つの重要な視点を与えるものであり，およそ情報を扱う技術者，研究者にとって，一度は学ばねばならない理論である．

もとより，情報理論は万能ではない．情報の伝達，蓄積，処理に関するすべての問題がこれで解決できるというものではないのである．情報理論にあまりにも多くを期待し，やがて失望し，去っていった技術者も，決して少なくはない．しかし，情報理論は，その限界を知り，適切に用いるなら，きわめて有用なものである．

情報理論は，美しい理論体系を持っている．しかし，それは単なる数学理論ではない．情報伝達，蓄積の多くの分野で実際に用いられ，情報化社会の進展に伴って，その応用範囲をさらに拡げつつある工学理論でもある．

本書は，情報工学，通信工学，電気工学，電子工学の学部学生を主たる対象とし，この工学理論としての情報理論を，できるだけ整理して，平易に記述したものである．本書は，はじめに，情報理論で扱う主要な問題を明示し，それに答えていくという形で書かれている．これにより，“なぜ，このようなことを考えるのか”ということが常に明確となり，深い理解が得られると考えたからである．

情報理論で扱う主要な問題とは，情報の伝達，蓄積の効率化，高信頼化の限界および実現法である．従来の情報理論では，限界の理論が中心となることが多かった．しかし，情報理論が工学的に広く応用されるようになってきた今日，この理論において，限界と実現法は同等に扱われるべきであろうし，また，そのほうが，理論体系としても完備したものとなってくる．このため，本書では，実現法に多くの頁数を割いた．

また，本書では，数学的厳密さにはあまりとらわれず，直観的な理解を重視した．情報理論を応用し，それを発展させていくには，直観的な理解こそ重要だからである．このため図と例を多く用い，煩雑な式の導出はできるだけ避け，直観的な説明で置きかえた．さらに，章末には演習問題，巻末には解答を付して，自習にも適するように編集した．これらの例や問題には，応用上深い意味を持つものが少なくない．

情報理論の研究は，今日も盛んであり，発展を続けている．その最近の研究成果を取り入れるのは，本書のような教科書では必ずしも適当ではないが，応用上重要で，将来情報理論の一つの核となり得ると思われるものは，あえて取り入れた．

さて，情報理論は，その応用が拡がりつつあるとはいえ，まだ用いるべきところに用いられていない例がきわめて多い．本書を通して，情報理論を深く理解し，それをさまざまな分野に応用していただければ，著者として，最大の喜びとするところである．

本書執筆中，巻末にあげた文献を種々参考にさせていただいた．これらの著者に敬意と謝意を表したい．また，本書執筆の機会を与えていただいた昭晃堂阿井國昭氏，刊行にあたり大変お世話になった小林孝雄氏，上原仁子氏に心から感謝の意を表する次第である．

昭和 59 年 1 月

今井　秀樹

目　　次

第1章　序　　論

第2章　情報理論の問題

第3章　情報源と通信路のモデル

第4章　情報源符号化とその限界

第5章　情報量とひずみ

第6章　通信路符号化の限界

第7章　通信路符号化法

第8章　アナログ情報源とアナログ通信路

第1章

序　　論

1.1 情報理論とは

1.1.1 情報の伝達

情報理論とは，情報の伝達をいかに効率よく，そして信頼性高く行うかに関する理論である．したがって，情報理論を論じるには，情報の伝達とは何かという問題を避けて通るわけにはいかない．

情報が物質とは違うということを，我々はよく認識している．たとえば，新聞によって我々は多くの情報を得るが，新聞紙そのものが情報だと考える人はいないであろう．新聞紙は情報を運ぶもの——情報の媒体の一つにすぎない．事実，読み終われば新聞紙は，多くの場合，紙としてしか扱われなくなる．

ところが，情報を送るということを，我々は物を送るということと同じように考えがちである．つまり，情報という“もの”があって，それがA地点からB地点に送られるというように考える．しかし，物を送るということと，情報を送るということの間には本質的な相違がある．“物”は誰に送られても同じ“物”である．ところが，情報は受け手によって大きく違う．たとえば，この本を小学生に読ませたとしても，ほとんど何の情報も伝わらないであろう．理科系の大学生が読めば，多くの情報が伝わるであろうが，情報理論の専門家が読めば，あまり多くの情報は伝達されないかもしれない．このように，情報の伝達というのは，その受け手と本質的な関わりをもっているのである．

情報が伝達されれば，受け手の知識（時には情緒）によって構成されている世界に変化が起こる．この受け手の世界の変化が情報の伝達の本質的な点である．もし，受け手の世界が何らかの数学的モデルで表されるなら，情報の伝達もまた数学的に記述できるであろう．しかし，これは，一般的には非常に難しい．知識とは何か，さらには知能とは何かという問題につながっていくからである．特に受け手が人間である場合には，その世界は多様で，不安定で，きわめて個性的なものであろう．このような場合の情報の伝達の問題に正面から取り組むことは，非常に興味深い問題ではあるが，本書の範囲を越える．

ここでは，受け手の世界が，ある程度限定され，普遍性をもつ場合について考えていく．情報伝達の効率化や高信頼化が要請されるのは，むしろ，そのような場合（あるいは，そのように見なし得る場合）が多いのである．たとえば，電信で英文を送るという場合を考えよう．この場合，最終的な受け手は人であり，個々の英文は，その人に対し，何らかの意味をもち，その人の世界に応じた情報を伝達する．しかし，英文を伝送する電信システムを設計する場合には，英文の意味内容にまで立ち入らないで，英文を英文字の系列として忠実に伝送するという立場に立てば，通常は十分であろう．この場合，受け手の世界は，英文字の系列としての英文の世界ということになる．この世界には，英文が大量に含まれているから英文の統計的性質に関する知識（たとえば，アルファベット各文字の出現頻度に関する知識など）はあるであろう．しかし，英文の意味や文法に関する知識はない．このような世界において，受け手は，次に受け取る英文について（意識するしないに関わらず）何らかの予測をしているであろう．いいかえると，英文の集合に対して何らかの確率分布を与えていると考えられる．次に受け取りそうな英文に対しては高い確率が与えられているわけである．このシステムで英文が送られ，受け手が受け取れば，英文の集合に対して与えられていた確率分布に変化が生じることになる（**図 1.1**）．特に，常に誤りなく英文が伝えられる場合には，一つの英文が特定される（確率 1 が与えられる）．これが，この場合の情報の伝達ということである．

情報理論で扱う情報の伝達は，この例のように比較的簡単な場合に限られる．つまり，ある集合に対し，何らかの統計的知識に基づいて受け手が与えている確率分布に変化がひき起こされるという形で，情報の伝達を捉えるのである．

このように，情報伝達のモデルを限定してしまったことは，情報理論に一つの限界を与えることにはなったが，このためにこそ，情報理論は大きな発展を遂げ，幅広く応用されるに至ったのである．

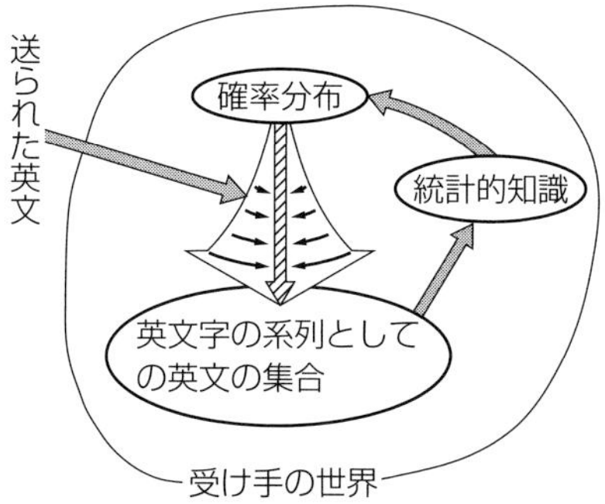

図 1.1 情報の伝達

1.1.2 通信システムのモデル

さて，このような情報伝達の効率を上げ，信頼性を向上するには，さまざまな手段が考えられるが，情報理論では符号化という手段でそれを達成しようとする．この点についてさらに詳しく説明するために，**図 1.2** の通信システム（情報伝達システム）のモデルを考えよう．この図で，**情報源**（information source）は情報を発生する源である．前の電信の例でいえば，ここから送るべき英文が発生してくる．情報源から発生する情報は，このように英文という形をとることもあろうし，数字の列の形であることもあろう．あるいはまた，音という形あるいは画像という形の場合もある．このような情報源から発生する“もの”を**通報**（message）という．また，英文や数字などのように記号や離散的な値で表される通報を**ディジタル通報**（digital message）といい，人が認識する音や画像などのように**アナログ量***で表される通報を**アナログ通報**（analog message）という．さらに，ディジタル通報を発生する情報源を**ディ**

図 1.2 通信システムのモデル

＊ ある連続な範囲の任意の値をとり得る量をアナログ量という．

ジタル情報源，アナログ通報を発生する情報源を**アナログ情報源**と呼ぶ．

通報は**通信路**（communication channel）を介して**あて先**（destination：受け手）に送られ，その結果，情報が伝達される．ただし，通信路には，一般に何らかの雑音やひずみが存在し，通報が誤って伝えられることもある．通信路にはさまざまなものがある．有線通信では電線や光ファイバなどが通信路であるし，無線通信ではさまざまな空間が通信路となる．記録も未来への通信と呼ぶべき一種の通信であり，半導体メモリや磁気テープ，磁気ディスク，光ディスクなどの記録媒体が通信路となる．

さて，一般に通報はそのまま通信路に入力できるわけではない．何らかの変換が必要である．このような通報の変換を広い意味で**符号化**（coding）というのである．また，その逆の操作，すなわち，通信路の出力を通報に戻す操作を**復号**（decoding）という．また，符号化，復号を行う装置または機構を**符号器**（encoder），**復号器**（decoder）と呼ぶ．

ここで一つ注意しておかねばならないことは，実際の通信システムを考えるとき，それを図1.2のモデルにどのように当てはめるかは，一般に一意には定まらないということである．ふたたび，英文の電信の例を考えよう．いま，英文を電線を介し，正負のパルスを用いて送るものとする．このとき，**図1.3**のようなシステムの構成が考えられる．すなわち，まず英文を0または1からなる記号列に変換し，0の場合は正のパルスを送り，1の場合は負のパルスを送るのである．

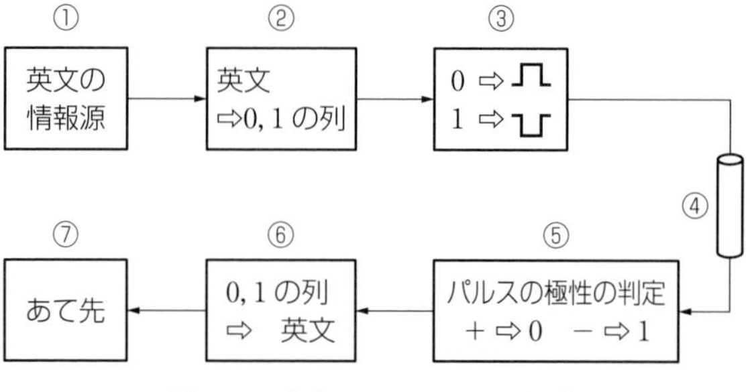

図1.3　英文のパルスによる伝達

このようなシステムにおいて，英文から 0，1 の系列へどのように変換するかという問題を論じたいのであれば，情報源は図 1.3 の①であるが，通信路は③から⑤までの部分と考えるのが適当である．つまり，この場合，通信路は入力，出力ともに 0 または 1 という離散的値をとることになる（このような通信路を **2 元通信路**という）．符号化，復号はそれぞれ②，⑥ということになる．なお，この例のように，入力，出力とも離散的であるような通信路を一般に**ディジタル通信路**という．

ところが同じシステムにおいて，どのようなパルス波形を用いたらよいか，また，どのような極性判定法を行えばよいか，などの問題を考える場合には，①と②をまとめたものを情報源とし，⑥と⑦をまとめたものをあて先とするのが適当であろう．通信路は④であり，符号化，復号はそれぞれ③，⑤となる．この場合，通信路の入力はパルス波形であり，出力はパルス波形に何らかの雑音やひずみの加わったものである．したがって，少なくとも出力はアナログ量である．このように，入力，出力の少なくとも一方がアナログ量であるような通信路を**アナログ通信路**と呼ぶ．

さらにまた，このシステムで②と③をまとめたものを符号化，⑤と⑥をまとめたものを復号と考えるのが適当な場合もあるであろう．このように，何を情報源と考え，何を通信路と考えるかは，何を問題にするかによって変わるのである．

1.1.3 符 号 化

ここで，図 1.3 のシステムで②，⑥をそれぞれ符号化，復号とし，③，④，⑤を通信路とする場合を例にとって，符号化の役割を見ておこう（**図 1.4**）．

符号化には，まず通報を通信路に入力できる形に変換するという役割がある．この場合，英文のままでは，2 元通信路に入力できないから，0，1 の系列に変換するのである．しかし，符号化の役割はこれだけではない．符号化を工夫すれば，情報伝達の効率化，高信頼化を図ることもできる．

たとえば，各英文字をそれぞれ 0，1 の系列に変換する場合，頻度の高い文

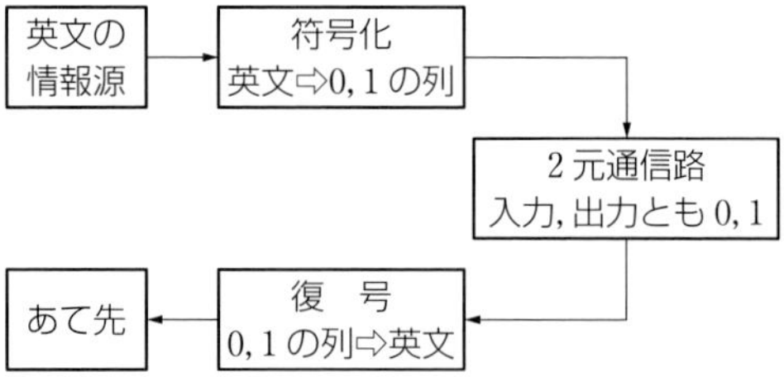

図 1.4　通信システムのモデル

字（E, T, A, O など）には短い系列を割り当て，頻度の低い文字（Z, Q, J, X など）には長い系列を割り当てれば，英文を全体として短い系列に変換でき，同じ時間でより多くの英文を送れることになるであろう．このようにして符号化により効率を上げることができるのである．情報源の統計的性質を利用して効率の向上を図る符号化を，一般に**情報源符号化**という．

次に，通信路で誤りがしばしば生じるという場合を考えてみよう．この誤りに対処する一つの方法として，各記号（0 または 1）を 3 回繰り返して送るという符号化法が考えられる．たとえば，010… を送りたいのであれば，000 111000… のようにさらに符号化するのである．このようにすると，3 回のうち 1 回が誤っても，ほかの 2 回に誤りがなければ，正しい記号が復元でき，信頼性が向上することになる．このような，通信路の雑音や誤りに対処し，高信頼化を図るための符号化を，一般に**通信路符号化**という．

1.1.4　情報理論とシャノン

情報理論は，前項で述べた情報源符号化と通信路符号化をいかに行うべきか，また，その限界はどうかという問題に関する理論である．

この理論は，すべて 1948 年に発表されたシャノン（C. E. Shannon）の論文“コミュニケーションの数学的理論（A mathematical theory of communication)”に始まる．シャノンはこの論文のなかで，（1）情報の量的表示，（2）情報源符号化の概念とその限界，（3）通信路符号化の概念とその限界，の三つを明らかにした．シャノン以後，現在に至るまでの間，情報理論は著しい発展を遂げたが，その成果のほとんどすべては，シャノンの論文にその直接のルーツをもっている．シャノンの論文は，歴史的な価値ばかりではなく，新しいアイディアの源泉としての価値を今日なお失ってはいない．

しかし，具体的な符号化法に関する理論の発展とその応用は，おそらくシャノンの予想を上まわるものであったろう．情報理論は今日，決して単なる理論のための理論ではなく，幅広い応用分野をもち，工学的にもきわめて重要な理論となっているのである．

1.2 情報理論の分野

1.2.1 シャノン理論・符号理論・信号理論

前項で述べたように，情報理論とは，情報伝達の効率化，高信頼化のための符号化の理論である．この理論はさらに，シャノン理論，符号理論に分けることができ，さらに信号理論と深い関わりをもつ．

シャノン理論は，いわばシャノン直系の理論であり，情報の量的表示および符号化の限界に関する理論である．時には，情報源符号化の具体的方法に関する理論も含むことがある．シャノン理論を情報理論と呼ぶ人も少なくない．事実，情報理論の教科書の多くはシャノン理論のみを扱っている．

符号理論は具体的な符号化法に関する理論である．この理論には，広い意味では情報源符号化法の理論も含まれるが，狭い意味では通信路符号化法の理論だけを指す．

信号理論は信号の解析法や，雑音中に埋もれた信号の推定法や検出法，あるいは信号の設計法に関する理論であり，必ずしも，情報理論に完全に含まれてしまうわけではないが，その大部分は情報理論の範疇に入ると見てよい．ただ，信号理論では，情報伝達の媒体である信号そのものが研究の対象となることが多く，情報の伝達が意識されないことがある．

符号* も信号も情報を担う媒体であるが，符号は通常，ディジタル的なもの

＊ 厳密には 4.1 節で定義する．

（すなわち，離散的な値，あるいは記号で表せるもの）をいうのに対し，信号はアナログ的なもの（すなわち，アナログ量で表されるもの）を指すことが多い．したがって，符号理論の対象はディジタル通信路に対する符号化が中心となる．これに対し，信号理論では，アナログ通信路に対する符号化が論じられる．なお，アナログ通信路に対する符号化（特に，通報を通信路に入力できる形に変換するという意味での符号化），および，それに対する復号はそれぞれ**変調**，**復調**と呼ぶことが多い．

1.2.2　情報理論の応用分野

情報理論のなかで目に見える形で最も広く応用されているのは，符号理論（情報源符号化の理論と通信路符号化の理論）であろう．まず，情報源符号化の理論は，データ圧縮技術（高能率符号化技術）の基礎をなすものであり，音声や画像のディジタル通信・放送・記録において，この理論に基づく技術が盛んに応用されている．データ圧縮技術が一般に広く使われるようになったのは，1980 年代のディジタルファクシミリの符号化からであり，その伝送コストを大きく下げることに貢献した．その後，データ圧縮技術は，ディジタル化社会における通信・放送・記録のコスト低減に不可欠な技術となっている．今日，家庭で高精細のテレビ放送や高品質の音楽を楽しめるのも，この技術なしには考えられないことであった．

一方，通信路符号化の理論は，誤りの訂正や検出技術の基礎をなすものであり，ディジタル情報の信頼性向上のため，この理論に基づく技術がディジタル通信・放送・記録システムに幅広く用いられている．簡単な誤り訂正や検出は，19 世紀から電信などで用いられていたとみることもできるが，現代の誤り訂正につながる符号は 1950 年代から現れてきた．1 個の誤りを訂正するハミング符号がその最初である．これは真空管式電子計算機の記憶装置の信頼性向上のために考えられたといわれている．現在も電子計算機（コンピュータ）を含む情報システムは誤り訂正符号の重要な応用分野となっている．1960 年前後には，訂正能力の高い誤り訂正符号が発明されたが，当時の技術では，コストが膨大となったため，それらが一般に使われるようになるには，1980 年代にコンパクトディスク（CD）への応用まで待たねばならなかった．しかし，それ以降，オーディオ・ビデオの分野で誤り訂正符号は必須のものとなっていく．一方，衛星通信においては，早くから高度な誤り訂正符号が用いられていたが，通信・放送分野で広く使われるようになるのは，通信では 1980 年代から，放送では 2000 年代からのディジタル化の進展に伴ってである．今日では，記録・通信・放送のそれぞれの分野で高度な誤り訂正符号が広く用いられるようになってきている．

また，信号理論は，宇宙，生体，地中などから得られるさまざまな信号の解析に用いられているし，通信や計測，制御やロボティクスなどにおける信号処理技術の基礎となっている．

さらに，シャノン理論における情報の捉え方は，符号理論，信号理論のみならず，コンピュータ科学，統計学，経済学，情報セキュリティなどの分野にも影響を及ぼしている．

このように，情報理論は，大規模な情報システムから家庭用のオーディオ・ビデオ機器に至るまで幅広く応用されており，しかも，その応用範囲は着実に拡大しつつある．

1.3 本書の構成

本書では，まず第 2 章で情報理論の対象とする問題を提示し，第 3 章から第 8 章まででその解決法を与えていく．第 3 章から第 7 章までは，ディジタル的な情報源や通信路のみを扱い，アナログ的な情報源や通信路は第 8 章でのみ論じる．このようにディジタルを中心にしたのは，理解しやすくするためであるが，また，これは情報理論の構造をも反映している．情報理論は，符号化ということばからも暗示されるように，ディジタル的理論が中心となっているのである．さらに，情報理論の直接の応用面においても，ディジタル的な部分が主流を占めている．

したがって，本書では，シャノン理論と符号理論は詳しく論じられるが，信号理論には深くは立ち入らない．

第2章の問題提起に続いて，第3章では，問題のモデルについて詳しく論じる．次いで，第4章と第5章で情報源符号化法とその限界について述べる．第5章では，情報の量についても詳しく考察する．また，この章では，ひずみという概念が導入される．第6章では，通信路符号化の限界を述べ，第7章では，通信路符号化の具体的方法について論じる．第7章の内容が，狭い意味での符号理論なのである．第8章では，情報源と通信路がアナログ的である場合について，まとめて述べる．

第 2 章

情報理論の問題

本章では，本書で考えていく情報理論の問題を提示する．それに対する解決法が第 3 章以下で詳しく論じられるのである．問題を解決するのに，まず最も重要なことは，その問題を十分に理解することであろう．この意味では，本章は本書の中心をなす部分である．

2.1 問題の提起

情報理論の問題を具体的に考えるために，1.1.3 項で示した英文を 2 元通信路を介して送るという例を再び取り上げてみよう．ただし，簡単のため情報源から発生する記号（**情報源記号**と呼ぶ）は A，B，C，D の 4 文字のみとし，これらが**表 2.1** のような確率で発生するものとする．また，2 元通信路ではときどき 0 が 1 に，または 1 が 0 に誤るが，その確率は 10^{-4} であるとする．このような通信システム（**図 2.1**）において，符号化，復号をいかに行うかが，我々に与えられた問題である．ただし，次のような要請があるとする．

① 2 元通信路では送られた記号数に応じて使用料金がかかるので，送るべ

表 2.1 情報源符号化法

情報源記号	確　率	$\boldsymbol{C}_{\mathrm{I}}$	$\boldsymbol{C}_{\mathrm{II}}$
A	0.6	0 0	0
B	0.25	0 1	1 0
C	0.1	1 0	1 1 0
D	0.05	1 1	1 1 1 0

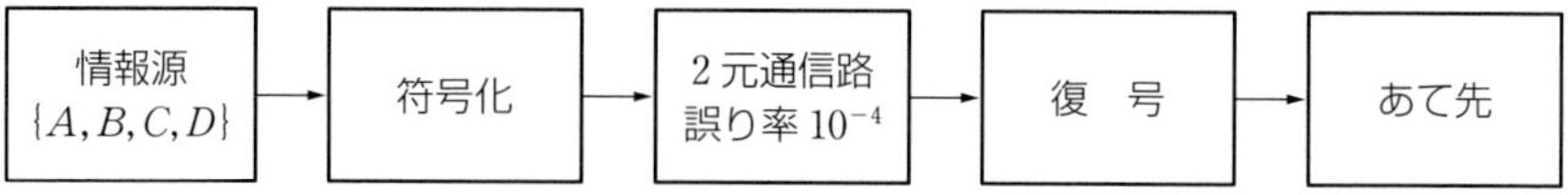

図 2.1　通信システムのモデル

き記号数をできるだけ減らしてほしい．

② 送られた情報源記号 A，B，C，D が誤っている確率をできるだけ小さくしてほしい．少なくとも 10^{-6} 以下にはしてほしい．

①は通信システムの経済性（効率）に対する要求であり，②は信頼性に関する要求である．

はじめに，①に対する符号化（すなわち情報源符号化）について考えてみよう．A，B，C，D を 0，1 で表すには，まず表 2.1 の $\boldsymbol{C}_{\mathrm{I}}$ のような符号化法が考えられる．これは，A，B，C，D に同じ長さの系列を割り当てるという符号化法である．

一般に，符号化により情報源記号（またはその系列）に割り当てられた各系列を**符号語**（codeword）と呼び，符号語すべての集合を**符号**（code）と呼ぶ*．この場合，00，01，10，11 のおのおのが符号語であり，$\{00, 01, 10, 11\}$ という集合が符号である．また，符号語に用いられる記号の集合を**符号アルファベット**という．この場合，符号アルファベットは $\{0, 1\}$ である．なお，符号アルファベットの元の数が q 個のとき，この符号を**q 元符号**（q-ary code）という．表 2.1 の符号は，もちろん**2元符号**（binary code）である．

さて，この場合，A，B，C，D の発生確率に大きな偏りがある．そこで，表 2.1 の $\boldsymbol{C}_{\mathrm{II}}$ のように，確率の高い情報源記号には短い符号語を割り当て，確率の低いものには長い符号語を割り当てると，全体として効率がよくなると考えられる．事実，1 情報源記号を送るのに必要な 0，1 の記号数の平均値を L で表すと，$\boldsymbol{C}_{\mathrm{I}}$ では

---

* “符号”ということばは，一般には，“符号語”の意味で用いられることが多いが，情報理論では“符号語の集合”の意味で用いられ，符号語そのものとは区別する．ただし，符号語の集合をも含めた，より抽象的な“符号化の体系”を“符号”と呼ぶことも多い．

$$L=2\times0.6+2\times0.25+2\times0.1+2\times0.05=2$$

であるが，$\boldsymbol{C}_{\mathrm{II}}$ では

$$L=1\times0.6+2\times0.25+3\times0.1+4\times0.05=1.6$$

となり，$\boldsymbol{C}_{\mathrm{II}}$ の符号化を行うことにより，通信路の使用料金を20%節約できることになる．なお，$\boldsymbol{C}_{\mathrm{II}}$ では，各符号語の長さが異なるが，各符号語の最後に0があるので，符号語の区切りが混乱することはない．たとえば

011100110100…

は $A\ D\ A\ C\ B\ A$ … と復号できる．

次に，②の要求に対処するための符号化（通信路符号化）について考える．$\boldsymbol{C}_{\mathrm{I}}$ または $\boldsymbol{C}_{\mathrm{II}}$ の符号化を行いそのまま送ったのでは，明らかに②の要求を満たさない．何らかの符号化が必要である．ここでは，1.1.3項で示した同じ記号を繰り返し3回送るという方法を用いよう．すなわち，情報源符号化した後，さらに

$$0\rightarrow000 \qquad 1\rightarrow111 \tag{2.1}$$

と符号化するのである．この符号化に対する復号は，受信された三つの記号の多数決をとればよい．たとえば，010が受信されれば0が送られたと判断し，110が受信されれば1が送られたと判断するのである．このようにすれば，三つの記号のうち二つ以上に誤りがあるときだけ復号に誤りを生じることになる．したがって，復号を誤る確率（**復号誤り率**という）は，およそ $3\times(10^{-4})^2=3\times10^{-8}$ となる*.

情報源符号化に $\boldsymbol{C}_{\mathrm{I}}$ を用いる場合，各符号語は二つの記号からなり，各記号が誤って復号される確率が 3×10^{-8} であるから，一つの符号語の中に誤りが生じる確率（したがって，送られた情報源記号が誤る確率）はおよそ 6×10^{-8} となる．$\boldsymbol{C}_{\mathrm{II}}$ を用いる場合は，かなり複雑となるが，やはり送られた情報源記号が誤る確率は 10^{-7} 程度となり，②の要求を満たすと考えてよい．

もちろん，このような通信路符号化を行えば，1情報源記号を送るのに要す

＊ 厳密には ${}_3C_2(10^{-4})^2(1-10^{-4})+{}_3C_3(10^{-4})^3=2.9998\times10^{-8}$ である．

る記号数は増大し2元通信路の使用料金はかさむ．情報源符号化として $\boldsymbol{C}_{\mathrm{I}}$ を用いるときは，1情報源記号当たり6記号必要となり，$\boldsymbol{C}_{\mathrm{II}}$ を用いるときは1情報源記号当たり平均4.8記号要することになる．しかし，これは信頼性に対する要求を満たすために，ある程度やむを得ないことであろう．

結局，情報源符号化として $\boldsymbol{C}_{\mathrm{II}}$ を行い，さらに式(2.1)により通信路符号化を行うことにより，いちおう①，②の要求を満足する符号化が実現できるといってよい．しかし，ここで考えた符号化法はあくまで思いつきに過ぎず，本当にこれでいいのかという不安が残る．

よりよい符号化法がないのだろうか．また，もし最適な符号化法があるとすれば，ここで考えた符号化法はそれと比較してどの辺までいっているのであろうか．また，より複雑な情報源や通信路が与えられたときに，どのような符号化を行ったらよいのだろうか．このような疑問が当然浮かんでくるであろう．以下で，我々は，これらの問題について考えていくのである．

2.2　問題の設定

2.2.1　問題の整理

前節で，情報伝達の効率化と高信頼化のための符号化の例について具体的に論じた．そこで示した問題が情報理論の中心となる問題なのである．すなわち，情報源（と，あて先）および通信路が与えられたとき

① 通信路使用の**効率**（efficiency）の向上（ディジタル通信路の場合は送らねばならない記号数の減少，アナログ通信路の場合は使用時間や所要周波数帯域の減少など）

② **信頼性**（reliability）の向上（ディジタル通報の場合は誤り率の減少，アナログ通報の場合は雑音の減少など）

の二つを達成する符号化の具体的方法および符号化による改善の理論的限界を探ることが，情報理論の中心課題なのである．

①，②は本来きわめて密接に関わり合っている．一般に効率化を図ろうとす

れば信頼性は下がるし，高信頼化を図ろうとすれば効率は下がる．したがって，符号化を検討する際，①，②を同時に考慮するのが望ましい．しかし，これはふつう非常に難しい．そこで，我々は①と②に対する符号化をそれぞれ，情報源符号化，通信路符号化として分けて論じてきた．まず，情報源符号化を行って効率化を図り，次いで通信路符号化を行って高信頼化を図ろうというのである*．したがって，**図 2.2** のような通信システムのモデルを考えることになる．

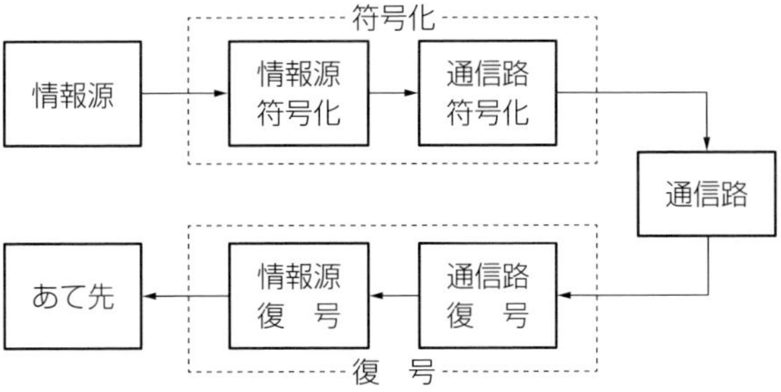

図 2.2　符号化を分解した通信システムのモデル

このように，問題を分割し，ほぼ独立に考えることにより，問題は整理され，見通しがよくなり，解決が容易になってくる．そこで，以下では情報源符号化と通信路符号化を別々に論じていく．もちろん，これに問題がないわけではない．これについては 2.3 節で述べる．

2.2.2　情報源符号化の問題

ここで，情報源符号化の問題についてさらに詳しく見ていこう．ただし，情報源，通信路はディジタルである場合を考える（アナログの場合については第 8 章で触れる）．

情報源符号化を論じる場合には，図 2.2 において通信路符号化から通信路復号に至るまでの部分を通信路とみなすということにまず注意しておこう．さら

＊ 逆の順序ではうまくいかない．誤りが生じるのは通信路においてだからである．

に，通常この通信路において誤りが生じる確率は無視できるほど小さいと仮定する（つまり，十分な通信路符号化が行われていると考えるのである）.

ディジタル情報源の情報源符号化は，情報源から発生する情報源記号の系列（**情報源系列**という）を通信路の効率化のために別の系列に変換する操作である．符号化により得られる系列を**符号系列**という（**図 2.3**）．符号系列の各記号は通信路に入力できるものでなければならない.

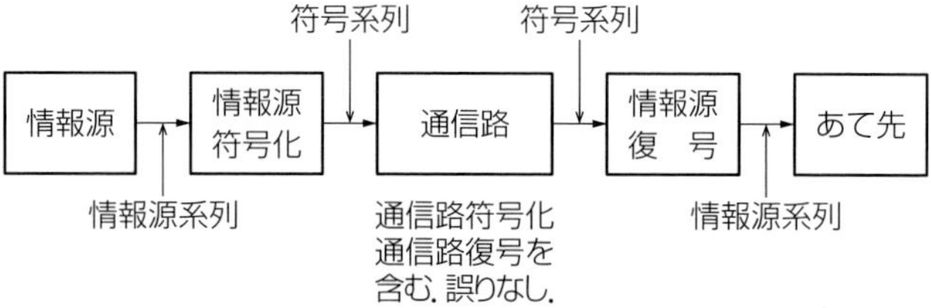

図 2.3　情報源符号化のための通信システムのモデル

さて，情報源符号化についての第1の問題は

【問題 I】　できるだけよい情報源符号化法および復号法を見出すこと.

である．ここで，“よい”ということの意味をさらに明確にしておこう．我々の目的は通信路をできるだけ効率よく使用することであるから，同じ情報源系列を平均として短い符号系列に符号化できるほど，よい符号化法ということになる．いいかえれば，1情報源記号当たりの符号系列の長さの平均値（**1情報源記号当たりの平均符号長**と呼ぶ）ができるだけ小さいことが望ましい．これが情報源符号化の最も基本的な評価基準である.

もちろん，実際の装置化という面も忘れてはならない．現在，あるいは近い将来の技術で実現可能な符号化法を考えるべきであり，装置化は簡単であればあるほど望ましい．装置化の簡単さも“よい符号化法”の一つの評価基準となるのである.

また，符号化，復号には必ずある時間がかかるから，これによって情報伝達に何らかの遅延が生じることになる．この符号化，復号による遅延が小さいことも，高速性，即時性の要求されるシステムでは重要な評価基準となる.

ところで，これまで，ディジタル情報源に対する情報源符号化としては，可逆なものばかりを考えてきた．つまり，符号系列に情報源復号を行うと，元の通報が完全に復元できる場合を考えてきたのである．このような符号化を，**可逆符号化**あるいは**情報無損失符号化**と呼ぶ．しかし，場合によっては，復号結果が元の通報といくらか異なっていても許されることがある．このような場合には，**非可逆符号化**（**情報損失符号化**）を行うことにより，1 情報源記号当たりの平均符号長をさらに小さくできる可能性がある．もちろん，この場合，復号された通報には**ひずみ**（元の通報との違い）が含まれることがあり，そのひずみを平均として，許容される値以下に抑えなければならない．

このように，ある程度のひずみが許される場合には，ひずみが許容範囲内に収まり，1 情報源記号当たりの平均符号長が小さく，しかも装置化が簡単な符号化法がよい符号化法ということになる．

さて，ある情報源符号化法を考えたとき，それが，どの程度よいものであるかを知ることは重要なことである．あまりよいものでなければ，さらに改善の努力を注ぐべきであろう．そこで，情報源符号化の 2 番目の問題として

【問題 II】 情報源符号化の限界を知ること．

を考える必要がある．つまり，ある情報源および通信路が与えられたとき，1 情報源記号当たりの平均符号長をどこまで小さくできるかという問題である．この問題についてもひずみが許されない場合——可逆符号化の場合と，ひずみが許される場合——非可逆符号化の場合がある．

また，この問題は情報の量的表示の問題と密接に関わり合ってくる．“情報量”はこの問題との関わりにおいて，実際的な意味をもってくるのである．

2.2.3 通信路符号化の問題

次に，通信路符号化の問題を詳しく見ていこう．ここでも，情報源，通信路がディジタルである場合を論じる．

通信路符号化を考える場合には，図 2.2 において，情報源と情報源符号化をまとめて新たな情報源と考え，情報源復号とあて先をまとめて新たなあて先と

考えることに注意しておこう．ただし，通信路符号化を論じる場合，情報源については，それがどのような記号を発生するかということを除き，ほとんど考慮の対象としないのがふつうである．つまり，情報源符号化は十分行ったと考えて，通信路符号化に関する問題を，情報源の問題とは切り離して論じるのである．

通信路符号化も，情報源符号化と同様に，情報源系列を符号系列に変換する操作であるが，目的は通信路で生じる誤りの影響をできるだけ抑え，信頼性を向上させることにある．**図 2.4** に通信路符号化のための通信システムのモデルを示しておこう．通信路で誤りが生じるため，通信路の出力系列は入力された符号系列と必ずしも一致しない．そこで，これを**受信系列**と呼ぶ．通信路復号では，この受信系列から元の情報源系列を推定するのである．

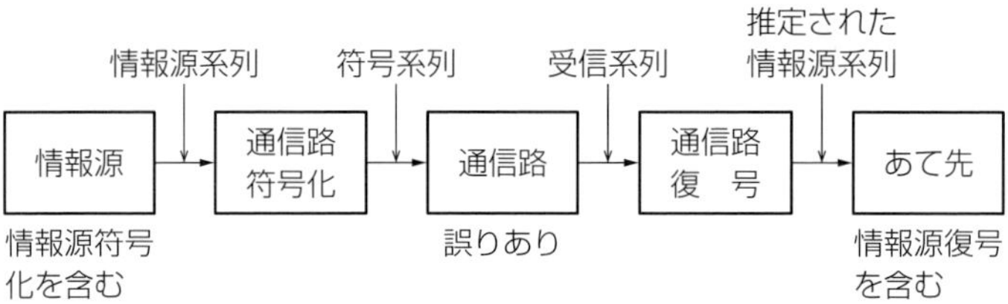

図 2.4　通信路符号化のための通信システムのモデル

さて，通信路符号化についての第1の問題は

【問題III】　できるだけよい通信路符号化および復号法を見出すこと．

である．ここで，“よい”ということの意味を明確にしておかねばならない．このため，2.1節で考えた通信路符号化の例を思い出してみよう．それは，同じ記号を3回送ることによって，信頼性を向上させるという方法であった．通信路に誤りがなければ1回送れば済むところを，誤りに対処するために3回送ったのである．これは，非常に簡単な通信路符号化法であるが，どのように複雑な通信路符号化法も基本原理は同じである．つまり，誤りに対処するためには，余分なもの——冗長なものを送らねばならない．冗長性を付加することによって（したがって，通信路の使用効率を下げることによって），はじめて信頼性の向上が実現できるのである．しかし，符号化法によっては，付加した冗長性が，信頼性向上にあまり有効に使われず，無駄に費されてしまうという場合もある．通信路符号化法として望ましいのは，付加した冗長性が信頼性向上にできるだけ有効に用いられるような符号化法である．これが，“よい通信路符号化法”の最も重要な条件なのである．

さらに具体的にいえば，次の二つが望ましい通信路符号化法ということになる*.

・復号して得られた情報源記号が誤っている確率（これを**復号後の記号誤り率**という）をある値以下に抑えるという条件の下で，付加すべき冗長度ができるだけ小さくなる符号化法

・付加すべき冗長度をある値以下に抑えるという条件の下で，復号後の記号誤り率をできるだけ小さくするような符号化法

もちろん，装置化や符号化，復号に要する遅延の問題もきわめて重要である．通信路符号化の場合，一般に符号化よりも復号のほうが複雑となるので，特に，復号の装置化の簡単さが符号化法の重要な評価基準となる．

通信路符号化の第2の問題は

【問題IV】 通信路符号化の限界を知ること．

である．これは，たとえば，復号後の記号誤り率をある値以下に抑えたとき，付加すべき冗長度をどこまで小さくできるかという問題である．この問題には，装置化の複雑さや符号化，復号の遅延時間の問題もからんできてかなり複雑であるが，装置化や遅延時間を考慮の対象外とする場合には，第6章で示すように簡単でしかも驚くべき結果が得られる．

2.3　問題の発展

前節で明らかにした問題を次章以下で論じていくが，その前に本節で，情報理論の問題の発展方向について概観しておこう．

---

* 復号後の記号誤り率は一般に計算が難しいので，復号誤り率（p. 13 参照）で評価してしまう場合が多い．

2.3.1　情報源符号化と通信路符号化の統合

これまで，情報源符号化と通信路符号化を分けて考えてきた．また，次章以下でも，これらは別々に論じられる．そうすることにより，問題は簡単化され，解決しやすくなり，大きな成果が得られてきたのである．しかし，本来，両者は深い関わりをもっているものであり，両者を統合して考えることにより，より優れた符号化方式が得られる可能性がある．

前節で述べたように，情報源符号化において，ひずみが許されれば 1 情報源記号当たりの平均符号長を小さくできる．一方，通信路符号化においても，許されるひずみ (復号後の記号誤り) が大きくなれば，付加すべき冗長度は小さくなる．つまり，どちらの符号化でも，許されるひずみを増せば，効率は向上するのである．そこで全体としての効率を最大にするには，全体として許されるひずみを両方の符号化にどのように割り振るべきかということが問題になる．従来，ディジタル通報に対しては，情報源符号化のひずみは 0 とし (すなわち，可逆符号化を用い)，通信路符号化，復号の部分だけでひずみの発生を認めることが多かった．確かに，このようなひずみの割り振り方が実際上最適になることも多いのであるが，常にそうであるとは限らない．情報源の性質によっては，情報源符号化にある程度のひずみを割り振ったほうが効果的なこともある．

もう一つ，情報源符号化と通信路符号化の関わりにおいて重要な問題は，情報源符号化は，それが有効なものであればあるほど誤りに対して弱くなるということである．符号系列に誤りが生じたとき，それを復号すると一般にその誤りは拡大してしまう．符号系列には 1 個しか誤りがなくても，復号された結果には多くの誤りが含まれるということがしばしば起こるのである．そして，この誤りの拡大は，一般に情報源符号化による効率の向上が大きいほど大きい．

以上のような問題は，情報源符号化と通信路符号化を別々に考えていたのでは完全な解決は望めない．両者を統合して考えてこそ，優れた符号化法が生まれると思われる．しかし，このような問題については，今後の研究に待つところが多い．

2.3.2 通信システムのモデルの多様化

これまで，通信システムとして，図2.1や図2.2に示したように，一つの情報源から一つのあて先に一方的に情報が伝達されるモデルを考えてきた．これを**一方向通信システム**と呼ぶことがある．これは，通信システムとしては最も基本的なものであり，複雑な通信システムでも，一方向通信システムの組合せとして解析できる点が少なくない．

しかし，それにはやはり限界がある．例として，**図2.5**の**双方向通信システム**のモデルを考えよう．これは電話をはじめとして，実際の通信システムによく見られる形であるが，これを一方向通信システムを二つ両方向に並べたものとだけ見るわけにはいかない．というのは，符号化1と復号2，符号化2と復号1の間でそれぞれ情報の授受を行うことにより，全体として，より効率のよい情報伝達が可能となるからである*.

ディジタル通報の双方向通信システムにおける通信路符号化方式として，実際によく用いられるのは，**ARQ**（automatic repeat request）方式である．これは，一つの通信路を介して送られた通報に誤りがあることが検出された場合，他方の通信路を通して，その通報の再送を（自動的に）要求するという方式である．この方式においては，復号において，誤りがあるかないかを検出しさえすればよいので，装置化はかなり簡単となる．これに対し，符号化1と復号2，符号化2と復号1の間で全く情報の授受を行わないとすると（すなわち，一方向通信システムとして符号化を行うと），ARQ方式と同じ信頼性と効率

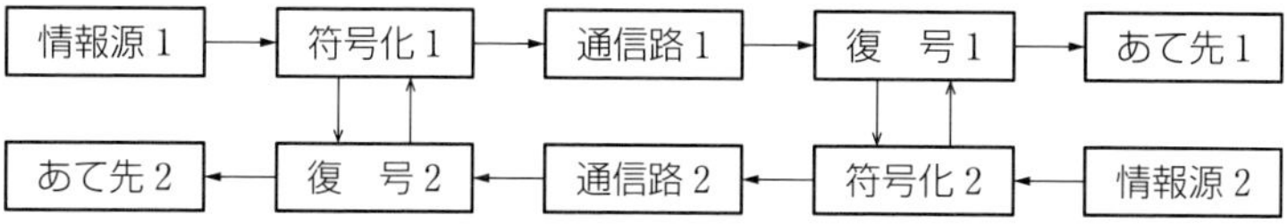

図2.5　双方向通信システム

* これは，符号化，復号の装置化の複雑さや遅延を同程度に保ったとしてである．もし，これらを考慮の対象外とするなら，双方向通信システムと，二つの一方向通信システムとは同じ情報伝達能力をもつ．

を得るためには，通常装置化ははるかに複雑となる*.

この簡単な例からもわかるように，双方向通信システムの符号化の問題は，一方向通信システムの符号化の理論だけでは解決することができない.

現実の通信システムには，一方向性通信システムや双方向性通信システムだけでは表せない，さらに複雑なシステムもある．**図 2.6** の**多元接続形通信システム**や，**図 2.7** の**放送形通信システム**はそのような例である．多元接続形通信システム（多重アクセス通信システムともいう）では，通信路は n 入力 m 出力であり，放送形通信システムでは，通信路は 1 入力 m 出力である．なお，放送形通信システムの符号化の入力が複数ある場合もある．**図 2.8** の**多入力多出力**（MIMO：Multi-Input Multi-Output）**通信システム**は，無線通信においてよく用いられるシステムである．送信側・受信側でアンテナを複数個用い

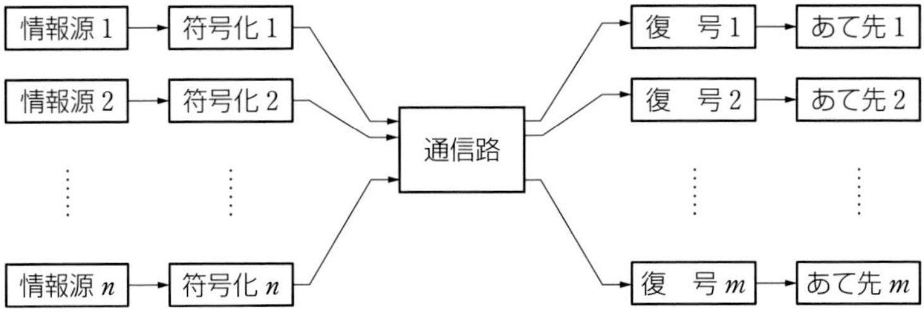

図 2.6　多元接続形通信システム

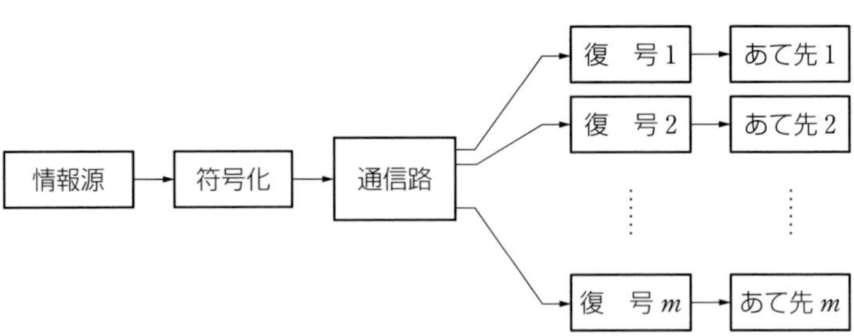

図 2.7　放送形通信システム

＊ ただし，通信路における誤りの確率が非常に高い場合には，ARQ 方式では，再送要求が頻発されて効率が著しく落ちる.

図 2.8　多入力多出力（MIMO）通信システム

ることにより，相互に相関があるが異なる複数個の通信路をつくり，全体としてさまざまな原因による電波の変動にも耐える高信頼・高速通信を実現できるシステムとして利用されている．このシステムに情報源・あて先を複数付加する方式もある．これらの通信システムについても，通信路符号化の方式や限界について，さまざまな研究がなされている．

また，情報源符号化に関しては，たとえば，多元接続通信システムにおいて，各情報源が相互に何らかの相関をもっているとき，それぞれの情報源を独立に符号化するとして（すなわち，符号化 1，2，…，n がそれぞれに対する情報源の出力のみを見て行われ，相互の協力が行われないとして），相互の相関を利用して，全体としての効率をどこまで上げ得るかという研究もなされている．

さらに，これらの通信システムが複雑に結合したネットワーク形通信システムにおいても，情報源符号化と同様に通信路使用の効率化のための符号化が考えられている．そのような符号化を**ネットワーク符号化**と呼ぶ．たとえば，**図 2.9** のネットワークを考えてみよう．これは，一方向通信システムと多元接続形通信システムが結合したネットワークである．○で示してあるのが，情報源やあて先であり，**ノード**と呼ぶ，またそれらを結んでいる矢印が通信路である．各通信路は 1 秒間に n 桁の数字を送れるとする．このとき，ノード A からノード E と F に通報 x を，ノード B からノード E と F に通報 y をできるだけ早く送りたいとしよう．ただし，x と y は $n-1$ 桁の数であり，各ノードでの通報の処理時間は無視できるとする．点線で示してある部分に通信路が 3 本しかないため，通常の送り方では，E と F に同時に 2 個ずつの通報を送ることはできない．したがって，全部の通報が E と F に届くまでには 4 秒かかることになる．しかし，ノード A からノード C と E に x を，ノード B からノード C と F に y をそれぞれ送り，ノード C で $z=x+y$ を計算しこれをノード

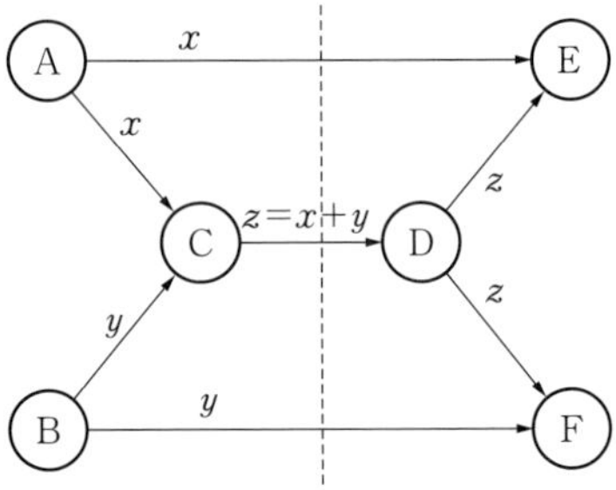

図2.9　ネットワーク符号化の例

D経由でEとFに送れば，ノードEでは受け取ったzからノードAから直接送られたxを引くことによってyも得ることができ，ノードFも同様にzからyを引くことによりxも得ることができる．このようにして3秒間で目的を達成できる．この場合，ノードCにおけるx，yからzへの変換が符号化ということになる．このようなネットワーク符号化には中継ノードの負担が大きくなることやネットワークの構造に依存する点が多いことなどの問題もあるが，さまざまな研究が進展している．

2.3.3　情報セキュリティのための符号化

通信路で生じる誤りの多くは，自然現象または人の過失によるものであろう．しかし，悪意に基づく誤りが加えられることも決して少なくない．つまり，通報が故意に改変されたり，偽造されたりするのである．たとえば，電信で送金した金額が書き換えられたとすれば，それはおそらく重大な結果を招くであろう．

このような人為的な改変や偽造に対しては，通信路符号化は無力である．通信路符号化は自然の誤りに対処するためにつくられたものだから，知的な犯人にはその機構が容易にわかり，改変や偽造をしても，それと気付かれぬようにすることができるからである．

また通常の通信路符号化では，通報に冗長性を付加して送るから，通信路が物理的に守られているのでなければ，容易に通報を盗むことができるであろう．それにより個人情報などの重要な情報が漏えいすると，社会的な大問題にもなってしまう．

通信に対するこのような攻撃に対しては，より複雑な符号化である**暗号化**を施さねばならない．暗号化された通報は，秘密の鍵を用いなければ復号できないので，盗聴を防ぐことができる．また，自分の秘密の鍵を用いて通報に署名を付けることもできる．これにより，通報の改変や偽造を検知することも可能である．このような情報の安全性（情報セキュリティ）の確保には暗号がきわめて有用なのである．

暗号には，情報源とあて先とが同じ秘密鍵をもつ方式（**共通鍵方式**）もあるが，一方の鍵を公開できる方式（**公開鍵方式**）もある．公開鍵方式は，図 2.6 に示した多元接続形通信システムにおいて便利である．あて先の秘密鍵と対となった同じ公開鍵を用いて情報源 1〜n の誰でもがそれぞれの通報を暗号化して送ることができる．それを復号できるのはあて先だけである．また，図 2.7 に示した放送形通信システムでは，情報源が秘密鍵を用いて通報に基づいた署名をつくり，通報と共に送れば，あて先 1〜n の誰もが公開鍵を用いてその署名を確認することができる．このように，公開鍵方式はさまざまな使い方が可能であり，複雑なネットワーク通信システムにおける情報セキュリティ確保に重要な役割を演じている．

暗号化は符号化の一種であり，もともと情報理論と深い関わりをもっていた．情報理論は暗号化の理論（暗号理論）から生まれたという説さえある．しかし，情報理論が対象としてきたのが，比較的単純な現象であったのに対し，暗号化が対処しなければならないのは，高度に知的な人間である．この点に暗号化の難しさがある．しかし，近年暗号の研究は急速に進展し，その安全性もさまざまな面から厳密に評価できるようになっている．

2.3.4 情報理論の未来

シャノン以来の情報理論は，急速に拡大を続ける通信の需要に対応するためにも，また，その信頼性を確保するためにも，情報通信技術の基礎理論としてますます重要になっていくであろう．さらに，情報を扱ううえで情報理論は有用な手法を提供する理論でもあるため，幅広い分野で用いられている．1.2.2項で述べたように，電気・通信工学やコンピュータ科学はもちろんであるが，経済学や統計学，さらには物理学や遺伝子工学などの分野でも使われることがある．これらの分野においても情報理論は必須な科目となっていくかもしれない．一方，情報理論がさまざまな分野から刺激を受けて発展を続けてきたことも事実である．

たとえば，新しい情報理論として，量子情報理論がある．これは今後，通信容量の増大や情報セキュリティの向上のため期待されている量子通信の情報理論である．この理論は従来の情報理論とはその基盤となる物理法則が全く異なるため本書では扱っていないが，今後重要性が増していく可能性はある．

これまでの情報理論は情報の意味内容には立ち入らないで発展を遂げてきた．ある面では，その発展のほとんど極限にまで達しているところもある．情報理論を今後さらに発展させるには情報の意味内容に立ち入っていかねばならないとの立場から，情報源からの情報を解釈し要約して短く伝送するなどの知的情報源符号化の研究が行われてきたが，一方で人工知能（AI：artificial intelligence）の発展には目覚ましいものがあり，その流れに飲み込まれたようにも見える．しかし，逆に情報理論の手法はAIにさまざまな形で利用されているし，本来の情報源符号化も多様な情報源を対象として発展を続けている．

通信路符号化も順調に発展を続け，単純な誤りに対しては，理論的限界に近いところまで到達している．しかし，誤りの発生の仕方は多様であり，それに対処するため，今後さらに研究すべきところも少なくない．また，人による誤りは，意図的であるにせよないにせよ，暗号化や電子署名など情報セキュリティのための符号化の対象となるが，通信路符号化技術が有用な道具となることもあり，通信路符号化の研究も今後さらに発展していくと思われる．

第 3 章

情報源と通信路のモデル

前章で述べたように，情報理論の基本的問題は，情報源と通信路が与えられたところから出発する．したがって，情報理論の問題を考えるには，まず情報源と通信路のモデルを明確にしておかねばならない．本章では，これらのモデルの表現の仕方について述べ，さらに，情報理論で用いられる代表的な情報源と通信路のモデルを論じる．

3.1　情報源のモデル

3.1.1　情報源の統計的表現

本書で論じる情報源は，第 8 章を除いて，離散的 M 元情報源である．これは，定められた時点ごとに，一つずつ情報源記号を発生するものである．ただし，この情報源記号は，M 個の元をもつ情報源アルファベットと呼ばれる集合の元である．また，ここでは，時点は整数値で表し，原則として，情報源は時点 0 から情報源記号を発生し始めると考えることにする．つまり，0，1，2，3… という時点のそれぞれにおいて，情報源は記号を一つずつ発生するのである．

さて，情報理論で問題となるのは，このような情報源から発生する情報源記号の系列（**情報源系列**）の統計的性質である．そこで，本項では，どのようにすれば，この統計的性質を表現できるかを考えよう．

ここで，情報源アルファベットを

$$A=\{a_1, a_2, \cdots, a_M\} \tag{3.1}$$

で表し，時点 i の情報源の出力を X_i（$i=0, 1, 2, \cdots$）で表す．もちろん，X_i は

a_1，a_2，…，a_M のいずれかなのであるが，どれであるかは，確率的に定まる．すなわち，X_i は a_1，a_2，…，a_M という値をとり得る**確率変数**である*．

まず，時点 $n-1$ までの情報源系列

$$X_0 X_1 \cdots X_{n-1} \tag{3.2}$$

について考えよう．この情報源系列の統計的性質は，X_0，X_1，…，X_{n-1} の**結合確率分布**

$$\begin{aligned} &P_{X_0 X_1 \cdots X_{n-1}}(x_0, x_1, \cdots, x_{n-1}) \\ &\quad = [X_0 = x_0, X_1 = x_1, \cdots, X_{n-1} = x_{n-1} \text{ となる確率}] \end{aligned} \tag{3.3}$$

が与えられれば，完全に定まる．ここに，x_0，x_1，…，x_{n-1} は情報源アルファベット A の任意の元を表している．なお，結合確率分布 $P_{X_0 X_1 \cdots X_{n-1}}(x_0, x_1, \cdots, x_{n-1})$ は，混乱のおそれのない場合，しばしば添え字 $X_0 X_1 \cdots X_{n-1}$ を略して $P(x_0, x_1, \cdots, x_{n-1})$ と書かれる．

簡単な例を示そう．情報源アルファベットが $A=\{0,1\}$ の2元情報源で，$n=3$ の場合を考える．このとき，結合確率分布 $P(x_0, x_1, x_2)$ が**表3.1**のように与えられたとする．たとえば，時点0，1，2の出力 X_0，X_1，X_2 がすべて0である確率は0.648である．このような結合確率分布から，時点0，1，2における統計的性質は完全に定まる．

表3.1　X_0，X_1，X_2 の結合確率分布の例

x_0	x_1	x_2	$P(x_0, x_1, x_2)$
0	0	0	0.648
0	0	1	0.072
0	1	0	0.032
0	1	1	0.048
1	0	0	0.072
1	0	1	0.008
1	1	0	0.048
1	1	1	0.072

例として，$X_0=0$ となる確率 $P_{X_0}(0)$ を求めてみよう．これは，$x_0=0$ となる結合確率分布 $P(0, x_1, x_2)$ をすべて加えればよい．すなわち

$$\begin{aligned} P_{X_0}(0) &= \sum_{x_1=0}^{1} \sum_{x_2=0}^{1} P(0, x_1, x_2) \\ &= 0.648 + 0.072 + 0.032 + 0.048 \\ &= 0.8 \end{aligned} \tag{3.4}$$

＊ A の元が大，小の比較が可能な数値であるとき，X_i を確率変数といい，そうでないとき，確率変量と呼ぶこともある．

となる．もちろん，$P_{X_0}(1)=0.2$ であり，このようにして，X_0 の確率分布が求まるのである．

一般に，結合確率分布 $P(x_0, x_1, \cdots, x_{n-1})$ から，X_0 の確率分布 $P(x_0)$ を求めるには

$$P(X_0)=\sum_{x_1}\sum_{x_2}\cdots\sum_{x_{n-1}} P(x_0, x_1, \cdots, x_{n-1}) \tag{3.5}$$

とすればよい．ここに，総和はアルファベット A に属するすべての x_1，x_2，$\cdots$，x_{n-1} についてとることを意味している．X_i $(i=1,\ \cdots,\ n-1)$ の確率分布も全く同様に求め得る．

さらに，X_0 と X_1 の結合確率分布は

$$P(x_0, x_1)=\sum_{x_2}\cdots\sum_{x_{n-1}} P(x_0, x_1, \cdots, x_{n-1}) \tag{3.6}$$

として計算できる．たとえば，表 3.1 の結合確率分布から，X_0 と X_1 の結合確率分布が**表 3.2** のように求まる．

一般に，X_0，X_1，$\cdots$，X_{n-1} の結合確率分布から X_0，X_1，$\cdots$，X_{n-1} のうちの m 個の結合確率分布を求める方法はもはや説明を要しないであろう．

表 3.2　X_0, X_1 の結合確率分布の例

x_0	x_1	$P(x_0, x_1)$
0	0	0.72
0	1	0.08
1	0	0.08
1	1	0.12

さて，ここで，表 3.2 の例について，$X_0=0$，$X_1=0$ となる確率 $P_{X_0X_1}(0,0)=0.72$ を，$X_0=0$ となる確率 $P_{X_0}(0)=0.8$ で割ってみよう．このとき

$$\frac{P_{X_0X_1}(0,0)}{P_{X_0}(0)}=0.9 \tag{3.7}$$

を得る．これは，$X_0=0$ となるもののうち，90% が $X_1=0$ となることを示す．いいかえると，$X_0=0$ という条件の下での $X_1=0$ となる条件付確率が 0.9 ということを意味する．このことから，一般に

$$P_{X_1|X_0}(x_1|x_0)=\frac{P_{X_0X_1}(x_0, x_1)}{P_{X_0}(x_0)} \tag{3.8}$$

により，$X_0=x_0$ という条件の下での X_1 の**条件付確率分布** $P_{X_1|X_0}(x_1|x_0)$ が求まることがわかるであろう．なお，条件付確率分布の添え字 $X_1|X_0$ もしばし

ば省略される．

さらに，X_0 と X_1 で条件を付けた X_2 の条件付確率分布は

$$P(x_2 \mid x_0, x_1) = \frac{P(x_0, x_1, x_2)}{P(x_0, x_1)} \tag{3.9}$$

として求められる．たとえば，表3.1，表3.2の例では，$X_0 = X_1 = 0$ のときに，$X_2 = 0$ となる確率は $0.648/0.72 = 0.9$，$X_2 = 1$ となる確率は $0.072/0.72 = 0.1$ となるわけである．また，X_0 で条件を付けた X_1 と X_2 の条件付結合確率分布 $P(x_1, x_2 \mid x_0)$ なども同様にして求め得ることは明らかであろう．

このようにして，時点0から $n-1$ までの情報源の出力 X_0，X_1，…，X_{n-1} の結合確率分布から，これらの時点におけるあらゆる統計的性質を知ることができるのである．したがって，どんなに大きい n についても，X_0，X_1，…，X_{n-1} の結合確率分布を与えることができれば，この情報源の統計的性質は完全に記述できたということになる．しかし，全く何の制約もない情報源について，このような結合確率分布を与えるには，無限に多くの情報が必要であり，実際上不可能である．したがって，さらに議論を進めるには，情報源は何らかの扱いやすい性質をもっていなければならない．まず，次項で，最も簡単な性質をもつ情報源について見てみよう．

3.1.2　無記憶定常情報源

各時点における情報源記号の発生が，ほかの時点と独立であるとき，この情報源を**無記憶情報源**（memoryless information source）という．さらに無記憶情報源において，各時点における情報源記号の発生が同一の確率分布に従うとき，これを**無記憶定常情報源**または**独立同一分布**（independent and identically-distributed）**情報源**あるいは略して**i.i.d.情報源**と呼ぶ．ここで，この同一の確率分布を $P_X(x)$ で表そう．このとき，無記憶定常情報源の出力 X_0，X_1，…，X_{n-1} の結合確率分布は，任意の n について

$$P_{X_0 \cdots X_{n-1}}(x_0, \cdots, x_{n-1}) = \prod_{i=0}^{n-1} P_X(x_i) \tag{3.10}$$

と書けることになる（n 個の確率変数が独立であるための必要十分条件は，その結合確率分布が，それぞれの確率変数の確率分布の積として表せることである）．なお，無記憶定常情報源を，単に無記憶情報源と呼ぶ場合も多い．

【例 3.1】 さいころの 1 の目の出方を調べるという実験を考えよう．情報源は，各時点で振られたさいころの目が 1 であれば 1 を出力し，そうでなければ 0 を出力するという 2 元情報源である．これは，さいころが正しく作られ，正しく振られるのであれば，1，0 の発生確率がそれぞれ 1/6，5/6 となる無記憶定常情報源となる．そして，長さ n の出力系列 $x_0 x_1 \cdots x_{n-1}$ の確率は，系列中に含まれる 1 の数を d とするとき，$\left(\frac{1}{6}\right)^d \left(\frac{5}{6}\right)^{n-d}$ で与えられる．

無記憶定常情報源は最も簡単なものであるが，また情報理論において最も基本的な情報源である．しかし，現実の情報源には，記憶のある情報源が多い．例として，英文を発生する情報源を考えてみよう．この情報源は，各時点における記号（文字）の発生は決して独立ではない．たとえば，T が現れればその次には H の現れる確率が，ほかの場合よりも高くなる．また，Q のあとには U の現れる確率が著しく高い．このように，相続く文字の間には，明らかに相関が見られ，独立ではない．したがって，この情報源は記憶のある情報源である．

現実の世界では，無記憶情報源はむしろまれであろう．しかし，無記憶定常情報源を扱う手法は，より複雑な情報源を扱う際の基礎となるという意味で，きわめて重要である．

3.1.3 定常情報源とエルゴード情報源

無記憶情報源以外のすべての情報源を**記憶のある情報源**というのであるから，記憶のある情報源は，非常に広い範囲の情報源を含むわけである．そのような情報源を一般的に扱ってもあまり意味のある結果は出てこない．情報理論で論じる情報源のほとんどは，より制限した**定常情報源**（stationary information source）である．

定常情報源とは，時間をずらしても，統計的性質の変わらない情報源をいう．すなわち，任意の正整数 n と i および情報源アルファベットの任意の元 x_0, x_1, …, x_{n-1} に対し

$$
\begin{aligned}
&P_{X_0 X_1 \cdots X_{n-1}}(x_0, x_1, \cdots, x_{n-1}) \\
&\quad = P_{X_i X_{i+1} \cdots X_{i+n-1}}(x_0, x_1, \cdots, x_{n-1}) \qquad (3.11)
\end{aligned}
$$

が成立するとき，この情報源は定常というのである．無記憶定常情報源は，明らかに，ここで定義した意味での定常情報源となっている．

式(3.11)において，$n=1$ とすれば，$P_{X_0}(x_0)=P_{X_i}(x_0)$ となる．つまり，定常情報源の出力は各時点において，同一の確率分布に従う．この確率分布を**定常分布**と呼ぶ．

さて，通常，定常情報源にさらに**エルゴード性**という性質を仮定することが多い．**エルゴード情報源**（ergodic information source）とは，それが発生する十分長い任意の系列に，その情報源の統計的性質が完全に現れている定常情報源である．

たとえば，さいころの目が 1 のとき 1 を出力し，それ以外のとき 0 を出力するという例 3.1 で示した 2 元情報源を考えてみる．この情報源から発生する十分長い系列を観測すれば，それに含まれる 1 の数の割合は，ほとんど確実に 1/6 になっているであろう．つまり，十分長い出力系列を調べれば，それから 1 の発生確率を知ることができる．このような情報源がエルゴード情報源である．

ところで，この情報源で，1 の発生確率が 1/6 というのは，直観的にいうと，この情報源と全く同じ情報源を無数に用意して，ある 1 時点の出力を同時に調べたとき，1 を発生した情報源の割合が 1/6 になるということである．すなわち，無数の同じ情報源の上で考えた割合が確率である．エルゴード性は，このような確率が，一つの情報源の出力系列における割合と一致するということをいっているのである（**図 3.1**）．

このことをもう少し数式的に説明するために，定常分布が $P_X(x)$ である定

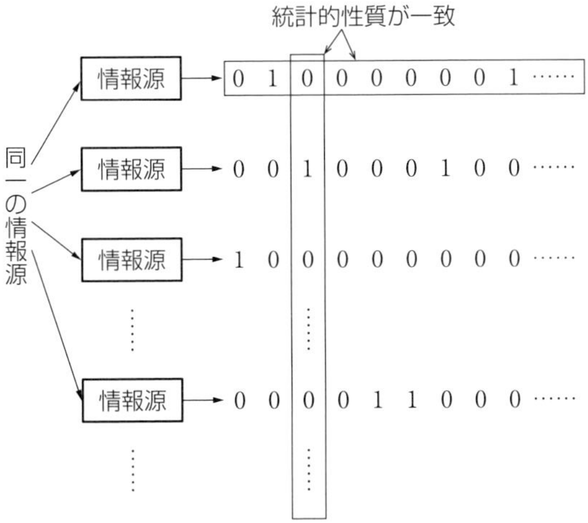

図 3.1 エルゴード性

常情報源の出力 X を変数とする任意の関数 $f(X)$ を考えよう．ただし，$f(X)$ は実数値をとるものとする．$f(X)$は，その変数が確率的に変動するから，それ自身も確率変数であり，その平均値を $\overline{f(X)}$ で表せば，これは

$$\overline{f(X)} = \sum_{x \in A} f(x) P_X(x) \tag{3.12}$$

で与えられる．ここに，A は情報源アルファベットを表し，和は，A のすべての元 x についてとることを意味する*．この平均は，いわば無数の同じ情報源についての平均であり，$f(X)$の**集合平均**（ensemble average）と呼ばれる．$\overline{\cdot}$ は集合平均を表す記号である．

これに対し，一つの情報源からの出力系列 $x_0\, x_1\, x_2 \cdots$ について

$$\langle f(X) \rangle = \lim_{n \to \infty} \frac{1}{n} \sum_{i=0}^{n-1} f(x_i) \tag{3.13}$$

という $f(x_i)$の算術平均の極限を，$f(X)$の**時間平均**（time average）という．$\langle \cdot \rangle$ は時間平均を表す記号である．

集合平均と時間平均は一般には一致するとは限らないが，エルゴード情報源

---

* このような和を単に $\sum_x$ と略記することもある．

では，これが一致する．すなわち，エルゴード情報源では，任意の関数 $f(X)$ に対し

$$\overline{f(X)}=\langle f(X)\rangle \tag{3.14}$$

が成立するのである*.

一般に，一つの情報源の出力系列を長時間観測して，時間平均を求めるのは比較的容易であるが，多数の同じ情報源を用意して集合平均を求めるのは難しいことが多いであろう．したがって，時間平均から集合平均も求まるのであれば便利である．このような意味で，エルゴード性は有用な性質なのである．

ここで例として，情報源アルファベットが $\{0,1\}$ の2元情報源を考え

$$f(x)=\begin{cases} 0\ ;\ x=0 \\ 1\ ;\ x=1 \end{cases} \tag{3.15}$$

とする．つまり，$f(x)$ は x の値そのものを与える関数である．このとき，集合平均は

$$\overline{f(X)}=\sum_{x=0}^{1} f(x)P_X(x)=P_X(1) \tag{3.16}$$

となり，時間平均は

$$\langle f(X)\rangle=\lim_{n\to\infty}\frac{N_n(1)}{n} \tag{3.17}$$

となる．ここに，$N_n(1)$ は

$$N_n(1)=\sum_{i=0}^{n-1} f(x_i) \tag{3.18}$$

である．要するに，$N_n(1)$ は長さ n の系列 $x_0x_1\cdots x_{n-1}$ に含まれる1の数である．この情報源がエルゴード的であれば

$$P_x(1)=\lim_{n\to\infty}\frac{N_n(1)}{n} \tag{3.19}$$

が成立する．つまり，$x_0\,x_1\cdots\,x_{n-1}$ に含まれる1の数の割合は，n を大きくしていけば1の発生確率 $P_X(1)$ に近づいていくのである．

---

* より一般に，相続く m 個の出力 $X_i\,X_{i+1}\cdots X_{i+m-1}$ の関数 $f(X_i,\cdots,X_{i+m-1})$ を考えても，エルゴード情報源では，やはりその集合平均と時間平均が一致する．

もし，この 2 元情報源に記憶がなければ，式(3.19)が成立することが導ける．証明は略すが，これは**大数の法則**としてよく知られている結果である．このことから想像できるように，無記憶定常情報源はエルゴード情報源となるのである．

しかし，定常情報源であってもエルゴード的でないものもいくらでも存在する．簡単な例として，1/2 の確率で 0 だけからなる系列か，1 だけからなる系列のどちらか一方を発生するという情報源を考えてみよう．この情報源は定常ではあるが，非エルゴード的である．事実，一つの出力系列をいくら長時間観測しても，0 または 1 の一方が出てくるだけであるから，情報源の統計的性質をそれから求めることはできない．$P_X(1)$ は 1/2 であるが，式(3.19)の右辺は系列によって，0 か 1 になってしまうのである．

情報理論で扱う情報源の多くはエルゴード情報源である．しかし，実際の情報源には，エルゴードでも定常でもないものが少なくない．しかし，そのような情報源でも，ある部分を見ればエルゴード情報源で近似できることが多い．

3.2　マルコフ情報源

3.2.1　マルコフ情報源の定義

ここで，記憶のある情報源として，最も基本的なマルコフ情報源についてみておこう．これは，任意の時点の出力の確率分布を，その直前の m 個の出力だけから，それ以前の出力とは無関係に，一定の仕方で決めることができるという情報源である．

厳密には，次のように定義される．n を m 以上の任意の整数とするとき，任意の時点 i について，その直前の n 個の出力 X_{i-1}，X_{i-2}，…，X_{i-n} で条件を付けた X_i の条件付確率分布が，直前の m 個の出力 X_{i-1}，X_{i-2}，…，X_{i-m} だけで条件を付けた X_i の条件付確率と一致するとき，すなわち

$$P_{X_i|X_{i-1}\cdots X_{i-n}}(x_i|x_{i-1},\cdots,x_{i-n})$$
$$=P_{X_i|X_{i-1}\cdots X_{i-m}}(x_i|x_{i-1},\cdots,x_{i-m})\quad(n\geq m)\qquad(3.20)$$

となるとき，この情報源を**m 重マルコフ情報源**（m-th order Markov information source）というのである．

【例 3.2】 図 3.2 に示す情報源を考えよう．これは，1，0 をそれぞれ確率 p，$1-p$ で発生する無記憶 2 元情報源の出力 Y_i と，1 時点前のこの情報源の出力 X_{i-1} とから

$$X_i = X_{i-1} \oplus Y_i \tag{3.21}$$

により，現時点の出力 X_i が定まるという 2 元情報源である*．X_{i-1} が与えられたときの X_i の条件付確率は，明らかに

$$\left.\begin{array}{l} P_{X_i|X_{i-1}}(0|0) = P_{X_i|X_{i-1}}(1|1) = 1-p \\ P_{X_i|X_{i-1}}(1|0) = P_{X_i|X_{i-1}}(0|1) = p \end{array}\right\} \tag{3.22}$$

となる．これらの条件付確率は，X_{i-2} 以前の出力を条件に付けても変わらない．たとえば，X_{i-2} が 0 であっても 1 であっても，X_{i-1} が 0 であれば，$X_i=0$ となる確率は $Y_i=0$ となる確率に等しいから $1-p$ である．すなわち

$$\begin{aligned} P_{X_i|X_{i-1}X_{i-2}}(0|0\,0) &= P_{X_i|X_{i-1}X_{i-2}}(0|0\,1) \\ &= P_{X_i|X_{i-1}}(0|0) = 1-p \end{aligned} \tag{3.23}$$

となる．したがって，この情報源は 1 重マルコフ情報源である．なお，1 重マルコフ情報源のことを**単純マルコフ情報源**と呼ぶこともある．

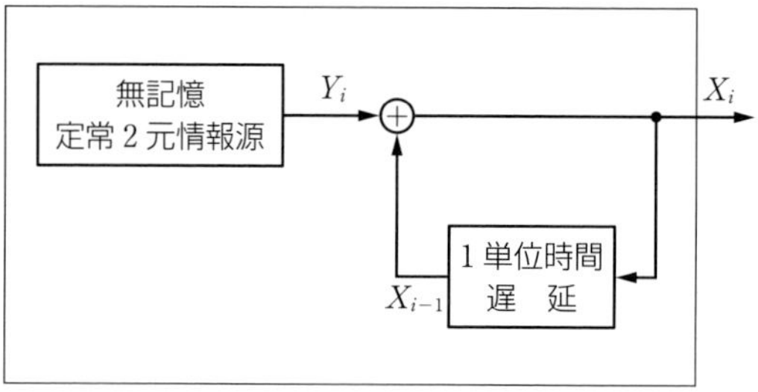

図 3.2　マルコフ情報源の例

* ⊕は排他的論理和を示す．すなわち，0⊕0=0，0⊕1=1，1⊕0=1，1⊕1=0.

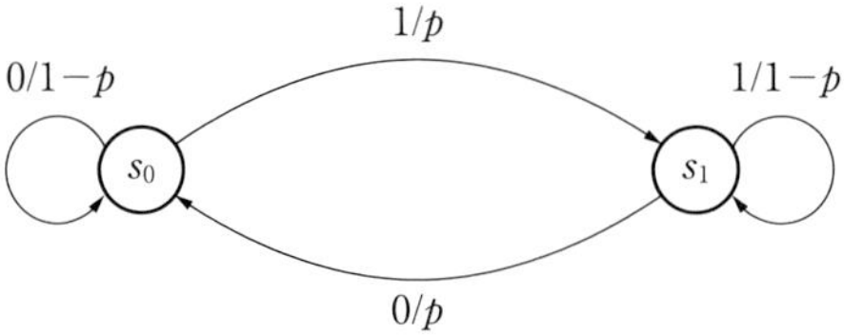

図 3.3 状態図の例

さて，ここで，m 重マルコフ q 元情報源を考えよう．任意の時点におけるこの情報源の出力の確率分布は，その直前の m 個の出力がどのような値であったかによって定まる．このことは，この情報源が，m 個の出力のとる値に対応した q^m 個の**状態**をもち，それぞれの状態において出力の確率分布が定まる，と考えることができる．出力を一つ発生するごとに，直前の m 個の出力は変わっていくわけだから，情報源の状態は，q^m 個の状態の中を遷移していくことになる．このようすを図に示したのが，**状態図**（state diagram）である．

図 3.3 は，例 3.2 の単純マルコフ情報源の状態図である．図において，s_0，s_1 はそれぞれ直前の出力が 0 および 1 の状態を示す．矢印は状態の遷移を示し，矢印に付けられている記号 x/y はその遷移に伴う出力 x と，その遷移が生じる確率 y とを示す．たとえば，s_0 から s_1 への矢印に付けられている 1/p は，s_0 という状態にある場合，確率 p で出力 1 を発生し，s_1 に遷移するということを意味する．

さて，このような状態図においては，各状態は直前の m 個の出力に対応しているが，この対応をなくし，状態をより抽象的に定義しても，情報源を定義することができる．例として，**図 3.4** のような状態図を考えよう．これは，s_0，s_1，s_2 という三つの状態をもち，各状態間の遷移の確率とそれに伴う出力が定義されている．そして，現時点の状態と出力

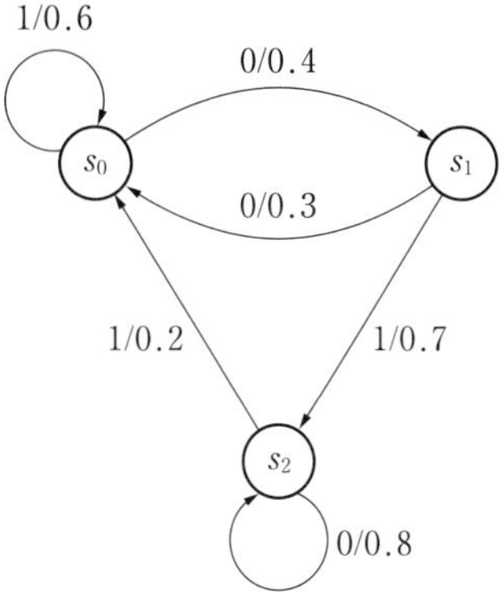

図 3.4 一般化されたマルコフ情報源の状態図

が定まれば，次の状態は一意に定まる．たとえば，s_0 という状態にあるときは，確率 0.6 で出力 1 を発生し s_0 に留まるが，確率 0.4 で出力 0 を発生し状態 s_1 に遷移する．このような状態図で表される情報源を**一般化されたマルコフ情報源**，あるいは（m 重マルコフ情報源と特に区別する必要のないときは）単にマルコフ情報源という．また，状態の遷移のみに注目するときは，このモデルを**マルコフ連鎖**（Markov chain）と呼ぶこともある．

さて，一般化されたマルコフ情報源は必ずしも，m 重マルコフ情報源になっているとは限らない．たとえば，図 3.4 のマルコフ情報源は，m をどんなに大きくとっても，直前の m 個の出力によって，それ以前の出力と無関係に現時点の出力の確率分布を定めることができない場合がある．事実，0 だけからなる出力系列が続く場合には，それがどんなに長くても，s_0 と s_1 の状態が交互に繰り返されているのか，s_2 にずっと留まっているのか判断できず，どの状態にあるか知ることができない．したがって，次に 0 が出力される確率が 0.4 であるのか，0.3 であるのか，あるいは 0.8 であるのか決まらず，何個 0 を観測しても，その次に 0 の出る確率は変化していく（演習問題 3.2 参照）．

しかし，このような一般化されたマルコフ情報源も m 重マルコフ情報源と同様に扱える場合が多い．以下では，主として，一般化されたマルコフ情報源について論じていく．

3.2.2　状態の分類

図 3.5 のマルコフ情報源を考えてみよう．矢印に出力と確率が記されていないが，各矢印には 0 でない確率が与えられているものとする．s_5 からは矢印が 1 本しか出ていないが，この矢印には確率 1 が与えられているのである．この状態図においては，状態は破線で示されているような三つに分類できることに気付くであろう．まず，s_0，s_1 は，はじめにこれらの状態にあったとしても，十分時間が経過すれば，いつかは $s_0 \to s_2$ または $s_1 \to s_5$ という遷移が生じ，これらの状態から抜け出してしまう．このような状態を**過渡状態**と呼ぶ．これに対し，s_2，s_3，s_4 は一つの状態の集合をつくっており，いったんここに入ると，

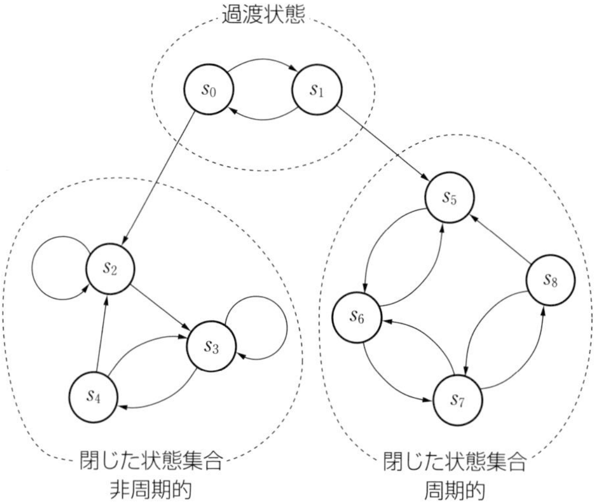

図 3.5　マルコフ情報源の状態の分類

この状態の集合から抜け出すことはない．そして，この集合の中では，任意の状態から任意の状態へ矢印をたどっていくことができる．このような状態の集合を**閉じた状態集合**という．s_5，s_6，s_7，s_8 も閉じた状態集合をなしている．

しかし，$\{s_2, s_3, s_4\}$ と $\{s_5, s_6, s_7, s_8\}$ には大きな相違がある．まず，$\{s_2, s_3, s_4\}$ を考えよう．いま，ある時点で状態 s_2 にあったとする．すると次の時点では，s_2，s_3 のいずれの状態もとり得る．さらに，次の時点以降では，s_2，s_3，s_4 のいずれの状態もとり得る．ある時点で s_3 または s_4 にあったときも同様で，次の次の時点以降では s_2，s_3，s_4 のいずれの状態もとり得る．つまり，閉じた状態集合 $\{s_2, s_3, s_4\}$ では，はじめにどのような状態にあっても，ある時間が経過した後の任意の時点において，どの状態にあることも可能なのである（どの状態にある確率も 0 でない）．このような閉じた状態集合を**非周期的状態集合**と呼ぶ．

次に，閉じた状態集合 $\{s_5, s_6, s_7, s_8\}$ を考えよう．時点 i に状態 s_5 にあったとする．このとき，次の時点 $i+1$ では s_6，時点 $i+2$ では s_5 または s_7，時点 $i+3$ では s_6 または s_8 ということになる．以下，時点 $i+2j$（$j=2, 3\cdots$），では，状

態 s_5 または s_7 だけが現れ，時点 $i+2j+1$ では s_6 または s_8 だけが現れる．このように，閉じた状態集合がさらにいくつかの部分集合に分割され，そのおのおのが，ある周期的な時点においてのみ現れ得るという場合，これを**周期的状態集合**という．一般のマルコフ情報源は，このように，過渡状態といくつかの閉じた状態集合とからなるであろう．しかし，我々の興味の対象は，多くの場合，長時間にわたる定常的な情報源のふるまいである．情報理論で過渡状態を扱うことはほとんどない．そこで，過渡状態を除いて考えることにする．

また，閉じた状態集合がいくつかある場合には，それらをそれぞれ別々に取り扱えばよい．実際，情報源の状態は，一つの閉じた状態集合に入れば，以後は，そこから出ることはないのであるから，この閉じた状態集合だけからなる情報源として扱うことができる．したがって，基本となるのは，一つの閉じた状態集合だけからなるマルコフ情報源である．このようなマルコフ情報源を**既約マルコフ情報源**という．

既約マルコフ情報源には，非周期的なものと周期的なものがある．非周期的マルコフ情報源を**正規マルコフ情報源**という．次項でくわしく説明するが，正規マルコフ情報源は，はじめにどのような状態にあったとしても，十分時間が経過した後はエルゴード情報源と見ることができる．また，周期的な既約マルコフ情報源も，はじめの状態がある条件を満たせばエルゴード情報源となる．

3.2.3　極限分布と定常分布

ここで，再び一般のマルコフ情報源に戻ろう．N 個の状態 s_0，s_1，…，s_{N-1} をもつマルコフ情報源を考える．このマルコフ情報源の状態の遷移の仕方は，状態 s_i にあるとき，次の時点で状態 s_j に遷移する確率

$$p_{ij}=P(s_j \mid s_i) \tag{3.24}$$

により定まる．これをマルコフ情報源の**遷移確率**という．また，この遷移確率 p_{ij} を (i, j) 要素とする $N\times N$ 行列

$$\Pi=\begin{bmatrix} p_{00} & \cdots\cdots & p_{0,N-1} \\ \vdots & & \vdots \\ p_{N-1,0} & \cdots\cdots & p_{N-1,N-1} \end{bmatrix} \tag{3.25}$$

を**遷移確率行列**と呼ぶ．この遷移確率行列においては，各行が現在の状態に対応し，各列が次の状態に対応することに注意しておこう．したがって，各行の要素の和は，ある状態からすべての状態に遷移する確率の和となるから1であるが，各列の和は1になるとは限らない．

【例 3.3】 図3.4に示したマルコフ情報源の遷移確率行列は次式のようになる．

$$\Pi=\begin{bmatrix} 0.6 & 0.4 & 0 \\ 0.3 & 0 & 0.7 \\ 0.2 & 0 & 0.8 \end{bmatrix} \tag{3.26}$$

ここで，状態 s_i から出発し，t 時点後に s_j に到達する確率を $p_{ij}^{(t)}$ で表そう．明らかに

$$p_{ij}^{(1)}=p_{ij} \tag{3.27}$$

であり，$p_{ij}^{(t)}$ は $p_{ij}^{(t-1)}$ から

$$p_{ij}^{(t)}=\sum_{k=0}^{N-1} p_{ik}^{(t-1)}p_{kj} \tag{3.28}$$

により計算できる．この式から

$$p_{ij}^{(t)}=\Pi^t \text{ の } (i, j) \text{ 要素} \tag{3.29}$$

となることが直ちに導ける．

さて，正規マルコフ情報源は，はじめにどのような状態にあっても，十分時間が経過した後にはどの状態にもあり得るような情報源であった．これは，$p_{ij}^{(t)}$ を用いていえば，ある正整数 t_0 に対し

$$p_{ij}^{(t_0)}>0 \quad (i, j=0, 1, \cdots, N-1) \tag{3.30}$$

となるような情報源ということができる．なお，時点 t_0 でいったん式(3.30)が成立すれば，それ以後の時点 $t>t_0$ では $p_{ij}^{(t)}>0$ となることが式(3.28)から容易に導ける．

さらに，証明は省略するが，正規マルコフ情報源では，$t \to \infty$ とするとき，$p_{ij}^{(t)}$ は i には無関係な値に収束する．すなわち

$$\lim_{t \to \infty} p_{ij}^{(t)} = u_j \quad (j = 0, 1, \cdots, N-1) \tag{3.31}$$

となる u_j が存在する．ここで，式(3.29)を用いて，この式を書き直すと

$$\lim_{t \to \infty} \Pi^t = U \tag{3.32}$$

となる．ここに，U はすべての行が

$$\boldsymbol{u} = (u_0, u_1, \cdots, u_{N-1}) \tag{3.33}$$

となる $N \times N$ 行列である．

このことの意味をさらに明確にするために，時点 t において状態 s_j にいる確率を $w_j^{(t)}$ で表し

$$\boldsymbol{w}_t = (w_0^{(t)}, w_1^{(t)}, \cdots, w_{N-1}^{(t)}) \tag{3.34}$$

という N 次元ベクトルを定義する．$\boldsymbol{w}_t$ は時点 t における状態の確率分布を表すものであるから，**状態確率分布ベクトル**または簡単に**状態分布**と呼ぶ．

時点 $t-1$ で状態 s_i にいる確率が $w_i^{(t-1)}$ であり，状態 s_i にいるとき次の時点で状態 s_j に遷移する確率が p_{ij} であるから

$$w_j^{(t)} = \sum_{i=0}^{N-1} w_i^{(t-1)} p_{ij} \tag{3.35}$$

となる．したがって

$$\boldsymbol{w}_t = \boldsymbol{w}_{t-1} \Pi \tag{3.36}$$

であり，これを繰り返せば

$$\boldsymbol{w}_t = \boldsymbol{w}_0 \Pi^t \tag{3.37}$$

を得る．ここに，$\boldsymbol{w}_0$ は時点0における状態分布である．これを**初期分布**と呼ぶ．

ここで，$\boldsymbol{w}_t$ の $t \to \infty$ とした極限を考えよう．これを**極限分布**と呼ぶ．極限分布は一般には存在するとは限らない．しかし，正規マルコフ情報源では，式(3.37)，式(3.32)から

$$\lim_{t \to \infty} \boldsymbol{w}_t = \boldsymbol{w}_0 \lim_{t \to \infty} \Pi^t = \boldsymbol{w}_0 U = \boldsymbol{u} \tag{3.38}$$

となる．すなわち，極限分布は存在し，$\boldsymbol{u}$ となるのである．このことは，正規マルコフ情報源では，はじめに，どのような状態分布をしていても，十分時間が経過すれば，はじめの状態分布とは無関係な一定の極限分布に近づいていくということを意味する．

したがって，また十分時間が経過すれば，各時点でほぼ同じ状態分布をもつと考えられる．いいかえると，初期分布がどうであれ，状態分布はやがては定常的な確率分布，すなわち**定常分布**に落ち着くのである．

ここで，定常分布を

$$\boldsymbol{w}=(w_0, w_1, \cdots, w_{N-1}) \tag{3.39}$$

としよう．もちろん

$$w_0+w_1+\cdots+w_{N-1}=1 \tag{3.40}$$

である．ある時点の状態分布が定常的で $\boldsymbol{w}$ であるとすれば，次の時点の状態分布も $\boldsymbol{w}$ でなければならないから，$\boldsymbol{w}$ は

$$\boldsymbol{w}\Pi=\boldsymbol{w} \tag{3.41}$$

を満たさねばならない．これまでの議論から正規マルコフ情報源には，この式を満たす定常分布が存在し，極限分布と一致することが想像できよう．事実その通りであり，正規マルコフ情報源の遷移確率行列 Π に対しては，式(3.41)を満たす定常分布 $\boldsymbol{w}$ がただ一つ存在し，極限分布と一致することが示される．つまり，正規マルコフ情報源では，はじめにどんな状態分布が与えられても，十分時間が経過すれば，状態の遷移は定常的となり，したがって，出力も定常的確率分布に従う．さらに，証明は略すが，エルゴード的であることも示される．すなわち，正規マルコフ情報源は，十分な時間の後には，エルゴード情報源とみることができるのである．

【例 3.4】 図 3.4 に示したマルコフ情報源の定常分布 $\boldsymbol{w}=(w_0, w_1, w_2)$ は，例 3.3 で示した Π に対し $\boldsymbol{w}\Pi=\boldsymbol{w}$ を満たす．すなわち

$$\left.\begin{array}{l} 0.6w_0+0.3w_1+0.2w_2=w_0 \\ 0.4w_0 \qquad\qquad\qquad\quad =w_1 \\ \qquad\quad 0.7w_1+0.8w_2=w_2 \end{array}\right\} \tag{3.42}$$

であり，さらに，$\boldsymbol{w}$ は確率分布であるから

$$w_0+w_1+w_2=1 \tag{3.43}$$

を満たさねばならない．これらの式から

$$w_0=0.3571 \qquad w_1=0.1429 \qquad w_2=0.5 \tag{3.44}$$

が求まる．一方，初期分布を $\boldsymbol{w}_0=(1,0,0)$ として，$\boldsymbol{w}_t$ を計算していくと

$$\begin{aligned} \boldsymbol{w}_1 &= \boldsymbol{w}_0 \Pi = (0.6, 0.4, 0) \\ \boldsymbol{w}_2 &= \boldsymbol{w}_1 \Pi = (0.48, 0.24, 0.28) \\ \boldsymbol{w}_3 &= \boldsymbol{w}_2 \Pi = (0.416, 0.192, 0.392) \\ \boldsymbol{w}_4 &= \boldsymbol{w}_3 \Pi = (0.3856, 0.1664, 0.448) \\ &\vdots \end{aligned}$$

となり，しだいに定常分布に近づいていくことがわかる．

さて，一般のマルコフ情報源に対しても，定常分布は少なくとも一つ存在する．そして，初期分布として定常分布を与えれば，定常情報源となる．さらに，既約情報源であれば周期的であっても，定常分布は一意的に存在し，それを初期分布とすれば，エルゴード情報源となる．しかし，周期的既約情報源では，定常分布以外の初期分布を与えると，十分時間が経過した後も，一般には定常情報源とはならない．

3.3　通信路のモデル

3.3.1　通信路の統計的記述

ここで扱う通信路は，各時点において，一つの記号が入力され，一つの記号が出力されるというものである．ただし，出力は入力から一意的に定まるのではなくて，確率的に決まる．また，入力記号は**入力アルファベット**と呼ばれる

集合の元であり，出力記号は**出力アルファベット**と呼ばれる集合の元である．入力アルファベットと出力アルファベットは同じものであることが多いが，異なる場合もある．入力アルファベットと出力アルファベットが一致する場合，このアルファベットに属する記号の数が r であれば，この通信路を**r 元通信路**（r-ary channel）と呼ぶ．

通信路の統計的性質は，任意の長さの入力系列 $X_0 X_1 \cdots X_{n-1}$ が与えられたとき，それに対応する出力系列 $Y_0 Y_1 \cdots Y_{n-1}$ の確率分布が与えられれば完全に定まる．つまり，任意の正整数 n に対し

$$P_{Y_0 \cdots Y_{n-1} \mid X_0 \cdots X_{n-1}}(y_0, \cdots, y_{n-1} \mid x_0, \cdots, x_{n-1}) \tag{3.45}$$

という条件付確率がわかればよいのである．しかし，情報源の場合と同様，あまり一般的に論じては意味のある結果は出てこない．ここではまず最も簡単な無記憶定常通信路について見ておこう．

3.3.2 無記憶定常通信路

各時点の出力の現れ方が，その時点の入力には関係するが，それ以外の時点の出力にも入力にも独立となるとき，この通信路を**無記憶通信路**（memoryless channel）という．さらに，この通信路が定常であるとき，すなわち，時間をずらしても統計的性質が変わらないとき，これを**無記憶定常通信路**と呼ぶ．無記憶定常通信路を単に無記憶通信路ということも多い．

無記憶定常通信路では，各時点において，入力 X が与えられたときの出力 Y の条件付確率 $P_{Y|X}(y \mid x)$ は同一であり，これだけから通信路の統計的性質は完全に定まる．事実，式(3.45)の条件付確率は

$$P_{Y_0 \cdots Y_{n-1} \mid X_0 \cdots X_{n-1}}(y_0, \cdots, y_{n-1} \mid x_0, \cdots, x_{n-1}) = \prod_{i=0}^{n-1} P_{Y|X}(y_i \mid x_i) \tag{3.46}$$

によって求まるわけである．

ここで，条件付確率 $P_{Y|X}(y \mid x)$ の表現法についてさらに考えてみよう．このため，入力アルファベットを $A=\{a_1, a_2, \cdots, a_r\}$，出力アルファベットを $B=$

$\{b_1, b_2, \cdots, b_s\}$ とし，簡単のため

$$p_{ij} = P_{Y|X}(b_j \mid a_i) \tag{3.47}$$

とおく．さらに，p_{ij} を (i, j) 要素とする $r \times s$ 行列を T とおこう．すなわち

$$T = \begin{array}{c} \begin{array}{cccc} b_1 & b_2 & \cdots & b_s \end{array} \\ \begin{bmatrix} p_{11} & p_{12} & \cdots & p_{1s} \\ p_{21} & p_{22} & \cdots & p_{2s} \\ \vdots & \vdots & & \vdots \\ p_{r1} & p_{r2} & \cdots & p_{rs} \end{bmatrix} \begin{array}{c} a_1 \\ a_2 \\ \vdots \\ a_r \end{array} \end{array} \tag{3.48}$$

この行列 T を**通信路行列**（channel matrix）と呼ぶ．上式に示してあるように，通信路行列の各行は各入力記号に対応し，各列は各出力記号に対応している．

通信路行列が与えられれば，条件付確率 $P_{Y|X}(b_j \mid a_i)$ が完全に決まり，したがって，無記憶定常通信路の統計的性質は完全に定まることになる．

通信路行列をより直観的に表すために，**図 3.6** のような**通信路線図**（channel diagram）もよく用いられる．これは，各入力記号 a_i から各出力記号 b_j へ矢印を描き，そこに条件付確率 p_{ij} を記入したものである．

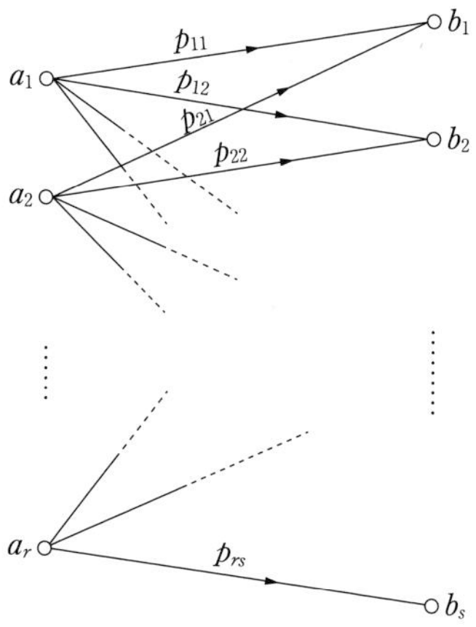

図 3.6　通信路線図

通信路行列の第 i 行は入力が a_i であるときの出力の確率分布を表しているから，その和は1でなければならない．すなわち

$$p_{i1} + p_{i2} + \cdots + p_{is} = 1 \tag{3.49}$$

が成立する．通信路線図でいえば，任意の入力記号 a_i から出ている矢印の確率の和は1となっているのである．

【例 3.5】　図 3.7 の通信路線図をもつ通信路を考えよう．これは入力アル

ファベット，出力アルファベットとも $\{0,1\}$ となる通信路で，通信路行列は

$$T=\begin{array}{c} \begin{matrix} \quad 0 & \quad\; 1 \end{matrix} \\ \begin{bmatrix} 1-p & p \\ p & 1-p \end{bmatrix} \begin{matrix} 0 \\ 1 \end{matrix} \end{array} \tag{3.50}$$

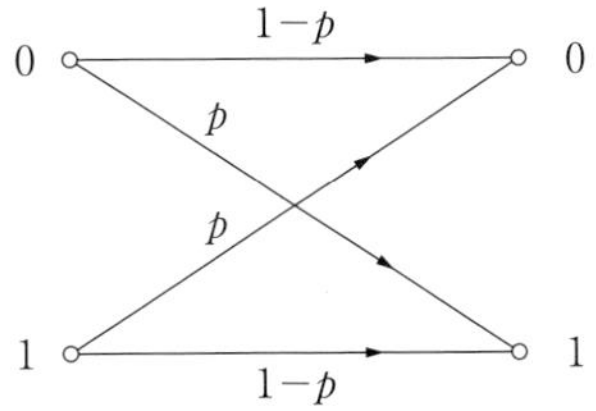

図 3.7　2 元対称通信路の通信路線図

となる．このような通信路を **2 元対称通信路**（binary symmetric channel：しばしば **BSC** と略される）という．詳しくいえば，**無記憶定常 2 元対称通信路**ということになるが，単に 2 元対称通信路といえば，このような通信路を指すことが多い．この通信路は，情報理論で最もよく用いられる通信路である．

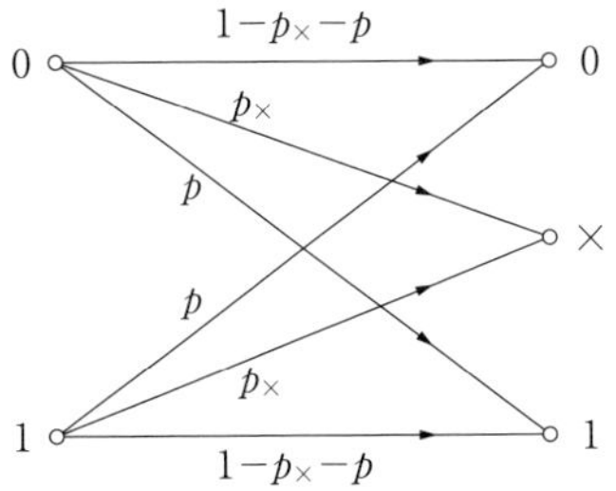

図 3.8　2 元対称消失通信路の通信路線図

【例 3.6】　**図 3.8** の通信路線図をもつ通信路を考える．これは入力アルファベットは $\{0,1\}$ であるが，出力アルファベットは 0，1 のほかに**消失**（erasure）×からなる通信路である．消失は，0 とも 1 とも判定し難いという場合を表すと考えればよいであろう．

通信路行列は

$$T=\begin{array}{c} \begin{matrix} \quad 0 & \qquad \times & \qquad 1 \end{matrix} \\ \begin{bmatrix} 1-p_\times-p & p_\times & p \\ p & p_\times & 1-p_\times-p \end{bmatrix} \begin{matrix} 0 \\ 1 \end{matrix} \end{array} \tag{3.51}$$

となる．このような通信路を（**無記憶定常**）**2 元対称消失通信路**と呼ぶ．なお，この通信路においては，$p=0$ とおくことも多い．

例 3.5，例 3.6 の二つの例に示した通信路は，いずれもある対称性をもっている．それは，各入力記号に対して，出力の確率分布が出力記号を並べ替えれば同じ形になるということである．いいかえると，通信路行列の各行が同じ要素の順序を入れ換えたものとなっている．このような性質をもつ通信路を**入力**

に対して一様な通信路と呼ぶ．例3.5の2元対称通信路は，さらに，出力側から見ても一様になっている．つまり，通信路行列の各列が同じ要素の順序を入れ換えたものとなっている．このような性質をもつ通信路を**出力に関して一様な通信路**と呼ぶ．また，入力に関しても，出力に関しても一様な通信路を**2重に一様な通信路**という．

3.3.3　2元通信路の誤りによる表現

入力アルファベットも出力アルファベットも $\{0,1\}$ であるような2元通信路は**図3.9**のように，**誤り**（error）を用いて表すことができる．誤り E はやはり $\{0,1\}$ の元であり，出力 Y は，入力 X に誤り E が加わったものとみるのである．すなわち

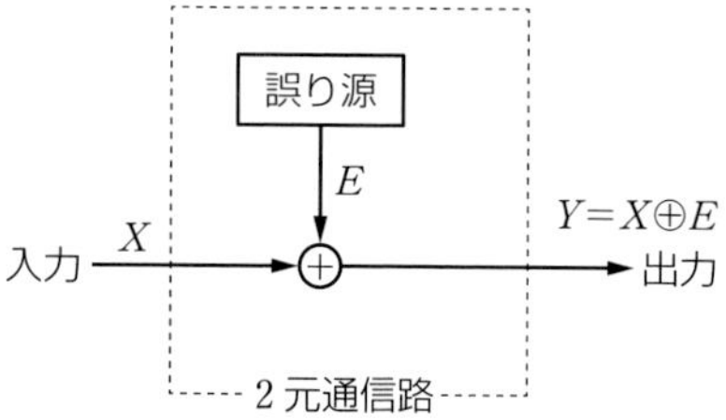

図3.9　誤りによる2元通信路の表現

$$Y=X\oplus E \tag{3.52}$$

である．ここに，⊕は排他的論理和を表す（p.36脚注参照）．$E=0$ であれば，$Y=X$ となり，入力は誤りなく伝達され，$E=1$ であれば，$Y\neq X$ となり，実際に誤りが生じたということになる*．誤り E は，**誤り源**から各時点に一つずつ発生する．誤り源から発生する誤りの系列を**誤り系列**と呼ぶ．

このようなモデルを考えるときは，ふつう，誤りの発生は入力と統計的に独立であると仮定される．つまり，誤り源の統計的性質は入力とは無関係に論じ得るとするのである．このとき，この2元通信路の統計的性質は誤り源の統計的性質だけで決定できることになる．このような通信路を**加法的通信路**と呼ぶ．

【例3.7】　例3.5の2元対称通信路を考えよう．この通信路では，0から1への誤りも1から0への誤りも，ともに確率 p でほかの時点の入出力と無関

* “誤り”ということばは，E そのものを指す場合と，$E=1$（実際に生じた誤り）を指す場合の両方があるので注意を要する．

係に生じる．したがって，図 3.9 のモデルで表せば，誤り源は 1，0 をそれぞれ確率 p，$1-p$ で発生する無記憶定常“情報源”ということになる[*1]．もちろん，この誤り源からの誤りの発生は入力とも独立であり，2 元対称通信路の統計的性質はこの誤り源だけで完全に定まるのである．

この例の 2 元対称通信路における誤りの発生は，ほかの時点の誤りの発生と全く独立である．このような誤りを**ランダム誤り**（random error）という．また，誤りの発生確率 p を**ビット誤り率**（bit error rate）と呼ぶ[*2]．

ランダム誤り通信路は，情報理論において最も基本的なものであるが，実際の通信路には，記憶をもつものがしばしば見られる．次項では，そのような通信路として代表的なバースト誤り通信路について見ておこう．

3.3.4　バースト誤り通信路

多くの通信路において，誤りが一度生じると，その後しばらくの間誤りが続けて生じることがある．このように密集して生じる誤りを**バースト誤り**（burst error）という．バースト誤りを生じる通信路はきわめて多様であるが，誤り源がマルコフモデルで表せる（または近似できる）場合が多い．簡単なバースト誤り通信路の例を見ておこう．

誤り源が**図 3.10** のマルコフモデルで表せるような 2 元通信路を考える．こ

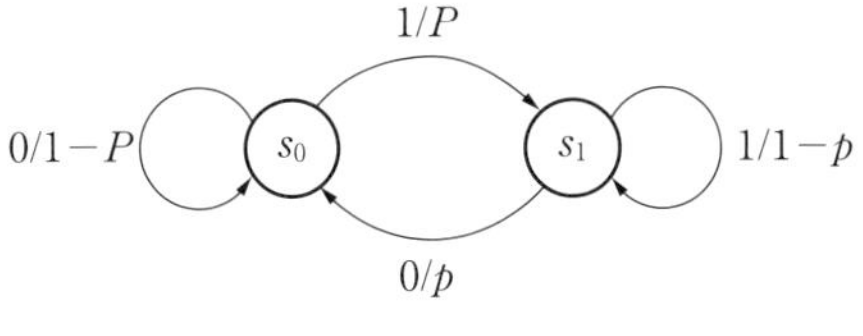

図 3.10　バースト誤り発生のマルコフモデル

*1 誤りは，ふつうの意味では情報を含んでいないかもしれないが，統計的立場からは，誤り源は情報源と全く同じように扱える．

*2 0，1 の 1 記号をビットというからである．しかし，このビットということばは，後に，情報量の単位としても用いられるので，それと混同しないように注意を要する．

のマルコフモデルの遷移確率行列は

$$\Pi=\begin{bmatrix}1-P & P\\ p & 1-p\end{bmatrix} \tag{3.53}$$

である．定常分布を $\boldsymbol{w}=(w_0, w_1)$ とすれば，$\boldsymbol{w}\Pi=\boldsymbol{w}$ および $w_0+w_1=1$ とから

$$w_0=\frac{p}{P+p} \qquad w_1=\frac{P}{P+p} \tag{3.54}$$

を得る．

ここで，この誤り源の出力 E が 1 となる確率 $P_E(1)$ を考えよう．$P_E(1)$ はこの通信路で実際に誤りが発生する確率であり，やはりビット誤り率と呼ぶ．この誤り源が状態 s_0，s_1 にいる確率がそれぞれ w_0，w_1 であり，それぞれの状態で $E=1$ となる確率が P，$1-p$ であるから，ビット誤り率は

$$\begin{aligned}P_E(1)&=w_0P+w_1(1-p)\\ &=w_1=\frac{P}{P+p}\end{aligned} \tag{3.55}$$

となる．つまり，ビット誤り率は s_1 にいる確率 w_1 に等しい（これは，$E=1$ であれば，必ず s_1 に遷移するということに注意すれば当然のことである）．

さて，ここで，$P_E(1)\ll 1$ と仮定しよう．このためには，$P\ll p$ でなければならない．さらに，$p<1-p$ を仮定する．このとき，誤りは密集して生じる傾向を示す．つまり，この通信路はバースト誤り通信路となる．

いま，この通信路で発生したバースト誤りを一つ任意に取り出してみよう．すなわち，誤り系列における 1 の連続（1 のランともいう）を，一つ任意に取り出すのである．この長さが l となる確率を $P_B(l)$ とすれば

$$P_B(l)=(1-p)^{l-1}p \quad (l=1, 2, \cdots) \tag{3.56}$$

となる*．また，バースト誤りの長さ（バースト長）の平均値は次のようになる．

$$\bar{l}=\sum_{l=1}^{\infty} lP_B(l)=\frac{1}{p} \tag{3.57}$$

＊ このような確率分布を幾何分布という．

【例 3.8】　図 3.10 において $P=0.0001$, $p=0.1$ とする．このとき，このバースト誤り通信路のビット誤り率は約 0.001 となり，誤りは平均長が 10 のバースト誤りとなって生じる．**図 3.11** にこの場合のバースト長の分布 $P_B(l)$ を示しておこう．

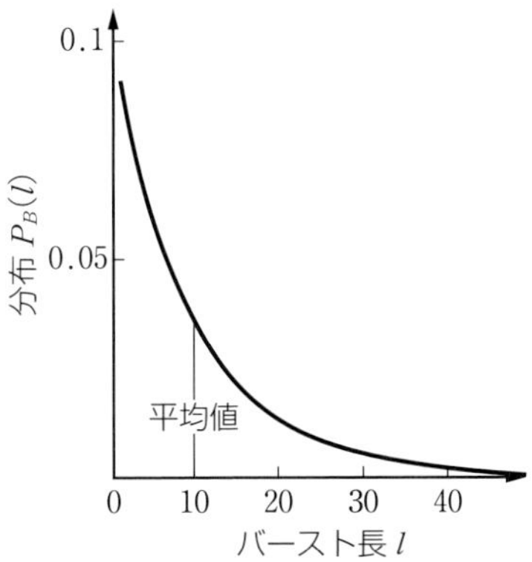

図 3.11　バースト長の分布の例

さて，以上では，バースト誤りはその最初から最後まですべての記号が誤ると考えてきた．このようなバースト誤りを**ソリッドバースト誤り**（solid burst error）という．しかし，実際には，ソリッドバースト誤りは 2 元通信路では，むしろまれであり，正誤の混在するようなバースト誤りのほうがふつうである．このようなバースト誤りを発生する簡単なモデルとして**図 3.12** の**ギルバートモデル**（Gilbert model）がある．これは，二つの状態 G（良状態）と B（悪状態）をもち，その間を図 3.10 のマルコフモデルと同様に各時点で遷移していくモデルである．しかし，状態の遷移に出力が直接結びついていないという点がマルコフモデルと異なる．状態 G にいる場合には，誤り源の出力は常に 0 であるが，状態 B にいる場合には，1，0 をそれぞれ確率 h，$1-h$ で発生する．h は通常かなり大きな値（1/2 に近い値）をとる．

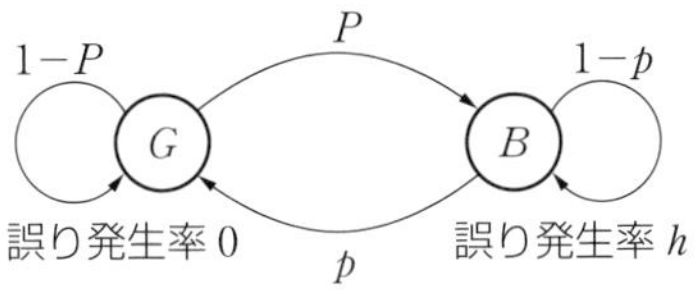

図 3.12　ギルバートモデル

このモデルのビット誤り率は，明らかに

$$P_E(1)=\frac{Ph}{P+p} \tag{3.58}$$

となる．このモデルから発生する誤り系列において，バースト誤りを厳密に定義するのは非常に難しいが，簡単には，状態 B にいるときバースト誤りが生じると考えればよい．したがって，バースト長の分布は，ほぼ式(3.56)のようになるし，平均長もおよそ $1/p$ となる．

ギルバートモデルと同様のモデルで，良状態をさらに増やしたモデルを**図3.13**に示す．このモデルを**フリッチマンモデル**という*．このようなモデルを用いれば，より複雑な実際の通信路にもよく適合したモデルを構成できることがある．

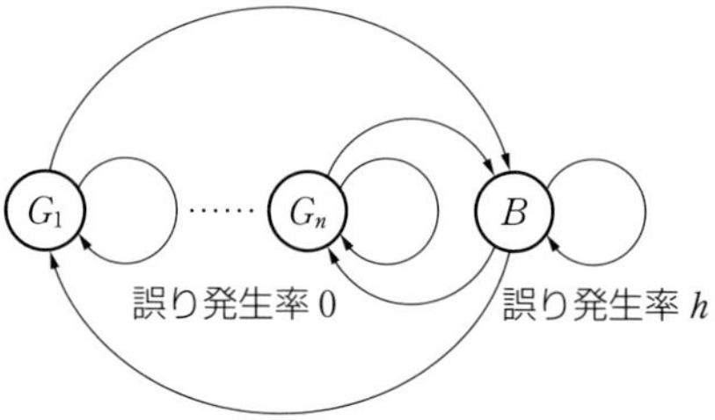

図3.13　フリッチマンモデル

3.4 モ デ ル 化

情報理論の問題は，情報源と通信路が与えられたときに，情報源から発生する情報をできるだけ効率よく，しかも信頼性高く送るにはどのように符号化したらよいか，また，その限界はどこかということであった．このように，情報理論の問題は，ふつう情報源と通信路が与えられたところから出発する．しかし，実際に情報理論を応用しようという場合，まず情報源と通信路を与えるということ，つまり，その適切な統計的モデルを設定するというところで難問にぶつかることが多い．情報理論の応用において，情報源と通信路のモデルの設定――モデル化の問題は，実は一番難しい問題といってもよいかもしれないのである．

実際の情報源や通信路の何をどの程度測定し，どのような種類のモデルを用

* 本来のフリッチマンモデルとはやや異なる．

い，そのモデルのパラメータをどのように決定するかは，いずれも十分な検討を要する問題である．これには，そのモデル化の目的も深く関わってくるし，モデルの取り扱いやすさや，さらには実際の情報源や通信路の測定における物理的な制約やコストの問題も絡んでくる．

現実には，経験的にモデル化が行われることが多い．たとえば，バースト的な誤りがあまりないと思われる通信路であれば，経験的に適当と思われる期間，誤り系列を観測し，その期間の誤りの発生率をビット誤り率として，ランダム誤り通信路のモデルを構成する．しかし，この観測期間が本当に適当かどうかは，統計的な手段によって確かめてみるべきであろうし，本当にランダム誤り通信路とみなせるかどうかも確認の必要があろう．バースト誤りを生じる通信路になると問題はさらに複雑となってくる．このようなモデル化の問題の解決は，今後の研究に待つところが多い．

演 習 問 題

3.1　{0, 1} の値をとる三つの確率変数 X, Y, Z について，**表 P3.1** のように $P_X(x)$, $P_{Y|X}(y|x)$, $P_{Z|X,Y}(z|x,y)$ が与えられている．このとき，$P_{X,Y,Z}(x,y,z)$ および $P_{X|Z}(x|z)$ を求めよ．

表 P3.1　与えられた確率分布

(a)

x	$P_X(x)$
0	0.7
1	0.3

(b)

x	y	$P_{Y\|X}(y\|x)$
0	0	0.8
0	1	0.2
1	0	0.4
1	1	0.6

(c)

x	y	z	$P_{Z\|X,Y}(z\|x,y)$
0	0	0	0.9
0	0	1	0.1
0	1	0	0.5
0	1	1	0.5
1	0	0	0.8
1	0	1	0.2
1	1	0	0.3
1	1	1	0.7

3.2　**図 P3.1** のマルコフ情報源について次の確率を求めよ．ただし，情報源は定常的になっているとする．

(a) 状態 s_0, s_1, s_2, s_3 にいる確率 w_0, w_1, w_2, w_3.

(b) 出力が 0 となる確率 $P_X(0)$.

(c) 出力に 0 が n 個続いた後に 0 が出る確率 $P(0|0^n)$. ただし，$n \geq 2$ とする．

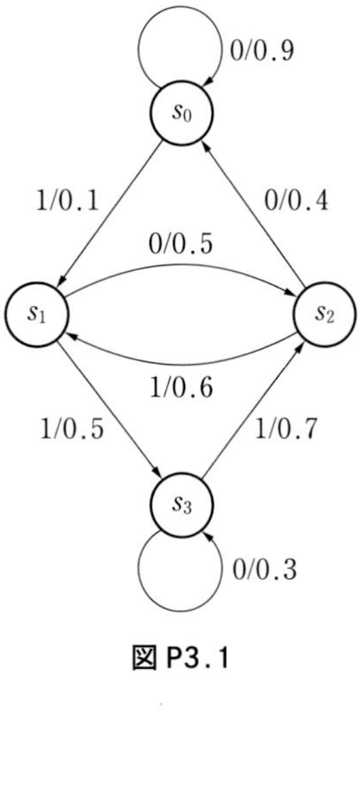

図 P3.1

3.3　ある2元情報源から出力される系列を十分長時間観測したところ，1の連続（1のランともいう）の長さの分布が**表 P3.2** のようになった．また，出力系列中の1の割合は 2% であった．この2元情報源をできるだけ簡単な（一般化された）マルコフモデルで表せ．

表 P3.2

長 さ	割 合〔%〕	長 さ	割 合〔%〕	長 さ	割 合〔%〕
1	50.000	5	3.240	9	2.126
2	10.000	6	2.916	10	1.913
3	4.000	7	2.624	11 以上	17.219
4	3.600	8	2.362		

3.4 入力アルファベット，出力アルファベットともに $\{0,1,2\}$ となる無記憶定常 3 元通信路を考える．この通信路の通信路行列が

$$T=\begin{bmatrix} 0.7 & 0.2 & 0.1 \\ 0.2 & 0.6 & 0.2 \\ 0.1 & 0.2 & 0.7 \end{bmatrix}$$

（列は出力 0, 1, 2，行は入力 0, 1, 2）

であるとする．

（a）長さが n の全零の系列 0 0 … 0 を送るとき，通信路の出力系列に非零の元が k 個含まれている確率を示せ．また，出力系列に 1 が k_1 個，2 が k_2 個含まれている確率を示せ．

（b）0 0 0 1 1 1 2 2 2 という系列を送ったとき，これに対応する長さ 9 の出力系列に 0 がちょうど 3 個含まれる確率を求めよ．

3.5 図 P3.2 のようなマルコフモデルが誤り源であるような 2 元通信路を考える．ただし，時点 −1 では s_2 にいると仮定する．

（a）ビット誤り率を求めよ．

（b）この通信路で時点 0 から 29 までの間を 3 時点ずつ 10 個のブロックに分けたとき，2 ブロック以上に誤りが生じる確率を求めよ．

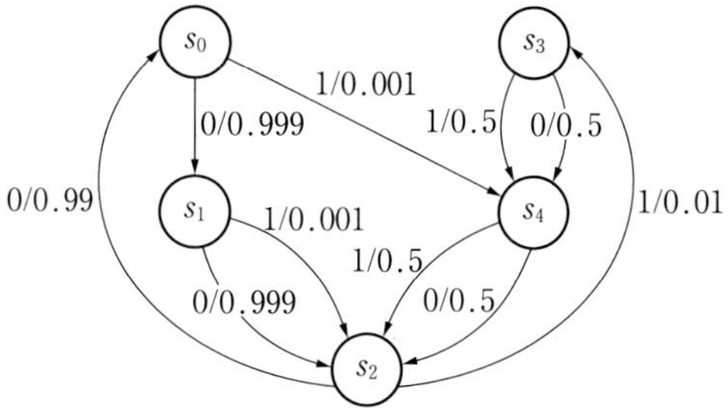

図 P3.2

第 4 章

情報源符号化とその限界

本章では，2.2 節で提示した【問題Ⅰ】と【問題Ⅱ】に解答を与える．すなわち，できるだけよい情報源符号化を見出すことと，情報源符号化の限界を知るという問題を考えるのである．情報源符号化の場合，この二つの問題はきわめて密接に関わり合っているので，本章でまとめて述べる．ただし，本章では，情報源符号化，復号において，ひずみが許されない場合——可逆符号化の場合について論じ，ひずみが許される場合については次章に譲る．

本章では，また，情報源符号化の限界に関連して，エントロピーを導入する．これは，情報の量的表示の基礎となるものであり，情報理論において，非常に重要な概念である．

4.1 情報源符号化の基礎概念

4.1.1 情報源符号化に必要な条件

2.1 節で示した情報源符号化の例を思い出そう．これは情報源アルファベットが $\{A, B, C, D\}$ であり，各情報源記号が**表 4.1** のような確率で発生するものであった．これに対し，2.1 節では表 4.1 の $\boldsymbol{C}_{\mathrm{I}}$ と $\boldsymbol{C}_{\mathrm{II}}$ のような符号を考えた．ここで，さらに表 4.1 の $\boldsymbol{C}_{\mathrm{III}}$，$\boldsymbol{C}_{\mathrm{IV}}$，$\boldsymbol{C}_{\mathrm{V}}$，$\boldsymbol{C}_{\mathrm{VI}}$ の四つの符号を考えよう*.

情報源符号化の目的は効率を上げること，したがって，1 情報源記号当たりの平均符号長を短くすることであった．この点からみると，$\boldsymbol{C}_{\mathrm{VI}}$ が最もよい．

* 符号ということばは，2.1 節で述べたように，符号語の集合を意味するが，しばしば，符号化法まで含めた符号化の体系の意味で用いられる．

表 4.1　情報源符号化の例

情報源記号	確率	$\boldsymbol{C}_{\mathrm{I}}$	$\boldsymbol{C}_{\mathrm{II}}$	$\boldsymbol{C}_{\mathrm{III}}$	$\boldsymbol{C}_{\mathrm{IV}}$	$\boldsymbol{C}_{\mathrm{V}}$	$\boldsymbol{C}_{\mathrm{VI}}$
A	0.6	00	0	0	0	0	0
B	0.25	01	10	10	01	10	10
C	0.1	10	110	110	011	11	11
D	0.05	11	1110	111	111	01	0
平均符号長		2.00	1.60	1.55	1.55	1.40	1.35

しかし，$\boldsymbol{C}_{\mathrm{VI}}$ では A と D に同じ符号語 0 が割り当てられている．したがって，$\boldsymbol{C}_{\mathrm{VI}}$ は明らかに可逆ではなく，ひずみが許されない場合，このような符号を用いることはできない．なお，このように，異なる情報源記号に対して同じ符号語が割り当てられている符号を**特異符号**（singular code）と呼ぶ．

次に $\boldsymbol{C}_{\mathrm{V}}$ について見てみよう．これは特異ではないが，非可逆である．たとえば，0110 という符号系列は

$$\underbrace{0}_{A}\underbrace{11}_{C}\underbrace{0}_{A} \qquad \underbrace{01}_{D}\underbrace{10}_{B}$$

という二通りの復号が可能である．このような非可逆な符号を**一意復号不可能な符号**とも呼ぶ．これに対し，$\boldsymbol{C}_{\mathrm{I}}$～$\boldsymbol{C}_{\mathrm{IV}}$ はいずれも**一意復号可能な符号**である．

一意復号可能な符号のうち，平均符号長が最小となる符号は $\boldsymbol{C}_{\mathrm{III}}$ と $\boldsymbol{C}_{\mathrm{IV}}$ であるが，この二つには大きな相違がある．$\boldsymbol{C}_{\mathrm{IV}}$ を用いたとき，01111110… という符号系列を復号する場合を考えよう．これは

$$\underbrace{0}_{A}\underbrace{111}_{D}\underbrace{111}_{D}\underbrace{0\cdots}$$

と一意的に復号できるのであるが，2 番目の 0 が来るまでは

$$\underbrace{01}_{B}\underbrace{111}_{D}11 \qquad \underbrace{011}_{C}\underbrace{111}_{D}1$$

という可能性も残されている．これに対し，$\boldsymbol{C}_{\mathrm{III}}$ では，符号語のパターンが現れれば，それは真の符号語であり，直ちに復号してよい．たとえば，01111110… という符号系列の場合，はじめの 0 はそれを見ただけで，A と復号でき，次

の 111 も，その先を見るまでもなく，D と復号できる．このように，符号語のパターンが現れたとき，それを直ちに復号できる符号を**瞬時符号**，そうでない $\boldsymbol{C}_{\mathrm{IV}}$ のような符号を**非瞬時符号**という．実際に用いる場合，瞬時符号のほうが望ましいことはいうまでもない．

$\boldsymbol{C}_{\mathrm{I}}$，$\boldsymbol{C}_{\mathrm{II}}$ も瞬時符号である．$\boldsymbol{C}_{\mathrm{I}}$ は符号語の長さがすべて等しい．このような符号を**等長符号**といい，その符号語の長さを**符号長**という．これに対し，$\boldsymbol{C}_{\mathrm{II}}$～$\boldsymbol{C}_{\mathrm{VI}}$ のように符号語に長さの異なるものがある符号を**非等長符号**と呼ぶ．特異でない等長符号は瞬時符号である．

$\boldsymbol{C}_{\mathrm{II}}$ は各符号語が 0 で終わっているから，符号系列中の 0 だけを見ていれば，符号語の区切りを知ることができる．この場合，0 はいわばコンマの役割をするわけである．このような符号を**コンマ符号**という．

三つの瞬時符号 $\boldsymbol{C}_{\mathrm{I}}$，$\boldsymbol{C}_{\mathrm{II}}$，$\boldsymbol{C}_{\mathrm{III}}$ のうちで，平均符号長が最小となるのは $\boldsymbol{C}_{\mathrm{III}}$ であり，効率の面からいえば，この情報源に対しては，$\boldsymbol{C}_{\mathrm{III}}$ が最も優れた符号ということになる．

ここで，情報源符号化に必要な条件をまとめておこう．

① 一意復号可能であること，瞬時符号であることが望ましい．

② 1 情報源記号当たりの平均符号長ができるだけ短い．

この二つが基本的な条件であるが，実際には

③ 装置化があまり複雑とはならない．

という条件も応用上，非常に重要である．

4.1.2 瞬時符号と符号の木

ここで，ある符号が瞬時符号となるための条件について考えてみよう．表 4.1 に示した $\boldsymbol{C}_{\mathrm{IV}}$ が非瞬時符号であったのは，符号語と同じパターンが別の符号語の頭の部分に現れているからである．たとえば，符号語 0 は，01，011 という符号語の頭の部分に現れている．このため，0 を見ただけでは，それが 0 という符号語であるのか，符号語 01，011 の頭の部分であるか判断できないのである．このように，ある符号語 $\boldsymbol{x}$ が別の符号語 $\boldsymbol{y}$ の頭の部分のパター

ンと一致するとき，$\boldsymbol{x}$ は $\boldsymbol{y}$ の**語頭**（prefix）になっているという．

瞬時符号であるためには，どの符号語もほかの符号語の語頭となってはならない．この条件を**語頭条件**という．逆に，語頭条件を満たす符号は瞬時符号となることも明らかであろう．つまり，語頭条件は瞬時符号であるための必要十分条件なのである．

さて，瞬時符号をよりよく理解するためには，**符号の木**（code tree）を用いるとよい．表4.1の符号 $\boldsymbol{C}_{\mathrm{I}}$～$\boldsymbol{C}_{\mathrm{IV}}$ について，**図4.1** に符号の木を示しておこう．これらの木において，各線分は**枝**（branch）と呼ばれ，枝の両端の点を**節点**（node）という．枝は左の節点から出て右の節点へ入ると考える．そして，枝が1本も出ていかない節点を特に**葉**（leaf）と呼び，枝が1本も入ってこない節点（すなわち，左端の節点）を**根**（root）と呼ぶ．また，根から l 本の枝を経由して達する節点を l 次の節点という．

一つの節点から出る枝には，それぞれ符号アルファベットの互いに異なる記号が一つずつ対応づけられている．図4.1の場合，0か1が対応づけられてい

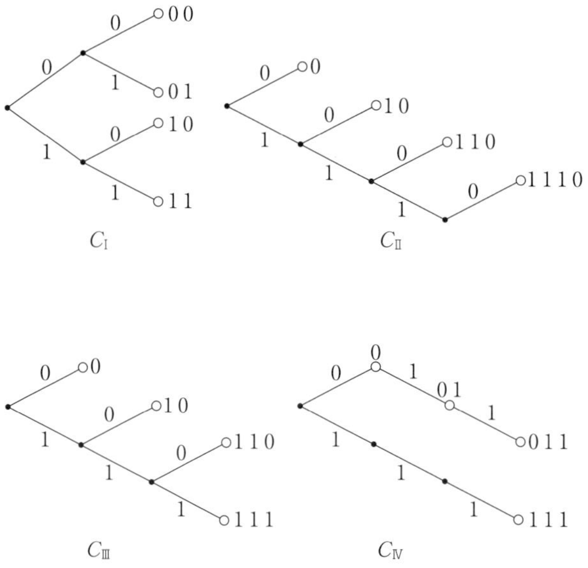

図4.1　C_{I}～C_{IV} の符号の木

るわけである．したがって，根から出発して，l 次の節点まで枝をたどっていけば，長さ l の一つの系列ができる．これがその節点に対応づけられている系列である．このようにして，符号の木の節点として，符号語を表すことができるのである．通常，符号の木は符号語をすべて表すのに必要十分なだけ枝を伸ばしてつくられる．

さて，図4.1の符号の木では，符号語に対応する節点を白丸で表し，それ以外の節点を黒丸で表している．ここで注意すべき点は，瞬時符号の $\boldsymbol{C}_{\mathrm{I}}$～$\boldsymbol{C}_{\mathrm{III}}$ では，符号語はすべて葉に対応づけられているが，非瞬時符号の $\boldsymbol{C}_{\mathrm{IV}}$ では葉以外の節点にも符号語が対応づけられているということである．このことは $\boldsymbol{C}_{\mathrm{IV}}$ には，ほかの符号語の語頭となっているような符号語が存在することを意味している．つまり，符号の木でいえば，瞬時符号となるための必要十分条件は，すべての符号語が葉に対応づけられていることなのである．

4.1.3　クラフトの不等式

ここで，表4.1の $\boldsymbol{C}_{\mathrm{III}}$ について，もう一度考えてみよう．この符号は，情報源記号 A，B，C，D に，長さがそれぞれ1，2，3，3の符号語を割り当てたものであった．これらの符号語の長さをもっと減らすことはできないであろうか．たとえば，A，B，C，D に長さがそれぞれ1，2，2，3の符号語を割り当てて，それが瞬時符号になるなら，1情報記号当たりの平均符号長をさらに減らすことができる．

そこで，符号語の長さが1，2，2，3となる瞬時符号をつくることができるかどうかを考えてみよう．このため，**図4.2** に示すように，符号の木の根から，全量が1の養分を流し込むとする．この養分は分岐ごとに1/2ずつに分かれていく．したがって，l 次の各節点には少なくとも 2^{-l} の量の養分が達する．ある符号が瞬時符号であるためには，各符号語は符号の木の葉になっていなければならないが，符号の木の根から流入された養分はすべて葉に達して留まるから，符号の木の葉に達する養分の総量はちょうど1となる必要がある．しかるに，符号語の長さが1，2，2，3であるとすると，それぞれの符号語に対応

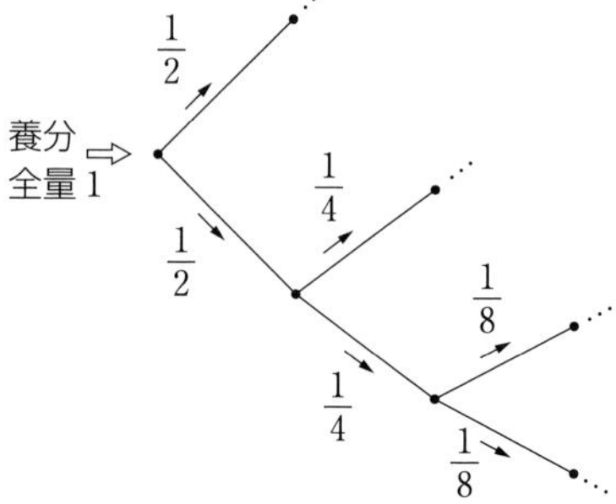

図 4.2　クラフトの不等式の説明

する葉に達する養分は少なくとも 2^{-1}，2^{-2}，2^{-2}，2^{-3} となり，その総和は少なくとも

$$2^{-1}+2^{-2}+2^{-2}+2^{-3}=1.125>1 \tag{4.1}$$

となる．したがって，このような符号語の長さをもつ瞬時符号はつくれないのである．

以上の説明から，長さが l_1，l_2，…，l_M となる M 個の符号語をもつ符号が瞬時符号となるためには

$$2^{-l_1}+2^{-l_2}+\cdots+2^{-l_M}\leq 1 \tag{4.2}$$

が満たされねばならないことがわかる．逆に，この式が満たされるなら，符号語の長さが l_1，l_2，…，l_M となる瞬時符号を構成できることも，もう説明を要しないであろう．

以上では，符号アルファベットが $\{0, 1\}$ の 2 元符号を考えたが，この結果は符号アルファベットが q 個の元からなる q 元符号にも直ちに拡張できる．この場合には，符号の木の分岐が q 本まで許されるわけであり，l 次の節点に達する養分の量は少なくとも q^{-l} となるから，式(4.2)の 2^{-l_i} を q^{-l_i} $(i=1, \cdots, M)$ で置き替えさえすればよい．結果を定理の形でまとめておこう．

定理 4.1

長さが l_1，l_2，…，l_M となる M 個の符号語をもつ q 元符号が瞬時符号

となるための必要十分条件は

$$q^{-l_1}+q^{-l_2}+\cdots+q^{-l_M}\leq 1 \tag{4.3}$$

が満たされることである．

式(4.3)の不等式を**クラフトの不等式**（Kraft's inequality）と呼ぶ．

ところで，瞬時符号では，確かにクラフトの不等式が満たされねばならないが，より一般の一意復号可能な符号まで範囲を拡げて考えたらどうであろうか．符号語の長さのより短い符号は存在しないであろうか．残念ながら，その可能性はない．証明は略すが，一意復号可能であれば，その符号語の長さ l_1，l_2，…，l_M は式(4.3)を満たさねばならないのである．したがって，式(4.3)は一意復号可能な符号が存在するための必要十分条件でもある．この結果はマクミラン（McMillan）によって導かれたので，式(4.3)を，一意復号可能な符号まで一般化して用いるときは，**マクミランの不等式**と呼ぶことがある．

4.2 平均符号長の限界

前節で，一意復号可能な符号の符号語の長さはクラフトの不等式(4.3)を満たすことを知った．しかし，我々の関心があるのは，個々の符号語の長さではなくて，1 情報源記号当たりの平均符号長である．そこで，ここでは，クラフトの不等式から平均符号長の限界を導いていこう．なお，本節では，もっぱら 2 元符号への符号化を考えるが，その結果を q 元符号の場合に一般化するのは容易である．

情報源アルファベットが $\{a_1, a_2, \cdots, a_M\}$ で，定常分布が

$$P(a_i)=p_i \quad (i=1, 2, \cdots, M) \tag{4.4}$$

で与えられる情報源 S を考えよう*．すなわち，a_1，a_2，…，a_M がそれぞれ p_1，p_2，…，p_M という確率で発生する情報源を考えるのである．この情報源の各

＊ もちろん，S は定常情報源である．以下，単に情報源といえば，定常情報源を意味するものとする．

情報源記号を一意復号可能な2元符号に符号化するものとしよう．情報源記号 a_1，a_2，…，a_M のそれぞれに対応づけられた符号語の長さを l_1，l_2，…，l_M とすれば，1情報源記号当たりの平均符号長は

$$L = l_1p_1 + l_2p_2 + \cdots + l_Mp_M \tag{4.5}$$

で与えられる．

ここで用いる符号は一意復号可能であるから，l_1，l_2，…，l_M はクラフトの不等式(4.3)を満たさねばならない．その条件の下で，L をどこまで小さくできるかが問題である．これについて次の定理が導ける．

定理 4.2

式(4.4)の定常分布をもつ情報源 S の各情報源記号を一意復号可能な2元符号に符号化したとき，平均符号長 L は

$$L \geq H_1(S) \tag{4.6}$$

を満たす．また，平均符号長 L が

$$L < H_1(S) + 1 \tag{4.7}$$

となる瞬時符号をつくることができる．ただし，$H_1(S)$ は情報源 S の**1次エントロピー**と呼ばれる量であり，次式で与えられる．

$$\begin{aligned} H_1(S) &= -\sum_{x} P(x) \log_2 P(x) \\ &= -\sum_{i=1}^{M} p_i \log_2 p_i \end{aligned} \tag{4.8}$$

ここに，x についての和は S の情報源アルファベットのすべての元について和をとることを意味する*．

この定理を証明するために，まず次の補助定理を導いておこう．

補助定理 4.1

q_1，q_2，…，q_M を

$$q_1 + q_2 + \cdots + q_M \leq 1 \tag{4.9}$$

---

*　以下，このような略記法をしばしば用いる．

を満たす任意の非負の数とする（ただし，$p_i \neq 0$ のときは $q_i \neq 0$ とする）．このとき

$$-\sum_{i=1}^{M} p_i \log_2 q_i \geq -\sum_{i=1}^{M} p_i \log_2 p_i = H_1(S) \tag{4.10}$$

が成立する．等号は $q_i = p_i$ （$i=1, 2, \cdots, M$）のとき，またそのときに限って成立する．

（証明） 式(4.10)の左辺から右辺を引いた結果を D とおくと

$$D = -\sum_{i=1}^{M} p_i \log_2 q_i + \sum_{i=1}^{M} p_i \log_2 p_i$$

$$= \sum_{i=1}^{M} p_i \log_2 \frac{q_i}{p_i} = -\sum_{i=1}^{M} \frac{p_i}{\ln 2} \ln \frac{q_i}{p_i}$$

となる．ここで，よく知られた不等式

$$\ln x \leq x - 1 \tag{4.11}$$

を用いると（**図 4.3**）

$$D \geq \sum_{i=1}^{M} \frac{p_i}{\ln 2}\left(1 - \frac{q_i}{p_i}\right)$$

$$= \frac{1}{\ln 2}\left(\sum_{i=1}^{M} p_i - \sum_{i=1}^{M} q_i\right)$$

$$= \frac{1}{\ln 2}\left(1 - \sum_{i=1}^{M} q_i\right) \geq 0 \tag{4.12}$$

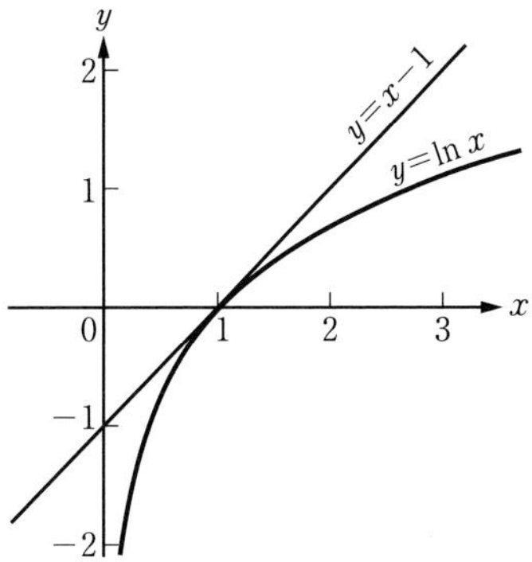

図 4.3 $\ln x \leq x - 1$ **の説明図**

を得る．したがって，式(4.10)が証明された．等号は $q_i/p_i = 1$ （$i=1, 2, \cdots, M$）となるとき，すなわち，$q_i = p_i$ となるときに成立する．（証明終）

この補助定理は情報理論でよく用いられるものであり，**シャノンの補助定理**と呼ばれる．

さて，以上の準備の下に**定理 4.2** を証明しよう．

（定理 4.2 の証明） まず，式(4.6)を証明する．このため

$$q_i = 2^{-l_i} \quad (i=1, 2, \cdots, M) \tag{4.13}$$

とおく．明らかに，$q_i > 0$ であり，また，l_1, l_2, $\cdots$, l_M はクラフトの不等式(4.3)を満たさねばならないから，q_1, q_2, $\cdots$, q_M は式(4.9)を満たす．したがって，

補助定理の式(4.10)が成立する．ここで，$l_i = -\log_2 q_i$ に注意すれば，平均符号長 L は

$$L = \sum_{i=1}^{M} l_i p_i = -\sum_{i=1}^{M} p_i \log_2 q_i \geq H_1(S) \tag{4.14}$$

を満たすことがわかる．等号は

$$p_i = 2^{-l_i} \quad (i = 1, 2, \cdots, M) \tag{4.15}$$

が成立するときである．

次に式(4.7)を満たす瞬時符号をつくれることを示そう．このため

$$-\log_2 p_i \leq l_i < -\log_2 p_i + 1 \tag{4.16}$$

を満たすように，整数 l_i を定める（このような整数は，明らかにただ一つ存在する）．

$$2^{-l_i} \leq 2^{\log_2 p_i} = p_i \tag{4.17}$$

であるから

$$\sum_{i=1}^{M} 2^{-l_i} \leq \sum_{i=1}^{M} p_i = 1 \tag{4.18}$$

となり，ゆえに，式(4.16)を満たすような l_1，l_2，…，l_M はクラフトの不等式を満たす．したがって，符号語の長さが l_1，l_2，…，l_M となる瞬時符号をつくることができる．そこで，次にその平均符号長について考えてみよう．このため式(4.16)の各辺に p_i を掛けて $i = 1, 2, \cdots, M$ について和をとると

$$H_1(S) \leq L < H_1(S) + 1 \tag{4.19}$$

が直ちに導ける．以上から式(4.16)を満たすように l_i を選べは，平均符号長が式(4.7)を満たすような瞬時符号を構成できることが導けた．　　（証明終）

【例 4.1】　表 4.1 で示した情報源について，1 次のエントロピー $H_1(S)$ を求めてみよう．この情報源からは情報源記号 A，B，C，D がそれぞれ確率 0.6，0.25，0.1，0.05 で発生するから

$$\begin{aligned} H_1(S) &= -0.6 \log_2 0.6 - 0.25 \log_2 0.25 - 0.1 \log_2 0.1 - 0.05 \log_2 0.05 \\ &= 1.490\cdots \end{aligned}$$

となる．表 4.1 に示されている一意復号可能な符号の平均符号長は，少なくとも 1.55 となっているから，$H_1(S)$ よりも確かに大きくなっている．

ここで，式(4.16)を満たすような l_1，…，l_4 を求めてみよう．まず，A に対応する符号語の符号長を l_1 とすると，これは

$$-\log_2 0.6 = 0.737 \leq l_1 < -\log_2 0.6 + 1 = 1.737$$

により，$l_1=1$ となることがわかる．同様にして B，C，D に対応する符号語の符号長を l_2，l_3，l_4 として，式(4.16)により求めると $l_2=2$，$l_3=4$，$l_4=5$ となることがわかる．このとき，平均符号長は 1.75 となり，式(4.7)は確かに満たしているが，表 4.1 の $\boldsymbol{C}_{\mathrm{II}}$～$\boldsymbol{C}_{\mathrm{IV}}$ のどれよりも長くなってしまう．このように，式(4.16)を満たすように l_i を定めても，必ずしもよい符号は得られない．

4.3 ハフマン符号

前節で述べたように，符号語の長さ l_i を式(4.16)を満たすように選ぶと，**定理 4.2** の式(4.7)を満たす符号は確かに構成できるが，それは必ずしも最も効率のよいものというわけではない．本節では，より効率のよい符号の構成法について考えていこう．

ある与えられた情報源 S に対し，情報源記号を一つずつ一意復号可能な符号に符号化するとき，平均符号長を最小とする符号を**コンパクト符号**（compact code）という．このコンパクト符号の構成法がハフマン（Huffman）によって与えられており，それによって得られる符号を**ハフマン符号**と呼ぶ．ここでは，2 元ハフマン符号の構成法を示しておこう．この構成法は，符号の木を葉のほうからつくっていくという形で行われる．

2 元ハフマン符号構成法

① 各情報源記号に対応する葉をつくる．おのおのの葉には，情報源記号の発生確率を記しておく（これをその葉の確率と呼ぶことにする）．

② 確率の最も小さい 2 枚の葉に対し，一つの節点をつくりその節点と 2

枚の葉を枝で結ぶ．この2本の枝の一方には0，他方には1を割り当てる．さらに，この節点に，2枚の葉の確率の和を記し，この節点を新たに葉と考える（すなわち，この節点から出る枝を取り除いたと考える）．

③　葉が1枚しか残っていなければ，符号構成法は終了する．そうでなければ②に戻る．

この構成法によって，すべての情報源記号に対応した葉をもつ符号の木をつくることができる．符号語が符号の木の葉にだけ割り当てられているから，ハフマン符号は瞬時符号である．

【例4.2】　A，B，C，Dをそれぞれ確率0.6，0.25，0.1，0.05で発生する情報源について，ハフマン符号構成の過程を**図4.4**に示す．まず，A，B，C，Dに対応する葉がつくられる．（　）内に示してあるのは，その確率である．最も確率が小さい2枚の葉はCとDであるので，節点EをつくりC，Dをこれにつなぐ．Eの確率は$0.1+0.05=0.15$である．次に，Eを葉と考え，A，B，Eに対し，同じ操作を行う．最も確率が小さい2枚の葉はBとEであるので，これらを節点Fにつなぐ．最後に，AとFを節点Gにつなぎ，符号の木は完成する．

この符号の木から得られる符号語は，A，B，C，Dに対応するものがそれぞれ0，10，110，111となる．これは，実は表4.1の$\boldsymbol{C}_{\mathrm{III}}$であり，平均符号

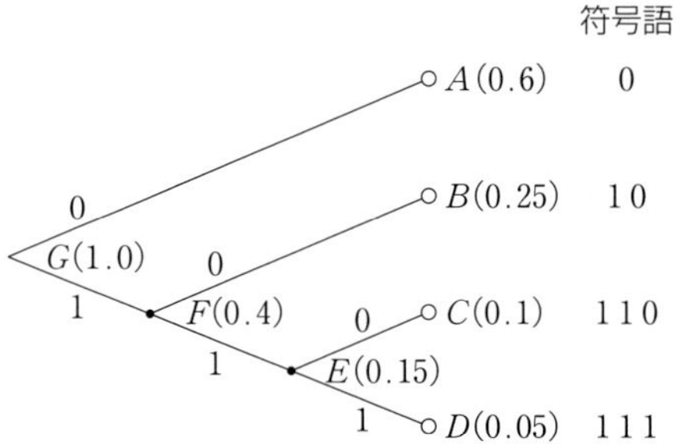

図4.4　ハフマン符号の構成法

長は 1.55 である.

与えられた情報源に対し，ハフマン符号は一つには決まらない．各節点から出る二つの枝のどちらに 0 を割り当て，どちらに 1 を割り当てるかは全く任意だからである．さらに，確率の等しい葉が現れるような場合には，符号語の長さが異なるハフマン符号ができる場合もある．しかし，そのような場合でも平均符号長は一致する．

【例 4.3】 A, B, C, D をそれぞれ，0.35，0.3，0.2，0.15 の確率で発生する情報源に対する 2 通りのハフマン符号の構成法を**図 4.5**（a）（b）に示す．

（a）では符号語の長さが 1，2，3，3，（b）では 2，2，2，2 であるが，平均符号長はともに 2 である．なお，ここでは，節点に名前をいちいち付けてはいない．また，符号の木も枝を途中で直角に曲げて描いている．ハフマン符号を構成する場合，その過程で枝が交差することがしばしばあるので，このような形で描いておいたほうが便利なのである．

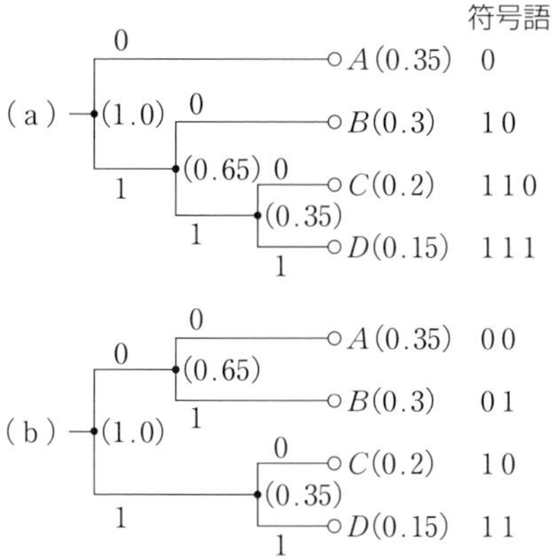

図 4.5 符号語の長さが異なる二つのハフマン符号

さて，ハフマン符号がコンパクト符号であることを証明するために，まず次の補助定理を証明しておこう．

補助定理 4.2

コンパクトな瞬時符号の符号の木において，根から最も遠い位置にある葉（最も長い符号語に対応する葉：以下**最高次の葉**と呼ぶ）は少なくとも2枚あり，**図 4.6** に示すように，最後の節点で分岐した二つの枝の先にある．そして，この2枚の葉は，（必要があれば最高次の葉に割り当てられている情報源記号を入れ換えることにより）確率の最も小さい二つの情報源記号 α と β に対応づけることができる．

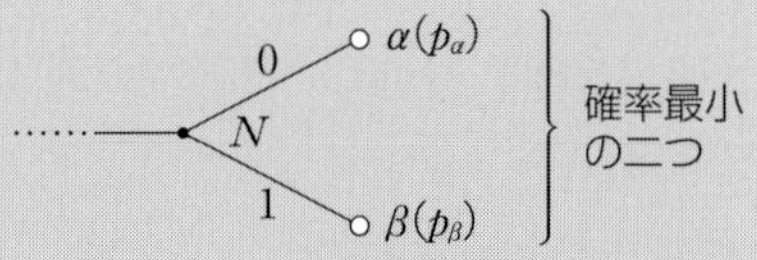

図 4.6　コンパクト符号の符号の木の最高次の葉

（証明）　コンパクト性を満たすためには，葉の一つ前の節点で分岐していなければならないことは明らか．また，最高次でない葉に割り当てられている情報源記号 γ が，最高次の葉に割り当てられている情報源記号のいずれかより小さい確率をもてば，γ をその記号と入れ換えることにより平均符号長を短くできるので，コンパクト性の仮定に反する．したがって，確率最小の二つの情報源記号 α と β は最高次の葉に割り当てられていなければならない．さらに，最高次の葉に割り当てられる情報源記号を入れ換えても平均符号長は変わらないから，一つの節点から分岐した2枚の最高次の葉に α と β を割り当てることができる．　（証明終）

以上の準備の下に次の定理を証明しよう．

定理 4.3

ハフマン符号はコンパクト符号である．

（証明）　ハフマン符号の構成法は，符号の木の最小の確率をもつ2枚の葉を一つにまとめて，新たな符号の木をつくるという操作の繰返しとみることができる．たとえば，例 4.2 でいえば，はじめは，A，B，C，D を葉とする木から出発し，次に A，B，E を葉とする木を考え，最後に A，F を葉とする木に至るのである．

ここで，はじめの符号の木（すなわち，元の情報源に対するハフマン符号の木）を T_0 とし，第 i 段階の符号の木を T_i としよう．最終段階の符号の木は，ただ二つの葉からなる木である．この木は明らかにコンパクト符号の木となっている（情報源記号が二つしかないのだから，一方に 0，他方に 1 を割り当てた符号は平均符号長最小である）．そこで，T_{i+1} がコンパクト符号の木であるとき，T_i もコンパクト符号の木となることが証明できれば，数学的帰納法により，T_0 もコンパクト符号の木となることが結論され，定理は証明できたことになる．

このため，まず T_{i+1} と T_i の平均符号長 L_{i+1} と L_i の関係について考えてみよう．T_i の確率最小の 2 枚の葉の確率を p_α，p_β とすれば，T_{i+1} ではこれらの葉がまとめられ，枝 1 本分短くなるから次式が成立する．

$$L_{i+1}=L_i-p_\alpha-p_\beta \tag{4.20}$$

ここで，T_{i+1} がコンパクト符号の木であるのに，T_i がコンパクト符号の木ではないとする．このとき，T_i と同じ葉（および同じ確率）をもち，平均符号長がより短いコンパクトな瞬時符号の木が存在するはずである*．そのような木を T_i' としよう．また，その平均符号長を L_i' とする．仮定により，$L_i'<L_i$ である．**補助定理 4.2** により，T_i' には（必要があれば最高次の葉に割り当てられている情報源記号を入れ換えることにより），図 4.6 のような確率最小の 2 枚の葉が存在するはずである．そこでこの二つの葉をまとめて，節点 N を葉とした新たな符号の木をつくってみよう．この木を T_{i+1}' とする．この木は，T_{i+1} と全く同じ葉をもち，その平均符号長は

$$\begin{aligned} L_{i+1}' &= L_i'-p_\alpha-p_\beta \\ &< L_i-p_\alpha-p_\beta=L_{i+1} \end{aligned} \tag{4.21}$$

＊ 任意の一意復号可能な符号と同じ長さの符号語をもつ瞬時符号が常に存在するから，瞬時符号の範囲内で考えておけば十分なのである．

となる．これは，T_{i+1} がコンパクト符号の木であるという前提に矛盾する．したがって，T_i もコンパクト符号の木でなければならないのである．

（証明終）

以上では，2 元ハフマン符号について述べたが，一般の q 元ハフマン符号も同じように，確率の最小な q 枚の葉をまとめて符号の木をつくっていくという過程で符号を構成できる．ただし，その場合，情報源記号の数が

$$(q-1)m+1 \quad (m：正整数) \tag{4.22}$$

という形でないときは，このような形になるまで，確率 0 の情報源記号を付け加えてから符号を構成する必要がある．

【例 4.4】　A，B，C，D を 0.6，0.25，0.1，0.05 で発生する情報源に対する 3 元ハフマン符号を構成してみよう．このとき，情報源記号の数は $2m+1$ という形でなければならない．そこで，確率 0 の記号 E を付け加えて符号を構成すると，**図 4.7** のようになる．読者は，E を付け加えないと，どのようなことが起こるか確かめてみるとよい．

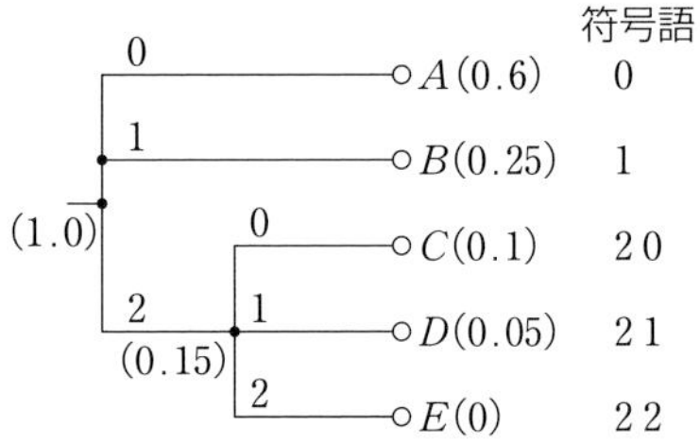

図 4.7　3 元ハフマン符号の例

4.4　情報源符号化定理

4.4.1　ブロック符号化

これまで，情報源から発生する記号を一つずつ符号化すると考えてきた．しかし，それでは，十分効率を上げられない場合がある．たとえば，2 元情報源に対して 2 元符号化をする場合，各情報源記号ごとに符号化していたのでは，情報源記号 1，0 をそれぞれ符号語 1，0 または 0，1 に対応づけるしかなく，全く効率を上げることができない．このような場合，何個かの情報源記号をまとめて符号化すると，効率を向上できることがある．例を見てみよう．

【例 4.5】 1，0をそれぞれ確率 0.2，0.8 で発生する無記憶 2 元情報源を考える．情報源記号を 1 個ずつ符号化すれば，1 情報源記号当たりの平均符号長は，いうまでもなく 1 である．そこで，2 個ずつまとめて符号化してみよう．このとき，00，01，10，11 の発生確率は，それぞれ 0.64，0.16，0.16，0.04 となる．これに対し，ハフマン符号を構成すれば，**表 4.2** のようになり，その平均符号長は

$$1\times0.64+2\times0.16+3\times0.16+3\times0.04=1.56$$

となる．したがって，1 情報源記号当たりの平均符号長は 1.56/2=0.78 となる．このようにして，1 情報源記号ごとに符号化するよりも 22％効率を上げることができる．

表 4.2 ブロック符号化の例

情報源系列	確率	ハフマン符号
00	0.64	0
01	0.16	10
10	0.16	110
11	0.04	111

この例のように，一定個数の情報源記号ごとにまとめて符号化する方法を**ブロック符号化**といい，それによって構成される符号を**ブロック符号**（block code）と呼ぶ．1 情報源記号ごとの符号化もブロック符号化の特殊な場合とみることができる．

さて，情報源記号を 2 個ずつまとめた例 4.5 のブロック符号化は，また，情報源アルファベットが {00，01，10，11} であるような 4 元情報源に対する 1 情報源記号ごとの符号化と見ることができる．このような 4 元情報源を元の情報源の 2 次の拡大情報源と呼ぶ．

一般に，M 元情報源 S に対し，それが発生する n 個の情報源記号をまとめて一つの情報源記号と見たとき，それを発生する M^n 元情報源を S の ***n* 次の拡大情報源**といい，S^n で表す．

情報源 S の n 個の記号をまとめて行うブロック符号化は，S の n 次の拡大情報源 S^n に対する 1 情報源記号ごとの符号化と見ることができるのである．

4.4.2 情報源符号化定理

ここで，情報源 S の n 次の拡大情報源 S^n に対し，**定理 4.2** を適用すれば

$$H_1(S^n) \leq L_n < H_1(S^n) + 1 \tag{4.23}$$

を満たす平均符号長 L_n をもつ2元瞬時符号をつくることはできるが，この式の左辺より小さい平均符号長をもつ一意復号可能な2元符号は存在しないということになる．ここに，$H_1(S^n)$ は拡大情報源 S^n の1次エントロピーであり，S^n の各情報源記号の発生確率（すなわち，S の長さ n の情報源系列の発生確率）から，式(4.8)により求められる．S の相続く n 個の出力の結合確率分布 $P(x_0, x_1, \cdots, x_{n-1})$ を用いて書けば

$$H_1(S^n) = -\sum_{x_0} \cdots \sum_{x_{n-1}} P(x_0, \cdots, x_{n-1}) \log_2 P(x_0, \cdots, x_{n-1}) \tag{4.24}$$

となるわけである．ここに，x_0，$\cdots$，x_{n-1} についての和はそれぞれ，S の情報源アルファベットすべての元についてとることを意味する．

ところで，拡大情報源 S^n の1情報源記号は元の情報源 S の n 個の情報源記号からなっているから，L_n は S の n 個の情報源記号当たりの平均符号長ということになる．したがって，S の1情報源記号当たりの平均符号長を L とすれば

$$L = \frac{L_n}{n} \tag{4.25}$$

である．それゆえ，式(4.23)を L についての式に直せば

$$H_n(S) \leq L < H_n(S) + \frac{1}{n} \tag{4.26}$$

となる．ただし，$H_n(S)$ は

$$H_n(S) = \frac{H_1(S^n)}{n} \tag{4.27}$$

で定義され，S の（1情報源記号当たりの）**n 次エントロピー**と呼ばれる．

以上から，情報源 S の発生する情報源系列を n 個ずつまとめて符号化することにより，1情報源記号当たりの平均符号長 L が式(4.26)を満たすようにすることはできるが，L を式(4.26)の左辺より小さくはできないということがわかった．

ここで，情報源 S について

$$H(S) = \lim_{n \to \infty} H_n(S) \tag{4.28}$$

とおこう．これを，この情報源 S の（1 情報源記号当たりの）**エントロピー**（entropy）と呼ぶ．証明は略すが，このエントロピーは，任意の n について

$$H(S) \leq H_n(S) \tag{4.29}$$

を満たすことが導ける．

以上から，次の定理が結論できる．

定理 4.4　情報源符号化定理

情報源 S は，任意の正数 ε に対して，1 情報源記号当たりの平均符号長 L が

$$H(S) \leq L < H(S) + \varepsilon \tag{4.30}$$

となるような 2 元瞬時符号に符号化できる．しかし，どのような一意復号可能な 2 元符号を用いても，平均符号長がこの式の左辺より小さくなるような符号化はできない．ここに，$H(S)$ は S のエントロピーであり，式(4.28)により定義される．

以上では，2 元符号に符号化する場合を考えたが，一般の q 元符号に符号化する場合も全く同様の定理が成立する．ただ，エントロピー $H(S)$ は，通常，式(4.24)のように 2 を底とする対数を用いて定義されるので，q 元符号の場合，$H(S)$ に $1/\log_2 q$ を乗じておく必要がある*．すなわち，式(4.30)の代わりに

$$\frac{H(S)}{\log_2 q} \leq L < \frac{H(S)}{\log_2 q} + \varepsilon \tag{4.31}$$

を用いればよいのである．

この定理により，我々は可逆な情報源符号化の限界が情報源のエントロピーという量で与えられることを知った．次節で，簡単な（しかし最も基本的な）情報源について，このエントロピーを求めてみよう．

---

* もし $H(S)$ の定義に q を底とする対数を用いれば，**定理 4.4** はそのままの形で q 元符号化についても成立する．

4.5　基本的な情報源のエントロピー

4.5.1　無記憶情報源のエントロピー

情報源アルファベットが $\{a_1, a_2, \cdots, a_M\}$ で，定常分布が

$$P(a_i) = p_i \quad (i=1, 2, \cdots, M) \tag{4.32}$$

となる無記憶情報源を S とする．S の相続く n 個の出力は互いに独立であるから，その結合確率分布は

$$P(x_0, x_1, \cdots, x_{n-1}) = P(x_0)P(x_1)\cdots P(x_{n-1}) \tag{4.33}$$

となる．このような情報源 S に対しては，式(4.24)の $H_1(S^n)$ は

$$H_1(S^n) = nH_1(S) \tag{4.34}$$

となることを証明しよう．

簡単のため $n=2$ の場合を考える．このとき，$H_1(S^2)$ は

$$\begin{aligned} H_1(S^2) &= -\sum_{x_0}\sum_{x_1} P(x_0)P(x_1) \log_2 P(x_0)P(x_1) \\ &= -\sum_{x_0}\sum_{x_1} P(x_0)P(x_1) \log_2 P(x_0) - \sum_{x_0}\sum_{x_1} P(x_0)P(x_1) \log_2 P(x_1) \end{aligned} \tag{4.35}$$

となる．最後の式の第1項はまず x_1 についての和をとり，第2項はまず x_0 についての和をとれば，第1項，第2項とも

$$-\sum_{x} P(x) \log_2 P(x) = -\sum_{i=1}^{M} p_i \log_2 p_i = H_1(S) \tag{4.36}$$

という形になる．したがって

$$H_1(S^2) = 2H_1(S) \tag{4.37}$$

が導ける．一般の n についても全く同様にして，式(4.34)が証明できる．

さて，式(4.34)を式(4.27)，式(4.28)に代入すれば，無記憶情報源 S のエントロピーが1次エントロピーと一致し

$$H(S) = H_1(S) = -\sum_{i=1}^{M} p_i \log_2 p_i \tag{4.38}$$

となることがわかる．

【例 4.6】 例 4.5 に示した 1，0 を 0.2，0.8 の確率で発生する無記憶情報源のエントロピーは

$$H(S)=\mathscr{H}(0.2)=0.7219$$

となる．ここに，$\mathscr{H}(x)$ は

$$\mathscr{H}(x)=-x\log_2 x-(1-x)\log_2(1-x) \tag{4.39}$$

で定義される関数であり，**エントロピー関数** (entropy function) と呼ばれる．この関数を**図 4.8** に示す．

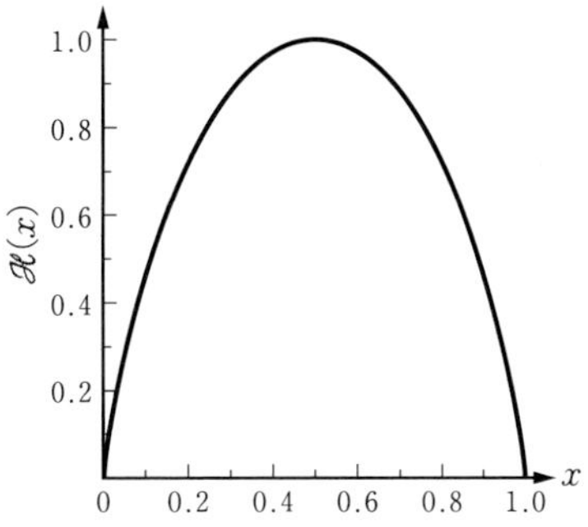

図 4.8　エントロピー関数 $\mathscr{H}(x)$

例 4.5 において，情報源記号を二つずつまとめて符号化することにより，1 情報源記号当たりの平均符号長を 0.78 とすることができたが，これはまだ $H(S)$ と差があり，さらに平均符号長を小さくできるはずである．そこで，情報源記号を三つずつまとめて符号化する場合について見ておこう．ハフマン符号を用いた符号化の例を**図 4.9** に示す．この場合，1 情報源記号当たりの平均符号長は 0.728 となり，$H(S)=0.7219$ にかなり近づいていることがわかる．

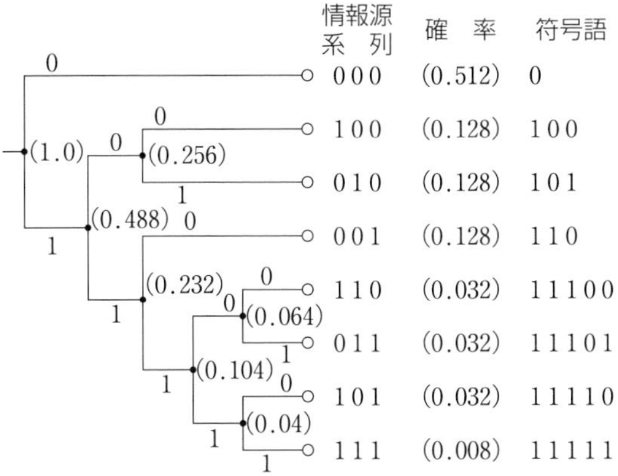

図 4.9　3 次拡大情報源に対する符号化の例

4.5.2　マルコフ情報源のエントロピー

図4.10 の単純マルコフ情報源を S としよう．S の状態の定常分布 (w_0, w_1) は

$$(w_0, w_1)\begin{bmatrix}0.9 & 0.1\\0.4 & 0.6\end{bmatrix}=(w_0, w_1)$$

および $w_0+w_1=1$ とから

$$w_0=0.8 \qquad w_1=0.2$$

となることがわかる．したがって，この情報源 S は 0.8 の確率で状態 s_0 にあり，0.2 の確率で状態 s_1 にある．いま S が状態 s_0 にあるときだけに注目すると，そのときには，この情報源 S は 1，0 を 0.1，0.9 の確率で発生する無記憶情報源と何ら変わりない．したがって，その場合のエントロピーを $Hs_0(S)$ と書くと

$$Hs_0(S)=\mathscr{H}(0.1)=0.4690$$

となる．同様に，S が状態 s_1 にあるときだけを注目すれば，そのときのエントロピーは

$$Hs_1(S)=\mathscr{H}(0.4)=0.9710$$

となる．s_0 にいる確率が 0.8，s_1 にいる確率が 0.2 だから，結局，S のエントロピーは

$$H(S)=0.8\times0.4690+0.2\times0.9710=0.5694$$

になると考えられる．事実，n 次エントロピー $H_n(S)$ を $n=1, 2, \cdots$ について計算してみると，**図4.11** のようになり，0.5694 に収束していくようすがみられる．

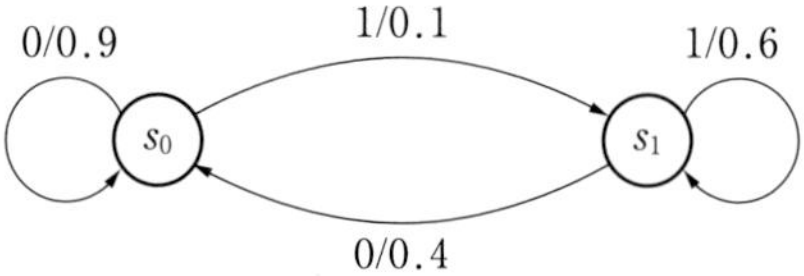

図4.10　マルコフ情報源

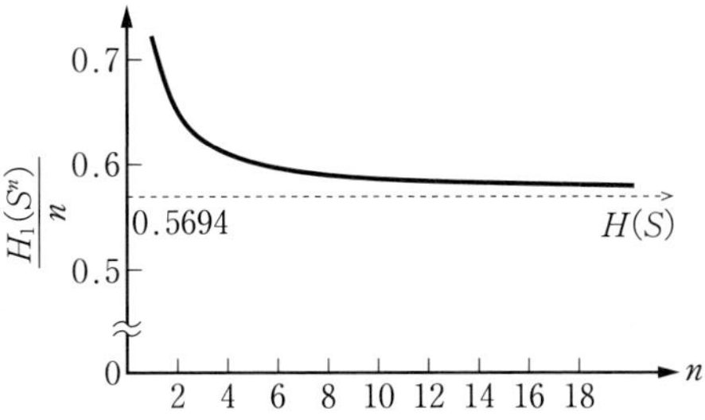

図 4.11 マルコフ情報源のエントロピー

このマルコフ情報源の 1，0 の発生確率はそれぞれ 0.2，0.8 であり，例 4.6 の無記憶情報源のそれと同じである．しかし，マルコフ情報源には，記憶があるため，エントロピーは記憶のない場合よりも小さくなるのである．

さて，一般のマルコフ情報源のエントロピーの計算法も，もう明らかであろう．情報源アルファベットを $\{a_1, a_2, \cdots, a_M\}$，状態を s_0，s_1，$\cdots$，s_{N-1} その定常分布を $(w_0, w_1, \cdots, w_{N-1})$ とし，状態 s_i にあるとき，情報源記号 a_j を発生する確率を $P(a_j \mid s_i)$ と書けば，エントロピー $H(S)$ は

$$H(S) = \sum_{i=0}^{N-1} w_i \left[-\sum_{j=1}^{M} P(a_j \mid s_i) \log_2 P(a_j \mid s_i) \right] \tag{4.40}$$

となるのである．もちろん，このようにして求められたエントロピー $H(S)$ は，前節で定義した n 次エントロピー $H_n(S)$ の極限としてのエントロピーと一致する．

4.6 基本的情報源符号化法

4.6.1 ハフマンブロック符号化法

定理 4.4 は情報源符号化の限界を与えるものであったが，また，それを導く過程でその限界に達する符号化法も示されていた．すなわち，十分大きな n を選び，n 次の拡大情報源に対して，たとえば，ハフマン符号化を行えば，1 情報源当たりの平均符号長を，いくらでもその下限に近づけることができる．

このような符号化法を**ハフマンブロック符号化法**と呼ぶことにしよう．この符号化法により，（可逆な）情報源符号化の問題はすべて解決しているかのようにみえるかもしれない．しかし，実はそうではない．ハフマンブロック符号化法は，装置化に問題があるからである．

ハフマンブロック符号化法では1情報源記号当たりの平均符号長 L は，n を増大すると，多くの場合，$1/n$ 程度の速さで下限 $H(S)$ に近づいていく．しかし，$H(S)$ そのものが小さい場合，十分効率をよくするためには，n をかなり大きくとらねばならない．たとえば，1，0の発生確率が0.01，0.99の無記憶情報源を考えよう．この情報源のエントロピーは0.081である．いま，平均符号長 L をこの値の1割増しの0.089以下にしたいとする．これには，n を $1/0.008=125$ 以上にすれば確実である．しかし，$n=125$ にするためには，$2^{125}\cong 4\times 10^{37}$ 個の情報源系列に対して，ハフマン符号を構成しておかねばならない．これは事実上不可能である．実際には，もう少し小さい n で，平均符号長は0.089以下となるかもしれないが，それにしても，$n\geq 30$ 程度は必要である．ところで，ハフマン符号化を行うには，2^n 個の情報源系列と符号語の対応表を用意しておかねばならない．n が30程度にもなると，このような符号化法は実際的なものとはいえなくなるであろう．

このように，ハフマンブロック符号化によって，理論的には限界にいくらでも近い符号化が行えるのではあるが，装置化の面からみると，実際にはまだまだ工夫を要するのである．

4.6.2　非等長情報源系列の符号化

ハフマンブロック符号化の問題点は，n を増大するとき，1情報源記号当たりの平均符号長が通常 $1/n$ 程度の速さでしか小さくならないのに対し，符号化すべき長さ n の情報源系列の数が，M 元情報源の場合，M^n の速さで増大する点にある．これは，長さ n の情報源系列をすべて符号化するからである．そこで，符号化すべき情報源系列を非等長にしてみてはどうであろうか．つまり，長い情報源系列と短い情報源系列を組み合わせ，平均符号長に対しては，比較的長い情報源系列を符号化したのと同じ効果をもたせ，しかも系列の数を減らせないかというのである．例を示そう．

【例 4.7】 1，0 を確率 0.2，0.8 で発生する無記憶情報源 S を考える．この情報源 S から発生する四つの系列を選び，それに対しハフマン符号化を行うものとしよう．このため，S から発生する情報源系列に対し，**図 4.12** に示すようにして符号の木と同様の木をつくる．

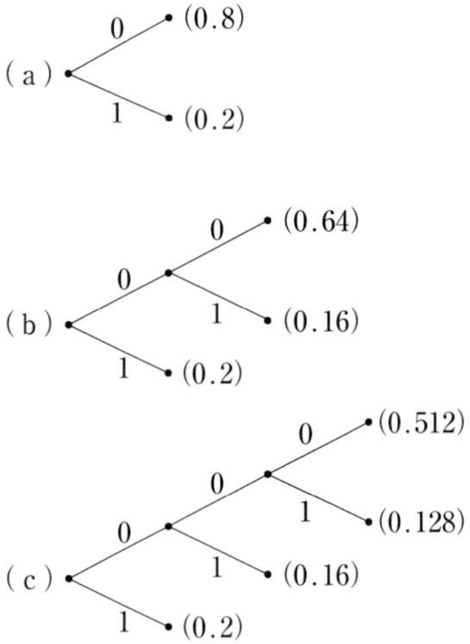

図 4.12　情報源系列の木

まず，根から 1，0 に対応する 2 本の枝を伸ばし，それぞれの葉に確率を記入する(図 4.12(a))．以下，確率の最大の葉を節点として，そこから 2 本の枝を伸ばし，その確率を記入するという操作を繰り返し，葉が 4 枚になるまで続けるのである(図 4.12(b)，(c))．このようにして得られた木の葉に対応する系列は 1，01，001，000 の四つである．任意の情報源系列が，この四つの系列に一意的に分解できることは明らかであろう．

たとえば，0110000010001… という系列は

$$01,\ 1,\ 000,\ 001,\ 000,\ 1,\ \cdots \tag{4.41}$$

というように分解できる．さらに，この四つの系列の平均長 $\overline{n}$ は

$$\begin{aligned}\overline{n} &= 1\times0.2+2\times0.16+3\times0.128+3\times0.512\\ &= 2.44\end{aligned} \tag{4.42}$$

であるが，これは，任意の情報源系列を一意的に分解できる四つの系列としては，最長のものである．このことは，図 4.12 の構成法においては，常に最大の確率をもつ葉を伸ばしていることからわかるであろう．

さて，この四つの系列に対し，ハフマン符号を構成すると，**図 4.13** のよう

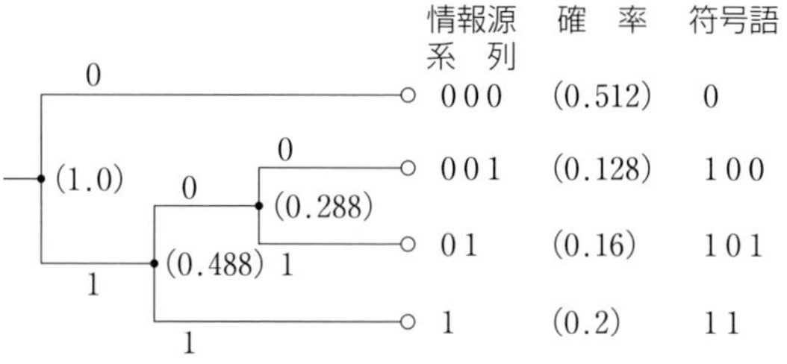

図 4.13　非等長情報源系列に対するハフマン符号化の例

になり，平均符号長1.776となる．したがって，1情報源記号当たりの平均符号長Lは，1.776を平均系列長$\bar{n}=2.44$で割って

$$L=\frac{1.776}{2.44}=0.728 \tag{4.43}$$

となる．この場合，四つの系列に対してしか符号化していないのに，例4.6に示した$n=3$の符号化，すなわち，$2^3=8$個の系列に対する符号化とほぼ同じ平均符号長が得られる．

このように，非等長の情報源系列に対して符号化することによって，符号化のために記憶すべき表を削減できる．

上の例では，符号化すべき非等長の情報源系列を，平均系列長が最大となるように選んだ．これは，1情報源記号当たりの平均符号長を小さくするという点では優れている．しかし，符号化すべき系列数が多くなると，このような方法は一般にかなり複雑となる．より簡単な方法として，次項で述べるランレングス符号化法がある．

4.6.3　ランレングス符号化法

情報源系列において同じ記号が連続する長さ（ランレングス）を符号化して送る方法を一般に，**ランレングス符号化法**と呼ぶ．

例4.7の符号も，実は，長さ3までの0の連続（ラン）に対するランレングス符号になっている．情報源系列 1，0 1，0 0 1，0 0 0 は 0 のランの長さがそれぞれ，0，1，2，3 である場合に現れるからである．たとえば，0 1 1 0 0 0 0 0 1 0 0 0 1 … という系列を 0 の 3 以下のランレングスで表せば，1，0，3，2，3，0，… となるが，これは，式(4.41)の分解に対応している．

このように，ランレングスをさらにハフマン符号化する方法を**ランレングスハフマン符号化法**と呼ぶ．無記憶 2 元情報源 S について，この符号化法をさらに検討してみよう．1，0 の発生確率を p，$1-p$ とし，$p<1-p$ を仮定する．このとき，長さ $N-1$ までの 0 のランレングスを符号化するものとしよう．これは，**図 4.14** の木に示されるような N 個の情報源系列に対して符号化を行うということである．これらの系列の平均長は

$$\begin{aligned}\overline{n}&=\sum_{i=0}^{N-2}(i+1)p_i+(N-1)p_{N-1}\\&=\frac{1-(1-p)^{N-1}}{p}\end{aligned}\tag{4.44}$$

となる．

一方，これらの系列をハフマン符号化したときの平均符号長 L_N は**定理 4.2** により

$$L_N<-\sum_{i=0}^{N-1}p_i\log_2 p_i+1=H(S)\overline{n}+1\tag{4.45}$$

を満たす．ここに，$H(S)$は 2 元情報源のエントロピーであり，$H(S)=\mathscr{H}(p)$ で与えられる．したがって，1 情報源記号当たりの平均符号長 L は

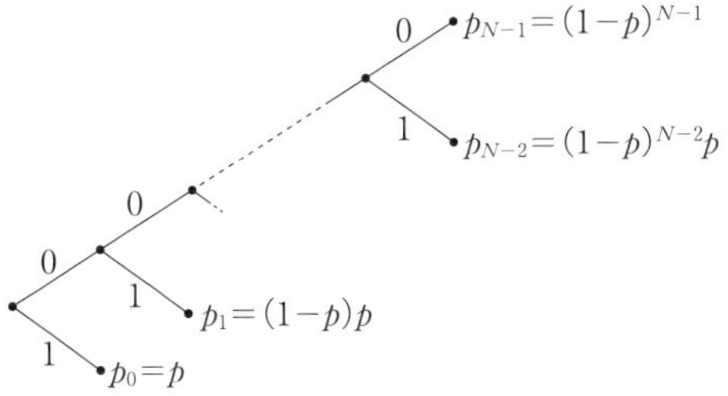

図 4.14 ランレングス符号化のための情報源系列の木

$$L=\frac{L_N}{\bar{n}}<H(S)+\frac{1}{\bar{n}} \tag{4.46}$$

を満たす．$\bar{n}$ は式(4.44)で与えられている．

これに対し，ハフマンブロック符号化の場合の１情報源記号当たりの平均符号長の上限は，

$$L<H(S)+\frac{1}{n} \tag{4.47}$$

となる．ここに，n は符号化を行う情報源系列の長さであるから，符号化すべき情報源系列の数 N とは

$$n=\log_2 N \tag{4.48}$$

という関係にある．N はほぼ装置化の複雑さに対応する．式(4.44)と式(4.48)を比較すると，p が小さい場合，ランレングスハフマン符号化法が著しく有利であることがわかる．**図 4.15** に $p=0.01$ の場合について１情報源記号当たりの平均符号長の上限を比較して示しておこう．

さて，ランレングス符号化法には，このほかにもいろいろな変形がある．たとえば，０のランレングスと１のランレングスを別々に符号化するという場合もある．これは，0，１のランがともに長く続く傾向のあるマルコフ情報源に対しては有利である．また，ランレングスをハフマン符号化しないで，等長符

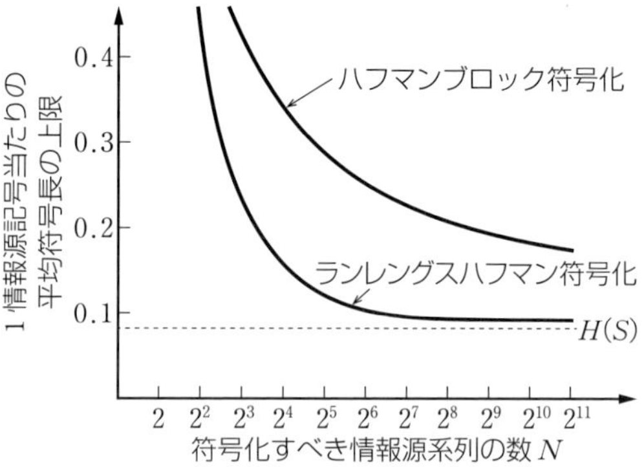

図 4.15　ランレングスハフマン符号化とハフマンブロック符号化の比較

号に符号化してしまうという方式が用いられることもある．この方式では，たとえばランレングスはそのまま一定桁数の2進数として送られる．この場合，符号語をいちいち記憶しておく必要もなく，装置化が非常に簡単になる．しかし，効率の低下は避けられない．

また，以上に述べたランレングス符号化法は，いずれも，ある一定の長さまでのランレングスの符号化法であったが，無限に長いランレングスまで符号化する方法もある（演習問題4.8参照）．

4.7 算 術 符 号

前節までに述べた符号化法は，情報源系列を一定の仕方で分割し，各部分を符号語に変換していくというものであった．したがって，符号化された系列は，符号語を連ねた系列となっている．これに対し，符号化された系列を符号語に分けられないような符号化法がある．つまり，情報源系列全体を一つの符号語に符号化してしまうのである．このような情報源符号化法として代表的なものに算術符号化法がある．これは，装置化が比較的簡単で効率がよく，しかも多様な情報源に対応できるという特長をもつ，非常に優れた情報源符号化法である．本節では，この符号化法について論じるが，まずその準備として，情報源系列の累積確率を定義しておこう．なお本節では2元情報源および2元符号化のみを考える．

4.7.1 情報源系列の累積確率

1，0の発生確率が p，$q=1-p$ の無記憶定常2元情報源を S としよう．ただし，$p<q$ と仮定する．ここで，この情報源 S から発生する長さ n の情報源系列を考える．これは 2^n 通りある．これを2進数の順序に並べて，$0 \sim 2^n-1$ の番号を付けよう．たとえば，$n=3$ の場合，**表4.3** のように並べて $0 \sim 7$ の番号を付けるのである．さらに，第 i 系列を $\boldsymbol{a}_i$ で表し，その発生確率を $P(\boldsymbol{a}_i)$ で表そう．$n=3$ で，$p=0.3$ の場合，$P(\boldsymbol{a}_i)$ は表4.3のようになる．

さて，$\boldsymbol{a}_i$ に対し，$\boldsymbol{a}_0$ から $\boldsymbol{a}_{i-1}$ までの確率の和が以下で重要な役割を演ずる．これを $\boldsymbol{a}_i$ までの**累積確率**と呼び，$C(\boldsymbol{a}_i)$で表そう．すなわち

$$C(\boldsymbol{a}_i)=\begin{cases} 0 & (i=0) \\ \sum_{j=0}^{i-1} P(\boldsymbol{a}_j) & (i=1, \cdots, 2^n-1) \end{cases} \tag{4.49}$$

となる．明らかに，$C(\boldsymbol{a}_i)$は

$$0=C(\boldsymbol{a}_0)<C(\boldsymbol{a}_1)<\cdots<C(\boldsymbol{a}_{2^n-1})<1 \tag{4.50}$$

を満たす．表 4.3 には，$p=0.3$ のときの $P(\boldsymbol{a}_i)$と $C(\boldsymbol{a}_i)$が示してある．

表 4.3 長さ 3 の系列の確率および累積確率 ($p=0.3$)

i	$\boldsymbol{a}_i$	$P(\boldsymbol{a}_i)$	$C(\boldsymbol{a}_i)$
0	000	0.343	0
1	001	0.147	0.343
2	010	0.147	0.49
3	011	0.063	0.637
4	100	0.147	0.7
5	101	0.063	0.847
6	110	0.063	0.91
7	111	0.027	0.973

このような $C(\boldsymbol{a}_i)$を求めるには，次のようにすると簡単である．まず，便宜上長さが 0 の系列を定義しておく．このような系列を**空系列**と呼び λ で表す．空系列 λ に対し

$$P(\lambda)=1 \tag{4.51}$$

$$C(\lambda)=0 \tag{4.52}$$

とおく．これから出発し，次のような式を用いて，長さを順次伸ばしていけばよい．

$$P(\boldsymbol{x}1)=P(\boldsymbol{x})p \tag{4.53}$$

$$P(\boldsymbol{x}0)=P(\boldsymbol{x})q \tag{4.54}$$

$$C(\boldsymbol{x}x)=\begin{cases} C(\boldsymbol{x}) & ; x=0 \\ C(\boldsymbol{x})+P(\boldsymbol{x}0) & ; x=1 \end{cases} \tag{4.55}$$

ここに，$\boldsymbol{x}$ は 0，1 からなる系列を表し，$\boldsymbol{x}0$，$\boldsymbol{x}1$，$\boldsymbol{x}x$ は $\boldsymbol{x}$ の後に 0，1，x をつないだ系列を表す．また，$\lambda 0=0$，$\lambda 1=1$，$\lambda x=x$ であることはいうまでもない．

たとえば，$p=0.3$ のとき，$C(111)$は次のようにして求められる．

$$P(1)=0.3 \qquad P(0)=0.7$$

$$C(1)=C(\lambda)+P(0)=0.7$$

$$P(1\,1)=P(1)\times 0.3=0.09$$
$$P(1\,0)=P(1)\times 0.7=0.21$$
$$C(1\,1)=C(1)+P(1\,0)=0.91$$
$$P(1\,1\,1)=P(1\,1)\times 0.3=0.027$$
$$P(1\,1\,0)=P(1\,1)\times 0.7=0.063$$
$$C(1\,1\,1)=C(1\,1)+P(1\,1\,0)=0.973$$

4.7.2　基本的算術符号化法

長さ n の情報源系列 $\boldsymbol{a}_i$ と，その累積確率 $C(\boldsymbol{a}_i)$ は 1 対 1 に対応する．したがって，$C(\boldsymbol{a}_i)$ がわかれば，$\boldsymbol{a}_i$ を復元することができる．そこで，$C(\boldsymbol{a}_i)$ を 2 進数で表して，送るという方法を考えてみよう．つまり，$\boldsymbol{a}_i$ を $C(\boldsymbol{a}_i)$ の 2 進数表示に符号化するのである．$C(\boldsymbol{a}_i)$ は式(4.53)～(4.55)のような算術演算で求められるので，このような符号化法を**算術符号化**（arithmetic coding）と呼ぶ．

$C(\boldsymbol{a}_i)$ の 2 進数表示を $C(\boldsymbol{a}_i)_2$ で表そう．**表 4.4** に $n=3$，$p=0.7$ の場合について $C(\boldsymbol{a}_i)_2$ を示す．たとえば，情報源系列 $\boldsymbol{a}_1=0\,0\,1$ は，$C(\boldsymbol{a}_1)_2=0.01010\cdots$ と符号化されるのである．しかし，$C(\boldsymbol{a}_1)_2$ をそのまま送るのではきわめて効率が悪い．要するに $C(\boldsymbol{a}_1)_2$ とほかの $C(\boldsymbol{a}_j)_2$（$j\neq 1$）が区別できればよいのであるから，それに必要なだけの桁数を送りさえすれば十分である．この場合，3 桁目まで送ればよい．もちろん小数点や，その左の 0 は送る必要がない．し

表 4.4　長さ 3 の系列の累積確率とその 2 進数表示

i	$\boldsymbol{a}_i$	$C(\boldsymbol{a}_i)$	$C(\boldsymbol{a}_i)_2$	区別するのに必要な部分
0	0 0 0	0	0.00000…	0 0
1	0 0 1	0.343	0.01010…	0 1 0
2	0 1 0	0.49	0.01111…	0 1 1
3	0 1 1	0.637	0.10100…	1 0 1 0
4	1 0 0	0.7	0.10110…	1 0 1 1
5	1 0 1	0.847	0.11011…	1 1 0
6	1 1 0	0.91	0.11101…	1 1 1 0
7	1 1 1	0.973	0.11111…	1 1 1 1

たがって，$\boldsymbol{a}_1$ を結局 010 と符号化すればよいのである．表 4.4 の最後の欄には，$C(\boldsymbol{a}_1)_2$ を互いに区別するために必要な桁まで示してある．これが，算術符号の符号語ということになる（これは瞬時符号ではあるが，コンパクト符号ではない）．ただし，本節はじめに述べたように，算術符号では，情報源系列全体を一つの符号語に符号化してしまうから，通常，符号語は非常に長いものとなる．

さて，$C(\boldsymbol{a}_i)_2$ を互いに区別するためには桁数がどれだけ必要となるかについて考えてみよう．$C(\boldsymbol{a}_i)$ は式(4.50)を満たすから，$C(\boldsymbol{a}_i)_2$ がほかの $C(\boldsymbol{a}_j)_2$ と区別できるためには，$C(\boldsymbol{a}_i)_2$ が $C(\boldsymbol{a}_{i+1})_2$ および $C(\boldsymbol{a}_{i-1})_2$ と区別できさえすればよい．ところで

$$C(\boldsymbol{a}_{i+1}) = C(\boldsymbol{a}_i) + P(\boldsymbol{a}_i) \tag{4.56}$$

であるから，$C(\boldsymbol{a}_i)_2$ と $C(\boldsymbol{a}_{i+1})_2$ を区別するには，$P(\boldsymbol{a}_i)$ を 2 進数で表したとき，$P(\boldsymbol{a}_i)$ の最初の 1 が現れる桁までみれば十分である．すなわち

$$2^{-l} \leq P(\boldsymbol{a}_i) < 2^{-l-1} \tag{4.57}$$

となる l に対し，小数点以下 l 桁までみれば，$C(\boldsymbol{a}_i)_2$ と $C(\boldsymbol{a}_{i+1})_2$ は必ず異なっているはずである．このような l は

$$l = \lceil -\log_2 P(\boldsymbol{a}_i) \rceil \tag{4.58}$$

で与えられる．ただし，$\lceil x \rceil$ は x 以上の最小整数を示す．同様に，$C(\boldsymbol{a}_i)_2$ と $C(\boldsymbol{a}_{i-1})_2$ を区別するためには，小数点以下

$$l' = \lceil -\log_2 P(\boldsymbol{a}_{i-1}) \rceil \tag{4.59}$$

桁までみればよい．したがって，$C(\boldsymbol{a}_i)_2$ をほかの $C(\boldsymbol{a}_j)$ $(j \neq i)$ と区別するためには

$$l_i = \max(l, l') \tag{4.60}$$

となる l_i に対し，小数点以下 l_i 桁まで送れば十分なのである．このとき，1 情報源記号当たりの平均符号長 L_n は

$$L_n = \frac{1}{n} \sum_{i=0}^{2^n-1} P(\boldsymbol{a}_i)\, l_i \tag{4.61}$$

となる．ただし，n は元の系列 $\boldsymbol{a}_i$ の長さである．

ところが，$\boldsymbol{a}_i$ は 2 進数の順序に番号を付けてあるので，$\boldsymbol{a}_{i-1}$ のほうが $\boldsymbol{a}_i$ よりも，それに含まれる 1 の数が多いのは，1/4 の場合（$\boldsymbol{a}_{i-1}$ の末尾が 11 である場合）だけである．したがって，3/4 の場合には $P(\boldsymbol{a}_{i-1})>P(\boldsymbol{a}_i)$ となる．さらに，$P(\boldsymbol{a}_{i-1})<P(\boldsymbol{a}_i)$ の場合でも，$P(\boldsymbol{a}_{i-1})$ と $P(\boldsymbol{a}_i)$ の差はふつう，あまり大きくない．それゆえ，近似的には

$$l_i \cong -\log_2 P(\boldsymbol{a}_i) \tag{4.62}$$

とみてよいであろう．これを式(4.61)に代入すれば

$$\begin{aligned} L_n &\cong -\frac{1}{n}\sum_{i=0}^{2^n-1} P(\boldsymbol{a}_i)\log_2 P(\boldsymbol{a}_i) \\ &= H(S) \end{aligned} \tag{4.63}$$

となる．以上は，かなり大雑把な議論であったが

$$\lim_{n\to\infty} L_n = H(S) \tag{4.64}$$

となることを厳密に証明することができる．

しかし，残念なことに，この符号は n を大きくするとき，このままでは，装置化が非常に難しい．というのは，$n\to\infty$ とするとき，系列の確率 $P(\boldsymbol{a}_i)$ を無限の精度で計算していかねばならないからである．事実，式(4.53),(4.54)によって，$P(\boldsymbol{x}1)$，$P(\boldsymbol{x}0)$ を計算していくと，有効桁数がどんどん増えていき，無限精度の乗算を要することになる．この問題を解決する方法について次項で述べよう．

4.7.3 乗算の不要な算術符号化法

無限精度の乗算を避けるには，有効桁数を一定桁数に制限し，$P(\boldsymbol{a}_i)$ を近似的に計算していけばよい．いわば，浮動小数点演算を行うのである．ここで，さらに，1 の発生確率 p を

$$p = 2^{-Q} \tag{4.65}$$

という形で近似してしまうことにしよう．ここに Q は正整数である．

ここで，系列 $\boldsymbol{x}$ の確率 $P(\boldsymbol{x})$ の近似を $A(\boldsymbol{x})$ で表し，累積確率 $C(\boldsymbol{x})$ の近似を $\tilde{C}(\boldsymbol{x})$ で表すことにしよう．ここでは，これらはいずれも 2 進数表示されて

いるとする．$A(\boldsymbol{x})$，$\tilde{C}(\boldsymbol{x})$を計算するには

$$A(\lambda)=1 \tag{4.66}$$

$$\tilde{C}(\lambda)=0 \tag{4.67}$$

から出発し，次の式によって，長さを順次伸ばしていけばよい．

$$A(\boldsymbol{x}1)=A(\boldsymbol{x})2^{-Q} \tag{4.68}$$

$$A(\boldsymbol{x}0)=\langle A(\boldsymbol{x})-A(\boldsymbol{x}1)\rangle_m \tag{4.69}$$

$$\tilde{C}(\boldsymbol{x}x)=\begin{cases}\tilde{C}(\boldsymbol{x}) & ;x=0\\ \tilde{C}(\boldsymbol{x})+A(\boldsymbol{x}0) & ;x=1\end{cases} \tag{4.70}$$

ここに，$\langle\boldsymbol{x}\rangle_m$ は2進小数 $\boldsymbol{x}$ の有効数字を m 桁だけとり，それ以下を切り捨てることを意味する．たとえば $\langle 0.001011\rangle_2=0.0010$ である．$A(\boldsymbol{x}1)$の計算に，2^{-Q} を掛ける乗算があるが，これは，単に $A(\boldsymbol{x})$の小数点以下の部分を右に Q 桁シフトするだけであるから，$A(\boldsymbol{x})$，$\tilde{C}(\boldsymbol{x})$の計算には，実際上乗算が不要であり，非常に簡単に装置化できる．

【例4.8】　$p=0.25=2^{-2}$ の場合の符号化の例を示そう．いうまでもなく，$Q=2$ である．いま，$m=2$ とし，情報源系列が100101のときの符号化のようすを**表4.5**に示す．符号系列は1101110となる（符号系列の最後の0は除いてもよい）．

すでに述べたように，算術符号では，情報源系列全体が一つの符号系列に符号化され送られる．上の例でいえば，符号系列1101110の前後にはほかの符号系列はなく，符号系列のはじめと終わりは何らかの手段で知ることができるとするのである．

表4.5　算術符号化の例（$p=0.25$）

$\boldsymbol{x}$	x	$A(\boldsymbol{x})$	$A(\boldsymbol{x}1)$	$A(\boldsymbol{x}0)$	$\tilde{C}(\boldsymbol{x}x)$
λ	1	1.0	0.01	0.11	0.11
1	0	0.01	0.0001	0.0011	0.11
10	0	0.0011	0.000011	0.0010	0.11
100	1	0.0010	0.000010	0.00011	0.11011
1001	0	0.000010	0.00000010	0.0000011	0.11011
10010	1	0.0000011	0.000000011	0.0000010	0.1101110

ここで，$\tilde{C}(\boldsymbol{x})$のつくり方から，任意の系列 $\boldsymbol{x}$ と $\boldsymbol{y}$ に対し

$$\begin{aligned}\tilde{C}(\boldsymbol{x}0) &\leq \tilde{C}(\boldsymbol{x}0\boldsymbol{y}) \\ &< \tilde{C}(\boldsymbol{x}1) \leq \tilde{C}(\boldsymbol{x}1\boldsymbol{y})\end{aligned} \tag{4.71}$$

が成立することに注意しよう．これを用いると，与えられた$\tilde{C}(\boldsymbol{x})$から，次のようにして $\boldsymbol{x}$ を復号できることがわかる．ただし $\boldsymbol{x}$ は長さ n の系列であるとする．

算術符号の復号法

① $\boldsymbol{x}_0=\lambda$ とおく．

② $k=0, 1, \cdots, n-1$ について

$$\tilde{C}(\boldsymbol{x}) < \tilde{C}(\boldsymbol{x}_k) + A(\boldsymbol{x}_k 0) \tag{4.72}$$

であれば $\boldsymbol{x}_{k+1}=\boldsymbol{x}_k 0$ とし，そうでなければ $\boldsymbol{x}_{k+1}=\boldsymbol{x}_k 1$ とする操作を繰り返す．

③ $\boldsymbol{x}=\boldsymbol{x}_n$ とおく．

【例 4.9】 例 4.8 で符号化した系列 1 1 0 1 1 1 0 に対する復号の過程を**表 4.6** に示す．

表 4.6 算術符号の復号の例（符号系列 1101110，$n=6$）

k	$\boldsymbol{x}_k$	$\tilde{C}(\boldsymbol{x}_k)$	$\tilde{C}(\boldsymbol{x}_k)+A(\boldsymbol{x}_k 0)$ と $\tilde{C}(\boldsymbol{x})$
0	λ	0	0.11 ＜0.1101
1	1	0.11	0.1111 ＞0.110
2	1 0	0.11	0.1110 ＞0.110
3	1 0 0	0.11	0.11011 ＜0.110111
4	1 0 0 1	0.11011	0.1101111＞0.1101110
5	1 0 0 1 0	0.11011	0.1101110＝0.1101110
6	1 0 0 1 0 1	0.1101110	—

（注）$A(\boldsymbol{x}_k 0)$は表 4.5 と全く同様にしてつくり得る．また，$\tilde{C}(\boldsymbol{x})$は比較のため必要な部分だけを示してある．

さてここで，このようにして構成される算術符号の効率について前項とは別の方法で簡単に見ておこう．情報源系列 $\boldsymbol{x}$ の長さ n は十分長いとする．また，有効桁数 m も十分大きいとする．符号系列の長さ，すなわち$\tilde{C}(\boldsymbol{x})$の小数点以下の桁数は，$A(\boldsymbol{x})$の小数点以下の桁数にほぼ等しいとみてよい．$A(\boldsymbol{x})$の

桁数は，それがつくられていく過程において，情報源系列 $\boldsymbol{x}$ に 1 が現れれば Q だけ増加する．また

$$(1-2^{-Q})^d=\frac{1}{2} \tag{4.73}$$

となる d に対し，$\boldsymbol{x}$ 中に 0 が d 個現れれば，$A(\boldsymbol{x})$ には 1/2 が掛かることになるから，その桁数は 1 だけ増す．n が十分大きければ，長さ n の情報源系列には 1 がほぼ np 個，0 がほぼ nq 個含まれていると考えられるから，$A(\boldsymbol{x})$ の小数点以下の桁数は

$$npQ+\frac{nq}{d}=npQ-nq\log_2(1-2^{-Q}) \tag{4.74}$$

となる．したがって，1 情報源記号当たりの平均符号長 L_n は

$$L_n=pQ-q\log_2(1-2^{-Q}) \tag{4.75}$$

となる．$p=2^{-Q}$ が厳密に成立する場合には，この式の右辺は $H(S)$ となる．

以上の議論は厳密なものではないが，有効桁数 m を大きくとれば，$n\to\infty$ のとき，L_n をエントロピー $H(S)$ にいくらでも近づけ得ることは厳密に証明できる．しかし，有効桁数 m が十分大きくない場合には，効率は多少劣化する．これは情報源系列中の 0 に対して，$A(\boldsymbol{x})$ の桁数の増加がより速く生じるようになるからである．

4.7.4　マルコフ情報源の符号化

マルコフ情報源の符号化を効率よく行うには，状態ごとにそれに適した符号化法を行うとよい．マルコフ情報源のある一つの状態から発生する記号だけに注目すれば，これは無記憶情報源から発生するとみることができる．たとえば，**図 4.16** のマルコフ情報源で s_0 において発生する記号だけを取り出せば，これは 1，0 を 0.125，0.875 の確率で発生する無記憶情報源から発生したものとして扱える．無記憶情報源に対しては，比較的簡単で効率のよい符号化法が種々

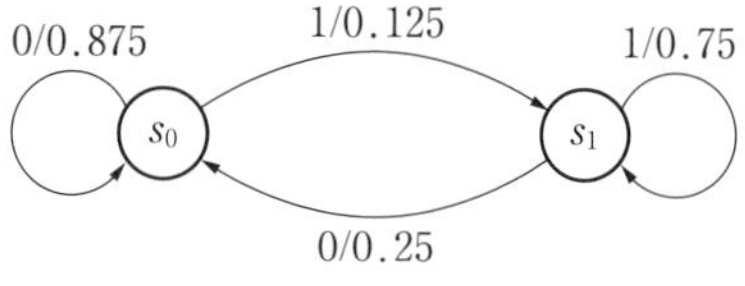

図 4.16　マルコフ情報源

存在するから，それぞれの状態ごとにそのような符号化を行えば，全体としても効率のよい符号化が可能となるはずである．マルコフ情報源のエントロピーは，4.5.2 項で述べたように，状態ごとのエントロピーの平均という形で与えられるから，このような状態ごとの符号化は，むしろ自然なことなのである*．

しかし，各記号を状態ごとに分離し，それを符号化して，また，まとめるには，一般にかなり複雑な操作を要する．ところが，算術符号では，このような状態の分離がきわめて簡単に行える．これまでは，情報源から発生する 1，0 の確率 $p, q=1-p$ を常に一定としていたが，これを状態に応じて変え（必要に応じて 1，0 を入れ換えて），符号化すればよいのである．例を見ておこう．

【例 4.10】 図 4.16 のマルコフ情報源からの系列 00101 の符号化のようすを**表 4.7** に示す．状態 s_0 では（すなわち，前の記号が 0 であるときは），1 の発生確率が 2^{-3} であるから，$Q=3$ とする．状態 s_1 では（すなわち，前の記号が 1 であるときは），0 の発生確率が 2^{-2} であるから $Q=2$ とし，0 と 1 とを入れ換えて符号化すればよい．なお，s_0 の定常確率は 2/3 で，s_1 の定常確率よりも高いので，はじめの状態は s_0 としている．また，有効桁数は $m=3$ として符号化を行っている．

この例のように，各状態において，確率の低い記号（**劣勢記号**と呼ぶ）の発生確率が 2^{-Q} という形であるなら，m を十分大きくとり，$n\to\infty$ とするとき，

表 4.7 マルコフ情報源の算術符号化

$\boldsymbol{x}$	x	状　態	Q	$A(\boldsymbol{x})$	$A(\boldsymbol{x}1)$	$A(\boldsymbol{x}0)$	$\tilde{C}(\boldsymbol{x}x)$
λ	0	s_0	3	1.0	0.001	0.111	0
0	0	s_0	3	0.111	0.000111	0.110	0
00	1	s_0	3	0.110	0.000110	0.101	0.101
001	1	s_1	2	0.000110	0.000100	0.00000110	0.101
0011	0	s_1	2	0.000100	0.0000110	0.00000100	0.1010110

* このようなアイディアに基づく符号化法は実際に種々用いられている．これらの符号化法においては，状態の代わりにモードということばが用いられることが多い．

1 情報源当たりの平均符号長はいくらでも $H(S)$ に近づけることができる．各状態の劣勢記号の確率が 2^{-Q} という形でない場合でも，一般に，算術符号の効率はかなり高い（演習問題 4.9 参照）．

4.8　ユニバーサル符号化法

前節までの情報源符号化法は，情報源の確率的性質が既知であることを前提とした符号化法である．しかし，たとえば不特定多数の人々が作成したメールを情報源符号化する場合，言語も形式も異なり，確率的性質も個々に異なっていて，事前に確率的性質を特定することは難しい．このように情報源の確率的性質が未知の場合でも，通報を効率よく圧縮できる符号化を**ユニバーサル符号化**（universal coding）と呼ぶ．本節では，代表的なユニバーサル符号化について述べるが，その前にユニバーサル符号化の基盤となる事項について述べよう．

4.8.1　典型的系列の数とエントロピー

情報源記号 a_1，a_2，…，a_M をそれぞれ確率 p_1，p_2，…，p_M で発生する無記憶情報源 S の長さ n の出力系列を考える．この系列に含まれる記号 a_i の個数を n_i としよう．このとき，n が十分大きければ，ほとんどの系列では，n_i/n は p_i にきわめて近い値をとる．このような系列を**典型的系列**（typical sequence）または**代表的系列**と呼ぶ*．

たとえば，1，0 の発生確率がともに 1/2 であるような無記憶情報源から発生する十分長い系列を調べれば，ほとんどすべての系列で，1，0 の割合はともに 1/2 に非常に近い値をとるであろう．そのような，1，0 がほぼ半数ずつ現れる系列が典型的系列である．系列の長さが十分長ければ，大数の法則によ

---

* 厳密にいえば，任意に定めた正数 ε に対し，$\left|\dfrac{n_i}{n}-p_i\right|\leq\varepsilon$（$i=1, 2, \cdots, M$）が満たされる系列を典型的系列と呼ぶ．$\varepsilon$ に応じて n を十分大きくとれば，典型的系列以外の系列の出現確率はいくらでも小さくなるのである．

り代表的でない系列が現れる確率は0にいくらでも近づく．

ここで，長さ n の典型的系列を σ とし，その発生確率 $P(\sigma)$ を考えよう．a_i の発生確率が p_i で，それが σ 中に n_i 個含まれているから

$$P(\sigma)=\prod_{i=1}^{M} p_i^{n_i} \tag{4.76}$$

である．典型的系列では

$$n_i \cong np_i \tag{4.77}$$

であるから

$$\begin{aligned} P(\sigma) &\cong \prod_{i=1}^{M} p_i^{np_i}=\prod_{i=1}^{M} 2^{np_i \log_2 p_i} \\ &=2^{n\sum_{i=1}^{M} p_i \log_2 p_i}=2^{-nH(S)} \end{aligned} \tag{4.78}$$

となる．つまり，典型的系列は，どれもほぼ同じ確率 $2^{-nH(S)}$ で発生するのである．さらに，n が十分大きければ，典型的でない系列の発生確率は0と考えてよいから，典型的系列の数は $\dfrac{1}{P(\sigma)}=2^{nH(S)}$ となる．

要約すると，情報源 S から発生する十分長い系列は，ほとんど常に典型的系列であり，その個数は $2^{nH(S)}$，発生確率はすべてほぼ等しく，$2^{-nH(S)}$ となるのである*．

このように，エントロピーは，その情報源から発生する典型的系列の個数や確率とも深い関わりをもっている．この結果は，後にきわめて重要な役割を演じる．また，この結果は，記憶のある定常情報源についても同様に成立する．

4.8.2 数え上げ符号化法

2元無記憶定常情報源の符号化には，非常に簡単な方法がある．1，0を p，$1-p$ の確率で発生する情報源からの長さ n の情報源系列を符号化するとしよう．このために，長さ n の2元系列をそれに含まれる1の数（ハミング重みと呼ぶ．p.164参照）で分類する．1の数が i 個である系列の数は，n 個から i

---

* 厳密には，典型的系列の個数は，$2^{nH(S)+o(n)}$，確率は $2^{-nH(S)+o(n)}$ である．ただし，$o(n)$ は $n\to\infty$ のとき，$o(n)/n\to 0$ となる項を意味する．

個を選ぶ組合せの数（2項係数）で表され

$$ {}_nC_i=\frac{n!}{i!(n-i)!} \tag{4.79}$$

となる．いま，これらの ${}_nC_i$ 個の系列を n 桁の2進数とみて大きいほうから並べ，新たに順序を付ければ，$\lceil \log_2 {}_nC_i \rceil$ 桁の2進数で表すことができる．ただし，$\lceil x \rceil$ は x 以上の最小整数を表す．さらに1の数 i を2進数で表せば，$\lceil \log_2 n \rceil$ 桁の2進数で表せる．したがって，長さが n で1の数が i の任意の2元系列は長さが $\lceil \log_2 n \rceil+\lceil \log_2 {}_nC_i \rceil$ の2元系列に符号化できることになる．このときの1情報源記号当たりの平均符号長を $L_n(i)$ とすると

$$ L_n(i)=\frac{1}{n}\left(\lceil \log_2 n \rceil+\lceil \log_2 {}_nC_i \rceil\right) \tag{4.80}$$

となる．ここで，nが十分大きい場合，2項係数 ${}_nC_i$ は式（4.39）のエントロピー関数 $\mathscr{H}$ を用いて

$$ {}_nC_i \cong 2^{n\mathscr{H}\left(\frac{i}{n}\right)}\sqrt{\frac{n}{2\pi i(n-i)}} \tag{4.81}$$

のように近似できる．これより，十分大きな n に対して

$$ L_n(i) \cong \mathscr{H}\left(\frac{i}{n}\right) \tag{4.82}$$

となることがわかる．n が大きくなっていくとき，i/n はpに近づき，右辺はこの無記憶定常情報源のエントロピー $\mathscr{H}(p)$ に収束する．$L_n(i)$ は長さ n の情報源系列の中に i 個の1が存在する場合の1情報源記号当たり平均符号長であるが，n が十分大きければ，np に近い個数の1が存在する情報源系列の確率は高く，それらに対する平均符号長は $\mathscr{H}(p)$ に近い．そして，それ以外の確率はきわめて小さくなっていく．このため，1情報源記号当たりの平均符号長は，結局 $\mathscr{H}(p)$ に近づいていくのである．

このような符号化を行うには，**図4.17** に示すパスカルの三角形を用いるとよい．これは7段のパスカルの三角形であり，長さ $n=7$ の情報源系列を符号化できる．各円に書かれてある数字は2項係数となっている．すなわち，出発点を0段として上から i 段目（$i=1, 2, \cdots, 7$）の数字は $(1+x)^i$ を展開したとき

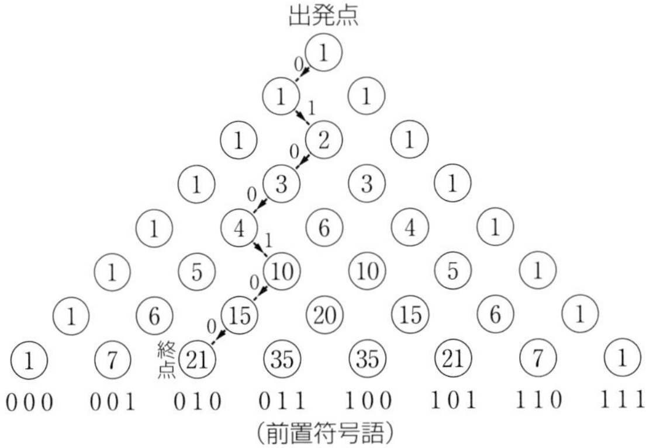

図 4.17 パスカルの三角形

の係数を並べてある．出発点から得点 0 で出発し，情報源系列の記号を一つずつ読み，それが 0 であれば左下のパスを進み，1 であれば右下のパスを進む．左下に行くときは得点をそのままにし，右下に行くときはそのパスの数字の増加分を得点に加える．このようにして，最終段の終点に達したときに，その終点の前置符号語に得点の 2 進数表示をつけて符号語とする．前置符号語は，その終点に到達する情報源系列に含まれる 1 の数の 2 進数表示であり，$\lceil \log_2 n \rceil$ 桁で表せる．また，得点は終点の円内の数字を z とすると $z-1$ 以下となるので，その桁数は $\lceil \log_2 z \rceil$ とすればよい．たとえば，情報源系列が 0100100 であれば，図 4.17 の矢印のように進むことになり，終点の数字は 21 で前置符号語は 010，得点は $(2-1)+(10-4)=7$ となり $\lceil \log_2 21 \rceil=5$ であるから，00111 と 2 進数表示できる．したがって，全体の符号系列は 01000111 となる．これは長さが 8 となり，元の情報源系列より長くなってしまうが，n が小さいからであり，無記憶定常情報源であれば，n を大きくしていくことにより，符号系列の長さは $n\times$(情報源のエントロピー)に近づいていく．

4.8.3 適応符号化法

ユニバーサル符号化の最も基本的な方法は，**図 4.18** に示す適応符号化法

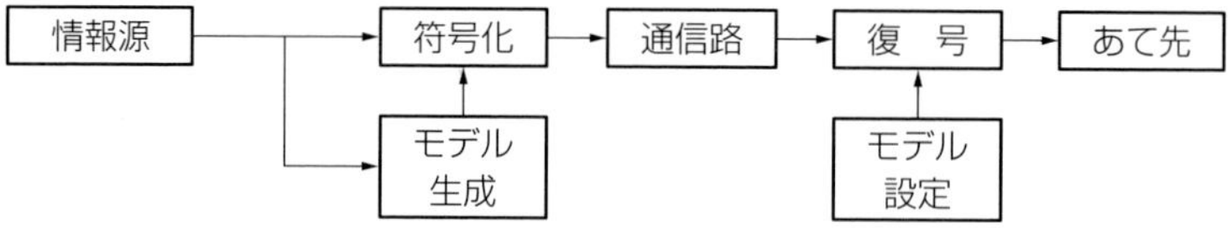

(a)　1パス方式

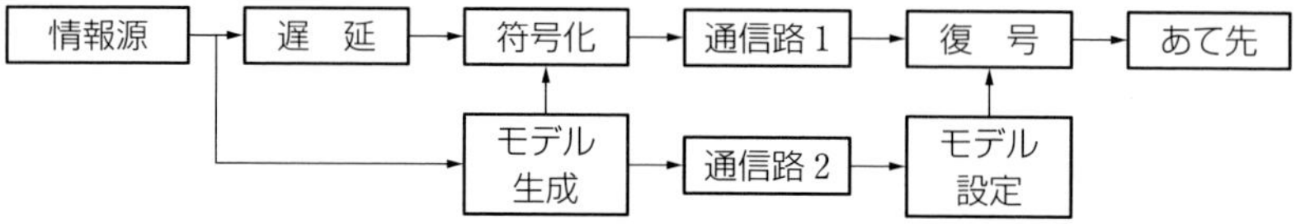

(b)　2パス方式

図4.18　適応符号化法

(adaptive coding) であろう．図(a)では，送信側では最初はあらかじめ設定された情報源のモデルに基づいて情報源系列の符号化を行うが，情報源系列を観測しながら，そのモデルを修正して符号化の方法を変えていく．受信側では当初はあらかじめ設定されたモデルにより復号を行うが，復号された系列を観測し，送信側と同じ修正をモデルに加え，復号を行っていく．

情報源モデルとして，たとえば，無記憶定常情報源のモデルを用いるとすれば，情報源系列の各記号の発生頻度を観測し，符号器では，それに基づいてハフマン符号化などを行うことになる．情報源に記憶がある場合には，マルコフモデルを用いることになるであろう．そのような場合には算術符号を用いるのが便利である．4.7.4項で述べたように，状態ごとの分離が自然に行われるからである．

適応符号化法には，送信側でつくられたモデルに関する情報を，符号化された情報源系列とは別に送る図(b)の方式もある．そのような方式を2パス方式と呼び，それに対し図(a)の方式は1パス方式と呼ぶ．2パス方式は，モデルに関する情報の送受が負担となるし，モデル設定分の遅延が生じることにもなるが，全体としての効率は1パス方式よりもよくなる可能性がある．

4.8.4 辞 書 法

適応符号化法では，情報源系列から無記憶定常情報源やマルコフ情報源のモデルを設定し，それに基づいて符号化を行う．このような数学的なモデルを使わないにしても，我々も日常的に似たようなことを行っている．たとえば，パソコンで文章を作成するとき，パソコンがよく出てくる言葉や言い回しを学習して，先頭の文字を打ち込んだらその文字で始まる言葉などのリストを示しその中から選ぶことができることなどである．このリストは言葉などの使用頻度から更新されていく．つまり適応的に構成されるのである．これにより，キーを打つ回数は減るであろう．また，このしくみを知っている人は，その文章の作成のために打ったキーの履歴から，文章を復元することができる．つまり，文章の圧縮が行われていることになる．

これと似た原理による情報源符号化法として**辞書法**（dictionary method）がある．情報源系列からある基準で選択した部分系列のリストが辞書であり，情報源系列の符号化すべき部分系列をこの辞書から探して，辞書における位置（何番目に記載されているかなど）を符号化結果とする方法が，辞書法なのである．

たとえば，情報源 S から発生する系列から取り出した長さ n の部分系列を多数記憶できるメモリがあったとしよう．これが辞書である．情報源 S から発生する長さ n の典型的系列の数は n が十分大きいとき，ほぼ $2^{nH(S)}$ であるから，長さ n の $2^{nH(S)}$ 個の系列を記憶できるメモリがあれば，符号化しようとする長さ n の系列 $\boldsymbol{x}$ と同じ系列が，高い確率でこの辞書の中に存在する．このため，最初に $\lceil \log_2 n \rceil$ 桁の 2 進数を使って $\lceil \log_2 2^{nH(S)} \rceil = \lceil nH(S) \rceil$ の桁数を表し，次に $\lceil nH(S) \rceil$ 桁の 2 進数で，辞書の中における $\boldsymbol{x}$ の位置を表すことができる．つまり，長さ n の 2 元系列 $\boldsymbol{x}$ を長さ $\lceil \log_2 n \rceil + \lceil nH(S) \rceil$ 桁の 2 元系列に符号化できることになる．したがって，1 情報源記号当たりの平均符号長は，$n \to \infty$ とするとき，エントロピー $H(S)$ に近づいていく．

以上の説明で，辞書法により，平均符号長が情報源エントロピーに近づく情報源符号化が可能となることは理解できたであろう．しかし，上述の方法をそのまま実現するのは，符号化失敗の確率（符号化しようとする系列が辞書の中にない確率）を十分小さくしようとするとメモリが非常に大きくなるので，現実的とはいえない．より現実的な方法として，ジブ（J. Ziv）とレンペル（A. Lempel）によって1977年に提案された**LZ77**について述べよう．

LZ77では，**図4.19**に示すように縦属に接続された長さNの辞書バッファと長さMの符号化バッファを用いる．初期状態としては，これらのバッファに空白記号など情報源アルファベットにない記号を設定しておき，情報源系列を右端から入力していく．情報源系列の先頭が符号化バッファの左端に達したときに符号化が始まり，符号化バッファの左端からの系列と最も長く一致する系列（最長一致系列）を辞書バッファの中から始まる系列の中で探索する．ただし，その長さlは$M-1$以下とする．また，最長一致系列の左端の記号の位置をp（辞書バッファの右端から位置$1, 2, \cdots, N$とする），最長一致系列の右端の次の記号をxとし，(l, p, x)を送信し，$l+1$個の情報源系列を読み込む．最初のときなど一致系列が存在しない場合，pは省略して$(0, x)$を送信すればよい．

受信側は，送信側と同じバッファを用意しておき，$(0, x)$を受信すれば，符号化バッファの左端にxを置き，バッファの系列を1コマ左にシフトする．(l, p, x)を受信すれば，その時点のバッファの位置pから始まる長さlの系列にxを連ねた系列をつくり，それを符号化バッファの左端から入れ，バッファの系列を$l+1$コマだけ左にシフトする．このようにすれば，最初から誤りなく受信した場合，辞書バッファには送信側と同じ系列が再現されることになる．

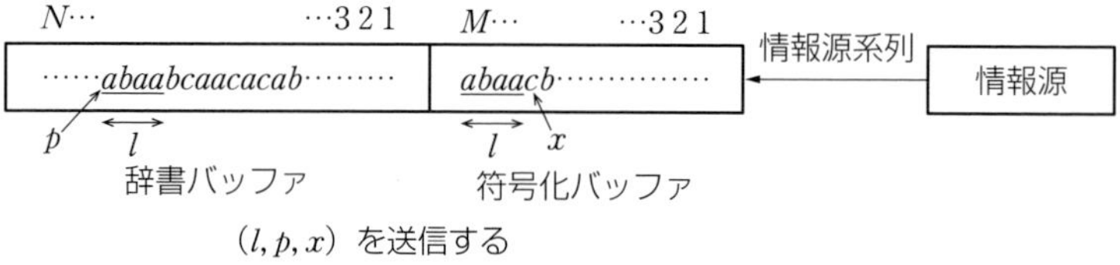

図4.19　LZ77法

LZ77 は，辞書バッファおよび符号化バッファの長さを長くしていけば，1 情報源記号当たりの平均符号長は情報源のエントロピーに近づけていくことができる．これは上述の辞書法の説明と同様，典型的系列を考えることにより証明することができる．

LZ77 では，辞書は辞書バッファの中につくられ，順次更新されていく．これに対し，より明確な形の辞書を用いる辞書法もある（演習問題 4.10 参照）．LZ77 は非常に簡単で構造がシンプルであるので，簡単な変形版も含めると広く用いられている．

演 習 問 題

4.1　**表 P4.1** のような確率分布をもつ無記憶情報源を 2 元ハフマン符号化および 4 元ハフマン符号化せよ．

表 P4.1

記 号	確 率	記 号	確 率
a_0	0.363	a_4	0.087
a_1	0.174	a_5	0.069
a_2	0.143	a_6	0.045
a_3	0.098	a_7	0.021

4.2　**図 P4.1** のマルコフ情報源について，次の問に答えよ．

（a）状態の定常分布を求めよ．

（b）$H(S)$を求めよ．

（c）$H_1(S)$を求めよ．

（d）$H_2(S)$を求めよ．

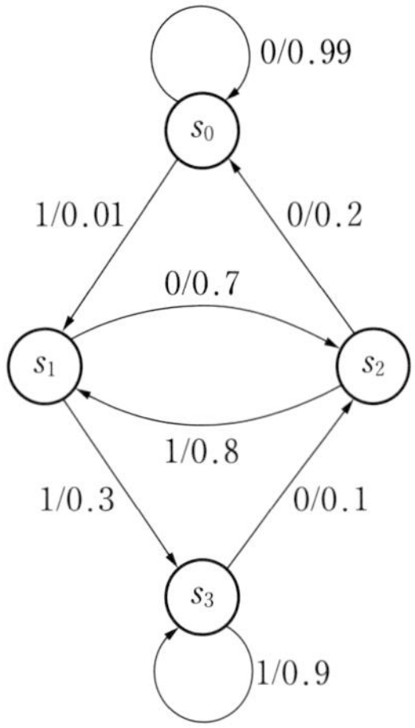

図 P4.1

4.3　1，0 の発生確率が 0.02，0.98 の無記憶情報源に対し，長さ 15 までの 0 のラン 1，01，…，$0^{14}1$，0^{15} をハフマン符号化せよ．また，その場合の 1 情報源記号当たりの平均符号長 L を求めよ．ただし，0^n は 0 が n 個連続することを示す．

4.4　1，0 の発生確率が 0.02，0.98 の無記憶情報源に対し，長さ 56 までの 0 のラン 1，01，…，$0^{55}1$，0^{56} を次のようにして符号化する．すなわち，長さ 0〜55 のランは 2 桁の 8 進数で表し，桁ごとにハフマン符号化する．長さ 56 のラン 0^{56} は，長さ 0〜55 のランの上位の桁と一緒にハフマン符号化する．つまり，長さ 0〜55 のランは二つの符号語で表し，長さ 56 のランは一つの符号語で表すのである．このように，0^{56} を特別扱いするのは，その確率がほかのランに比べ著しく高いからである．この符号化法について，次の問に答えよ．なお，このような符号化法を修正ハフマン符号化法ということがある．

（a）具体的な符号化法を示せ．

（b）1 情報源当たりの平均符号長 L を求めよ．

4.5 A, B, C, Dをそれぞれ 0.950, 0.030, 0.015, 0.005 の確率で発生する無記憶 4 元情報源を考える．これを，ハフマン符号を用い，できるだけ効率よく 2 元符号に符号化せよ．ただし，符号語の数は 16 以下とせよ．

4.6 **図 P4.2** のマルコフ情報源について次の問に答えよ．

(a) エントロピーを求めよ．

(b) 長さ 4 までの 0 のランに対し，ハフマン符号化を行え．

(c) 長さ 4 までの 0 のランと 1 のランに対し，別々にハフマン符号化を行え．

(d) (b), (c) の場合の 1 情報源記号当たりの平均符号長を求めよ．

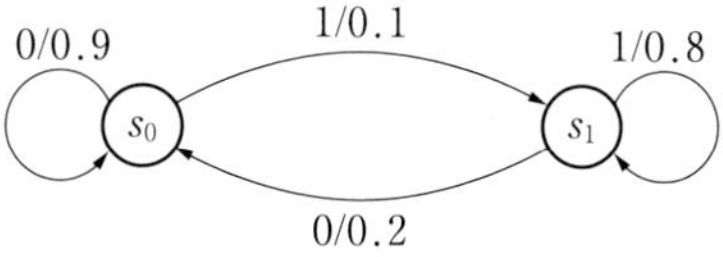

図 P4.2

4.7 図 P4.2 のマルコフ情報源を S_0 とするとき，**図 P4.3** のようにして構成される情報源 S_1 について，次の問に答えよ．

(a) 1 次エントロピー $H_1(S_1)$ を求めよ．

(b) エントロピー $H(S_1)$ を求めよ．

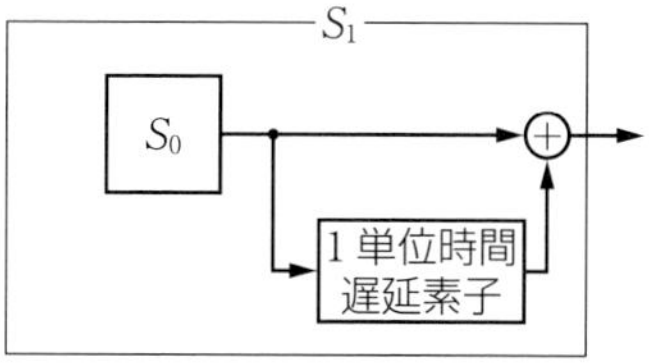

⊕：排他的論理和

図 P4.3

4.8 1, 0 を確率 p, $1-p$ で発生する無記憶情報源を考える．長さ 0〜∞ の 0 のランを**表 P4.2** のように符号化する．

(a) $(1-p)^2=1/2$ となる場合について，1 情報源記号当たりの平均符号長 L を求め，エントロピーと比較せよ．

(b) $(1-p)^3=1/2$ となる場合について，同様な符号化法で，より効率のよい方法を考えよ．

表 P4.2

ランレングス	符号語
0	00
1	01
2	100
3	101
4	1100
5	1101
6	11100
7	11101
8	111100
9	111101
⋮	⋮

4.9 図 P4.2 のマルコフ情報源に対し，乗算を要しない算術符号化を行うものとする．

(a) 有効桁数 $m=3$ とし，情報源系列 $x=01001100$ を符号化せよ．

(b) 情報源系列の長さ n および，有効桁数が十分大きいとして，1 情報源記号当たりの平均符号長を求めよ．

4.10 LZ77 と原理的には同じであるが，**表 P4.3** に示すような辞書を用いる符号化法として，LZ78 がある．辞書には，最初，空白記号 ϕ が登録番号 0 の単語として登録されている．符号化は，情報源系列の最初の文字を登録番号 1 の単語に登録し，情報源系列から除く．以下，情報源系列の先頭からの文字列と最も長く一致する辞書の中の単語を探し，その単語（参照単語）の登録番号に情報源系列の次の文字を付加した文字列を新たな単語として登録する．

表 P4.3　LZ78 の辞書

登録番号	単　語	符号系列
0	ϕ	…
1	a	0
2	$1b$	101
3	$2c$	0100

（a）表 P4.3 にはアルファベットが $\{a, b, c\}$ の情報源系列 $aababcabccabcbabcca$ に対する辞書の一部が示してある．この辞書の空白の行を埋め，符号系列を連ねた送信系列を求めよ．送信系列には 0，1 以外の文字（たとえば “,”）を入れてはならない．符号系列は各単語（参照単語の番号と付加した文字）を 2 元系列に変換したものである．ただし，a，b，c はそれぞれ 00，01，10 で表し，登録番号は 2 進数で表せ．

（b）表 P4.3 の符号について復号法を説明せよ．

（c）この符号化法の効率をさらに向上する方法について論ぜよ．ただし，用途などは自分で設定してよい．

第 5 章

情報量とひずみ

本章の目的は二つある．一つは情報量の概念を導入し，その意味を把握することであり，ほかの一つは，ひずみが許される場合の情報源符号化（非可逆な情報源符号化）について，その限界と符号化法を探ることである．情報量の概念は情報理論で最も重要なものの一つである．しかも，それは単なる抽象的な概念ではなく，符号化の限界を具体的に与えるものなのである．ひずみが許される場合の情報源符号化の限界も，情報量の概念に基づいて導かれる．

5.1 情報量の定義

重要な概念の多くがそうであるように，情報量についてもいくつかの見方や解釈が可能である．そして，そのような種々の見方を知ってこそ，情報量の幅広い応用が可能となってくる．本節では，まず，情報量を二つの立場から定義してみよう．

5.1.1 平均符号長の下限としての情報量

アルキメデスが王冠の体積を計るのに，それを水につけ，あふれる水の量を計ったという話はあまりにも有名である．この有名な話にもあるように，我々は，物の量を計るとき，ほかのより計りやすいものに変換して計るということがしばしばある．情報の量も直接計るのは簡単ではなさそうであるから，計りやすいものに変換することを考えてみよう．計りやすいものは，できるだけ簡単なものであることが望ましい．そこで，0，1 からなる 2 元系列を考える．

つまり，情報を2元系列に変換（符号化）して，その長さで情報の量を計ろうというのである．

そこで，情報を2元系列にどのように変換するかが問題となる．アルキメデスも，王冠を水に勢いよく投げ込んだのでは，水が余分にあふれ出てしまい，正確な体積を計ることはできなかったであろう．王冠はできるだけ静かに，いいかえると，あふれる水の量が最小になるような仕方で水に入れる必要がある．情報の場合も同じである．長さが最小になるように，2元系列に変換して，その長さを計るべきなのである．

以上のように考えると，前章で論じた，情報源符号化の際の1情報源記号当たりの平均符号長の下限は，情報の量を計るものとして，適当なものであるということがわかる．そこで，情報源から発生する情報源系列を2元符号に符号化するときの1情報源記号当たりの平均符号長の下限を，この情報源から発生する1情報源記号当たりの**情報量**と定義することにしよう．単位は**ビット** (bit)* である．この情報量は，平均符号長から定まるものであり，平均的なものであるから，**平均情報量**と呼ぶことがある．

1情報源記号当たりの平均符号長の下限は，その情報源 S のエントロピー $H(S)$ で与えられた．したがって，情報量はエントロピーによって与えられることになる．たとえば，情報源記号 a_1, a_2, …, a_M を確率 p_1, p_2, …, p_M で発生する無記憶定常情報源は，1情報源記号当たり

$$H(S)=-\sum_{i=1}^{M} p_i \log_2 p_i \text{〔ビット〕} \tag{5.1}$$

の情報量を発生するのである．なお，場合によっては，この式の対数を自然対数として情報量を計ることがある．そのときの単位は**ナット**（nat）を用いる．

$$\log_2 p_i=\frac{\ln p_i}{\ln 2} \tag{5.2}$$

---

* bit は binary digit または binary unit の略である．ビットは，情報量の単位としてのほかに，2進数の1桁あるいは2元系列の1記号の意味でもよく用いられる．このため情報量の単位としては，ビットの代わりにシャノン（Shannon）を用いるという提言もなされていたが，あまり普及していない．

であるから，1 ナットは $\dfrac{1}{\ln 2}=1.443$ ビットである．また，式(5.1)の対数として，10 を底とする対数を用いることがある．このときの単位は**ハートレー**(Hartley)，または**ディット**（dit）または**デシット**（decit）である．1 ハートレーは $\dfrac{1}{\log_{10} 2}=3.322$ ビットである．ハートレーで計られた情報量は，情報源系列を 10 元系列に符号化するときの 1 情報源記号当たりの平均符号長の下限と解釈することができる．

5.1.2　直観的立場からの情報量

(a)　一つの結果を知ったときに得る情報量

ここで，より直観的な立場から情報量を導いてみよう．起こり得る結果が有限であるようなある確率的現象を考える．あるいは，情報源から一つの出力が発生するという状況を考えてもよい．このような確率的現象の結果を知ったときに，我々が得る情報量はどのように考えたらよいであろうか．

まず，この情報量は，その結果の確率に依存すべきだということはすぐにわかる．たとえば，確率が 1 の結果，つまり必ず起こるとわかっている結果が知らされたとしても，我々の得る情報量は 0 であろう．逆に，確率の非常に低い結果が生じたことを知らされたとき，我々の得る情報量は大きいと考えるのが自然である．“犬が人をかんでもニュースにならないが，人が犬をかめばニュースになる”ということばも，情報量が確率に依存するということを物語っている．つまり，確率の高いことが生じても情報量は小さく，したがってニュース価値は低いが，確率の低いことが生じれば情報量が大きく，ニュース価値が高いというのである．

そこで，確率 p の結果の生起を知ったときに，我々が得る情報量を $I(p)$ で表すことにしよう．$I(p)$ は，まず次の条件を満たすべきである．

①　$I(p)$ は p の単調減少関数である．

すなわち，確率の小さい結果が生じたときほど，それを知ったときの情報量は大きいとするのである．

次に，二つの互いに独立な確率的現象 A と B の結果を知ったときに得る情報量を考えよう．A については確率 p_1 の結果が生じ，B については確率 p_2 の結果が生じたとする．このとき，A と B をまとめて一つの確率的現象と考えるなら，A と B は独立であるから，確率 p_1p_2 の結果が生じたということになる．したがって，A と B をまとめて考えれば，その結果を知ったときに得る情報量は $I(p_1p_2)$ である．一方，A と B を別々に考えれば，それぞれの結果を知ったときに得る情報量は $I(p_1)$，$I(p_2)$ である．A と B は互いに独立なのだから，A と B をまとめて考えても，別々に考えても，その結果を知ったときに得る情報量は変わりないはずである．たとえば，情報理論の本を読み，次にフランス料理の本を読んだとする．このとき，その2冊の本から得られる情報は（両者にはおそらく関係がないであろうから），1冊ずつから得られる情報を単に加えたものとなるであろう．このように考えると

② $I(p_1p_2)=I(p_1)+I(p_2)$

を要請するのが自然であることがわかる．

さらに，確率 p がわずかしか変わらないのに，$I(p)$ が急激に変化するのも不自然であるから

③ $I(p)$ は p の連続関数である．

という条件も付けておこう．

さて，以上により，情報量は①，②，③の条件を満たすのが合理的であることがわかった．ところが，実は①，②，③の条件を満たす関数 $I(p)$ は

$$I(p)=-a\log_2 p \tag{5.3}$$

という形しかあり得ないことが導けるのである．ここに，a は定数である．

ここで，定数 a を定めるために，確率 1/2 の結果を知ったときに得る情報量を1と定めることにしよう．すなわち，$I(1/2)=1$ とする．このとき，$a=1$ となり，情報量 $I(p)$ は

$$I(p)=-\log_2 p \tag{5.4}$$

となる．このように，定数を定めたときの情報量の単位がビットである．すな

わち，1 ビットとは，確率 1/2 で生じる結果を知ったときに得る情報量である．同様に，1 ナットは確率 $1/e$ で生じる結果を知ったときの情報量であり，1 ハートレーは確率 1/10 で生じる結果を知ったときに得る情報量である．

(b) 平均情報量

以上では，確率的現象のある一つの結果を知ったときに得る情報量を導いた．それによれば，確率の低い結果ほど，大きな情報量を与える．たとえば，A 市では年間で数日を除き晴だとすれば，A 市に雨が降ったという情報は大きな情報量をもつであろう．それでは，A 市の天気情報は大きな情報量をもつであろうか．おそらく，連日，晴，晴，晴ときわめて単調なものであろう．仮に，2〜3 日聞き損なったとしても，晴としておけば，まず間違いない．一方，B 市では年に約 100 日雨が降るとする．このとき，B 市に雨が降ったという情報は，それほど大きな情報量はもたない．しかし，その天気情報は変化に富み，聞き逃がすわけにはいかないであろう．つまり，B 市の天気情報のほうが，平均してみれば情報量が大きく，一般的には価値が高いと考えられる．

このように，一つの結果を知ったときに得る情報量よりも，平均の情報のほうが重要な意味をもつことが多い．たとえば，A 市と B 市の天気情報を伝送あるいは記録する場合，問題となるのは平均の情報量である．

さて，ここで，記号 a_1，a_2，…，a_M をそれぞれ p_1，p_2，…，p_M の確率で発生する情報源 S を考えよう（結果が a_1，a_2，…，a_M でそれぞれの確率が p_1，p_2，…，p_M となる確率的現象を考える，といってもよい）．一つの出力 a_i を知ったときに得る情報量は $-\log_2 p_i$ であるから，これを平均すれば

$$\bar{I} = -\sum_{i=1}^{M} p_i \log_2 p_i \tag{5.5}$$

となる．これが，この情報源 S の一つの出力を知ったときの**平均情報量**である．これは，4.2 節で述べた情報源の 1 次エントロピー $H_1(S)$ にほかならない．もし，この情報源に記憶がなければ，これはエントロピー $H(S)$ と一致し，1 情報源記号当たりの平均符号長の下限を与えるものであった．したがって，本項で導いた平均情報量 $\bar{I}$ は，前節で定義した平均情報量と一致するのである．

記憶のある情報源についても，拡大情報源を考えれば，やはり，本項のような考え方で導かれる平均情報量が，平均符号長の下限として定義された平均情報量と一致することが容易にわかるであろう．なお，平均情報量を単に情報量と呼ぶことも多い*.

本項では，情報量がもつべき性質を考え，それから情報量を導いた．ところが，これは平均符号長の下限として前項で定義した情報量と一致したのである．このことは，この情報量の定義が自然で合理的であることを意味している．

5.2 エントロピーと情報量

前章で情報源のエントロピーという量を定義し，それが1情報源記号当たりの平均符号長の下限を与えることを示した．そして，前節で，それに基づいて情報量を定義した．つまり，情報量はエントロピーから定義されたのである．本節では，エントロピーと情報量の関係およびエントロピーのいくつかの性質について，より詳しく見ておこう．

5.2.1 あいまいさの尺度としてのエントロピー

エントロピーは，本来熱力学の用語であり，力学系の無秩序さを表す尺度として用いられる．情報理論におけるエントロピーも，同様に無秩序さ，いいかえれば，あいまいさを表す尺度なのである．

情報源Sのエントロピー$H(S)$は，Sのある時点の出力記号を知る以前に，その出力記号について我々がもつ知識のあいまいさの尺度である．我々は，どの記号がどういう確率で発生するかを知ってはいるが，まだ，どれであるかは確定できない．しかし，その出力記号が何であるかを知れば，あいまいさは消失する．つまり，その出力が何であるかという情報が伝えられることにより，あいまいさは$H(S)$から0に変化する．このあいまいさの変化の量$H(S)$

* 一つの結果を知ったときに得る“情報量”$-\log_2 p_i$は，それだけでは物理的意味づけをすることが難しいから，情報量と呼ぶに値しないと主張する人もいる．

$-0=H(S)$が，伝えられた情報量になると考えるのは自然であろう．

前節では，別の立場から，情報量がやはりエントロピー$H(S)$で与えられることを導いた．このことから．エントロピー$H(S)$があいまいさの尺度として妥当なものであることがわかる．

一般に，情報量とあいまいさの尺度であるエントロピーの間には

$$\text{情報量}=\text{その情報を受け取ることによるエントロピーの変化} \tag{5.6}$$

という関係が成立するのである．

5.2.2 エントロピーの最小値と最大値

情報源アルファベットが$\{a_1, a_2, \cdots, a_M\}$の無記憶情報源$S$を考える．$a_1$，$a_2$，$\cdots$，$a_M$の発生確率を$p_1$，$p_2$，$\cdots$，$p_M$とすれば，エントロピーは

$$H(S)=-\sum_{i=1}^{M} p_i \log_2 p_i \tag{5.7}$$

である．$0 \leq p_i \leq 1$であるから，エントロピーは明らかに負にはならない．すなわち

$$0 \leq H(S) \tag{5.8}$$

であり，この式の等号が成立するのは，p_1，p_2，$\cdots$，p_Mのうち一つが1でほかが0の場合である．すなわち，ある特定の記号の発生確率が1で，ほかの記号の発生確率が0という場合である．この場合，どの記号が発生するか，あらかじめ明らかなのであるから，何のあいまいさもない．したがって，あいまいさの尺度であるエントロピーが0になるのは当然である．

次に，エントロピーが最大となる場合について考えてみよう．**補助定理4.1**において，$q_1=q_2=\cdots=q_M=\dfrac{1}{M}$とおけば

$$\begin{aligned} H(S) &= -\sum_{i=1}^{M} p_i \log_2 p_i \\ &\leq -\sum_{i=1}^{M} p_i \log_2 \frac{1}{M} = \log_2 M \end{aligned} \tag{5.9}$$

を得る．等号が成立するのは，$p_i=q_i=\dfrac{1}{M}$のときである．すなわち，エント

ロピーは，情報源アルファベットの各記号が等確率で発生するとき最大となり，$\log_2 M$ となるのである．これは，どの記号が発生する確率も等しく，どれが発生するか全く見当がつかないときに，あいまいさが最も大きいということを意味している．

以上により，エントロピーは

$$0 \leq H(S) \leq \log_2 M \tag{5.10}$$

を満たすことがわかった．これは，無記憶 M 元情報源について導いたが，一般の記憶のある定常 M 元情報源についても成立することが導ける．ただし，$H(S)=\log_2 M$ となるのは無記憶情報源で，しかも，各記号が等確率で発生する場合だけである．

通常の情報源のエントロピーは，最大値に達することはまれである．一般の M 元情報源 S に対し，

$$\rho(S)=1-\frac{H(S)}{\log_2 M} \tag{5.11}$$

をこの情報源 S の**冗長度**（redundancy）と呼ぶ．冗長度は一見無駄なようにも見えるが，そうではない．冗長度は情報の伝達に重要な役割を果たすことが少なくないのである．

【例 5.1】　英文を発生する情報源を考えよう．情報源アルファベットは 26 文字からなる（ここでは，スペースや句読点を除いて考える）．もし，この情報源に記憶がなく，かつ各文字が等確率で現れるなら，1 情報源記号当たりのエントロピーは

$$\log_2 26 = 4.70 \text{〔ビット〕}$$

となる．しかし，実際には，英文において，文字の出現確率には偏りがある．**表 5.1** に英文における各文字の出現確率例を示しておこう．もし，この情報源に記憶がなければ，エントロピーは

$$H(S) = -\sum_{i=1}^{26} p_i \log_2 p_i = 4.17 \text{〔ビット〕}$$

表 5.1 英文における文字の出現確率

文字	確率〔%〕	文字	確率〔%〕	文字	確率〔%〕
A	8.29	J	0.21	S	6.33
B	1.43	K	0.48	T	9.27
C	3.68	L	3.68	U	2.53
D	4.29	M	3.23	V	1.03
E	12.08	N	7.16	W	1.62
F	2.20	O	7.28	X	0.20
G	1.71	P	2.93	Y	1.57
H	4.54	Q	0.11	Z	0.09
I	7.16	R	6.90		

となる．したがって，冗長度は

$$\rho(S)=1-\frac{4.17}{4.70}=0.11$$

となる．しかし，3.1 節で述べたように，英文を発生する情報源は記憶のある情報源であるため，実際の冗長度はさらに大きく，0.75 程度であると推定されている．このような冗長度がなければ，言語は人間にとってきわめてわかりにくいものとなるであろう．

5.3 相互情報量

5.3.1 相互情報量の定義

情報源 S から発生する情報を正確に知ったとき，我々は平均して 1 情報源記号当たり $H(S)$ の情報量を受け取る．しかし，我々に与えられる情報は，必ずしも正確なものでないことがある．このような場合，伝達される情報量はどうなるであろうか．

天気予報の例を考えてみよう．簡単のため，晴と雨だけしかないとする．天気予報は，実際の天気についての情報を与えるのであるがその情報は必ずしも常に正しいわけではない．いま，実際の天気を X，天気予報を Y で表したとき，X と Y の結合確率分布が**表 5.2** のように与えられるとしよう．たとえば，実際の天気も天気予報も，ともに晴である確率は P(晴，晴)$=0.45$ である．

実際の天気が，晴，雨となる確率はそれぞれ 0.57，0.43 であるから，実際の天気のエントロピーを $H(X)$ で表すと*

$$H(X)=\mathscr{H}(0.57)=0.986 \text{〔ビット〕} \quad (5.12)$$

表 5.2　実際の天気 X と天気予報 Y の結合確率分布とそれぞれの確率分布

$P(x,y)$		Y		$P(x)$
		晴	雨	
X	晴	0.45	0.12	0.57
	雨	0.15	0.28	0.43
$P(y)$		0.60	0.40	

となる．ここに，$\mathscr{H}(x)$ は式(4.39)で定義されるエントロピー関数である．$H(X)$ が実際の天気を知る前の，実際の天気のあいまいさを表す．

もし，天気予報が常に適中するものであったら，天気予報を聞くことによって，実際の天気についてのあいまいさは解消されるから，実際の天気に関し $H(X)$ の情報量を得ることになる．しかし，天気予報は常に適中するものではなく，天気予報を聞いても，実際の天気について，なおあいまいさが残る．このあいまいさを計算してみよう．まず，天気予報で条件づけた実際の天気の確率は

$$P(x\,|\,y)=\frac{P(x,y)}{P(y)} \quad (5.13)$$

から求まり，**表 5.3** のようになる．この表から，天気予報が晴のときに，実際の天気が晴，雨の確率は 0.75，0.25 であることがわかる．したがって，このときに残っている，実際の天気についてのあいまいさは

$$H(X\,|\,\text{晴})=\mathscr{H}(0.75)=0.811 \text{〔ビット〕} \quad (5.14)$$

というエントロピーで表せるはずである．一方，天気予報が雨のときに，実際の天気が晴，

表 5.3　天気予報 Y で条件を付けた実際の天気 X の条件付確率分布

$P(x\,|\,y)$		Y	
		晴	雨
X	晴	0.75	0.30
	雨	0.25	0.70

* ここでは，確率変数（確率変量）X に対し，エントロピーを定義しているが，これは，各時点の出力記号が X であるような無記憶情報源のエントロピーと考えればよい．なお，記述を簡単にするために，X を発生する情報源そのものを確率変数と同じ記号で表すことがある．

雨となる確率は0.30，0.70であるから，このとき残っている実際の天気に関するあいまいさは

$$H(X|\text{雨})=\mathscr{H}(0.70)=0.881 \text{ ビット} \tag{5.15}$$

で表せる．天気予報が，晴，雨となる確率は，それぞれ0.60，0.40であるから，天気予報 Y を聞いたとき残っている実際の天気 X に関するあいまいさを平均すると

$$\begin{aligned} H(X|Y) &= 0.60\times0.811+0.40\times0.881 \\ &= 0.839 \text{ ビット} \end{aligned} \tag{5.16}$$

となる．

この $H(X|Y)$ は，Y で条件を付けた X の**条件付エントロピー**と呼ばれ，Y を知ったとき，X についてなお残っている平均のあいまいさの尺度を与える．一般に，$H(X|Y)$ は

$$\begin{aligned} H(X|Y) &= -\sum_y P(y)\sum_x P(x|y)\log_2 P(x|y) \\ &= -\sum_x\sum_y P(x,y)\log_2 P(x|y) \end{aligned} \tag{5.17}$$

により計算できる．

さて，天気予報を聞いたとき，残っているあいまいさが $H(X|Y)=0.839$ ビットであるから，結局，天気予報を聞くことにより，実際の天気について

$$\begin{aligned} I(X;Y) &= H(X)-H(X|Y) \\ &= 0.986-0.839=0.147 \text{〔ビット〕} \end{aligned} \tag{5.18}$$

だけ，あいまいさが減少することになる．このことは，天気予報によって，実際の天気に関し，$I(X;Y)=0.147$ ビットだけの情報量が（平均として）与えられるということを意味する．この $I(X;Y)$ を X と Y の**相互情報量**（mutual information）と呼ぶ．

相互情報量は，二つの確率変数間の関係を表す量であるが，もう一つ確率変数間の関係を表す量として**相対エントロピー**（relative entropy：Kullback-Leibler 距離とも呼ばれる）がある．確率分布が $P_X(x)$ の確率変数 X と確率分布が $P_Y(y)$ の確率変数 Y との相対エントロピーは

$$D(X \| Y)=\sum_x P_X(x)\log_2 \frac{P_X(x)}{P_Y(x)} \tag{5.19}$$

により定義される．一般には $D(X\|Y) \neq D(Y\|X)$ であることに注意しておこう．

相互情報量が二つの確率変数間の共通部分を表す量であり，いわば類似性を表すともいえるのに対し，相対エントロピーは確率変数間の相違を表す量とみることができる．相対エントロピーを用いれば，相互情報量は

$$I(X;Y)=D(P_{X,Y}(x,y)\|P_X(x)P_Y(y)) \tag{5.20}$$

と書ける．つまり，相互情報量は，確率変数 X と Y の実際の分布（結合確率分布）と，X と Y が互いに独立であるとき，すなわち

$$P_{X,Y}(x,y)=P_X(x)P_Y(y) \tag{5.21}$$

となるときの分布との違いを表す量となっているのである．

5.3.2　相互情報量の性質

相互情報量 $I(X;Y)=H(X)-H(X|Y)$ に

$$\begin{aligned} H(X) &= -\sum_x P(x)\log_2 P(x) \\ &= -\sum_x \sum_y P(x,y)\log_2 P(x) \end{aligned} \tag{5.22}$$

および式(5.17)を代入すれば，

$$\begin{aligned} I(X;Y) &= \sum_x \sum_y P(x,y)\log_2 \frac{P(x|y)}{P(x)} \\ &= \sum_x \sum_y P(x,y)\log_2 \frac{P(x,y)}{P(x)P(y)} \end{aligned} \tag{5.23}$$

を得る*．この式は X と Y に関し，全く対称である．したがって

$$I(X;Y)=I(Y;X)=H(Y)-H(Y|X) \tag{5.24}$$

となることがわかる．つまり，Y の値を知ったことにより X に関し得る平均情報量 $I(X;Y)$ と，X の値を知ったことにより Y に関し得る平均情報量 $I(Y;X)$ は等しいのである．

---

* これらの式で，$P(x,y)$，$P(x|y)$，$P(x)$，$P(y)$ は本来，$P_{XY}(x,y)$，$P_{X|Y}(x|y)$，$P_X(x)$，$P_Y(y)$ と書くべきものであるが，簡単のため，添え字を省略していることに注意．

さらに，式(5.23)から

$$I(X;Y)=H(X)+H(Y)-H(X,Y) \tag{5.25}$$

となることが直ちに導ける．ただし，$H(X,Y)$は

$$H(X,Y)=-\sum_x\sum_y P(x,y)\log_2 P(x,y) \tag{5.26}$$

で与えられ，XとYをまとめて一つのものと見たときのエントロピーであり，XとYの**結合エントロピー**と呼ばれる．これは，また，XとYの値を同時に知ったときに得る平均情報量と解釈することもできる．

以上から，相互情報量$I(X;Y)$は，エントロピーとの間に

$$\begin{aligned}I(X;Y)&=H(X)-H(X\mid Y)\\&=H(Y)-H(Y\mid X)\\&=H(X)+H(Y)-H(X,Y)\end{aligned} \tag{5.27}$$

という関係をもつことがわかった．これを図式的に表したのが**図5.1**である．この図から$I(X;Y)$は，XとYに共通に含まれる情報の量を表すと解釈できることがわかる．このように考えると，Yの値を知ったときXについて得る平均情報量も，Xの値を知ったときYについて得る平均情報量もともに$I(X;Y)$となることが納得できるであろう．

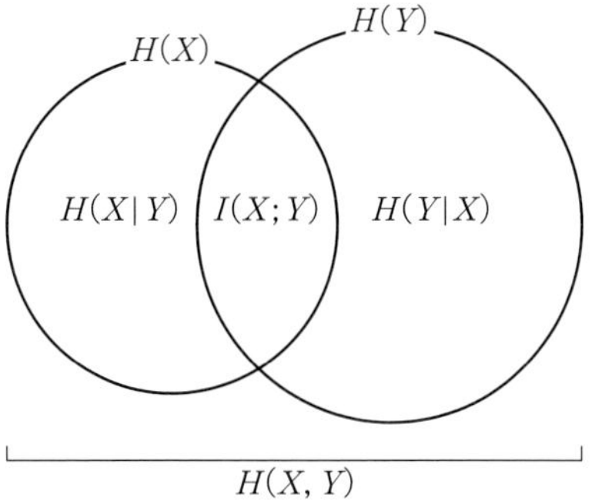

図5.1 相互情報量とエントロピーの関係

また，この図から，$I(X;Y)$が

$$0\leq I(X;Y)\leq \min\{H(X),H(Y)\} \tag{5.28}$$

を満たすことも想像できよう．左側の不等式は，式(5.23)から出発し，**補助定理4.1**を用いれば容易に証明できる．等号が成立するのは，$P(x,y)=P(x)\cdot P(y)$となる場合，すなわちXとYが独立である場合である．また，右側の不等式は，式(5.27)および$H(X\mid Y)$，$H(Y\mid X)$が負にならないことから明ら

かである．$H(X) \leq H(Y)$ のとき，$I(X\,;\,Y) = H(X)$ となるのは，$H(X \mid Y) = 0$ となるとき，すなわち，Y の結果を知れば X も完全に定まる場合である．$I(X;Y) = H(Y)$ となる場合については，もう説明を要しないであろう．

以上では，X，Y を発生する情報源に記憶がない場合について考えてきた．記憶のある場合も，相互情報量を定義できる．これは，エントロピーの場合と同様，情報源の拡大を考えればよい．すなわち，X，Y の長さ n の系列 $\boldsymbol{X}_n = X_1X_2\cdots X_n$ と $\boldsymbol{Y}_n = Y_1Y_2\cdots Y_n$ の間の相互情報量 $I(\boldsymbol{X}_n;\boldsymbol{Y}_n)$ から*

$$I(X;Y) = \lim_{n\to\infty}\frac{1}{n}I(\boldsymbol{X}_n;\boldsymbol{Y}_n) \tag{5.29}$$

によって定義すればよいのである．このような情報源の拡大を考えることによって，記憶のある場合も，ない場合と同じように扱うことができる．

5.4　ひずみが許される場合の情報源符号化

本節では，ある程度ひずみを許しても，1 情報源記号当たりの平均符号長を小さくしたいという場合の情報源符号化について論じる．このため，まず，情報源符号化におけるひずみを定義しておこう．

5.4.1　情報源符号化におけるひずみ

図 5.2 のように，情報源 S の出力 x を情報源符号化し，それを復号した結果を y としよう．x も y も情報源アルファベット A に属する記号である．いま，情報源符号化が可逆でないとすれば，x と y は異なることがある．ここで，

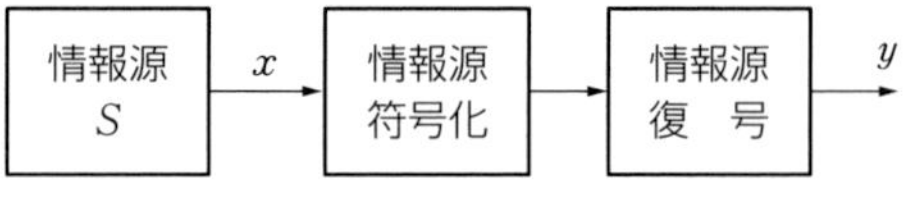

図 5.2　情報源出力 x と情報源復号結果 y

＊ 厳密にいえば，各時点の出力が X_n，Y_n であるような無記憶情報源を考えたときの相互情報量が $I(\boldsymbol{X}_n;\boldsymbol{Y}_n)$ である．

xとyの相違を評価する関数$d(x,y)$を考えよう．$d(x,y)$が大きいほど，xとyの相違，すなわち，ひずみが大きいと考えるのである．このような関数$d(x,y)$を**ひずみ測度**と呼ぶ．ひずみ測度$d(x,y)$は通常，次のような性質をもつ．

$$d(x,y) \geq 0 \tag{5.30}$$

$$x=y \text{ のとき } d(x,y)=0 \tag{5.31}$$

さて，情報源符号化法を評価するには，このようなひずみ測度の平均値を用いるのがよいであろう．これを**平均ひずみ**と呼び，$\bar{d}$で表す．すなわち

$$\bar{d}=\sum_x \sum_y d(x,y)P(x,y) \tag{5.32}$$

である．ただし，$P(x,y)$は情報源出力を表す確率変数Xと復号器の出力を表す確率変数Yの結合確率分布である．

【例 5.2】 情報源アルファベットを$A=\{0,1\}$とし，ひずみ測度を

$$d(x,y)=\begin{cases} 0 & ; \quad x=y \\ 1 & ; \quad x \neq y \end{cases} \tag{5.33}$$

とする．このとき，平均ひずみは

$$\bar{d}=P(1,0)+P(0,1) \tag{5.34}$$

となる．これは，要するに，復号器の出力が元の情報源出力と異なる確率であり，通常**ビット誤り率**と呼ばれる．

【例 5.3】 情報源アルファベットを有限個の整数または実数の集合としよう．このとき，ひずみ測度を

$$d(x,y)=|x-y|^2 \tag{5.35}$$

とすれば，平均ひずみは **2 乗平均誤差**（mean square error）と呼ばれる量となる．これは，ひずみの評価量として非常によく用いられる．

ひずみが許される情報源符号化を設計する場合，ひずみ測度をどのように選

ぶかは非常に重要な問題である．ひずみが許されるのは，たとえば，復号結果が最終的に音あるいは画像になり，それを聞く，または見る人にとって，そのひずみが気にならないというような場合である．このような場合，ひずみ測度は，人の聴覚や視覚の特性まで考慮したものとすることが望ましい．しかし，あまりに複雑なひずみ測度は，実際上取り扱えないものとなってしまう．ひずみ測度は，数学的取扱いやすさも考慮して決めるべきなのである．

5.4.2　ひずみが許される場合の情報源符号化定理

図5.2において，ひずみが許されていないならば常に $x=y$ であるから，復号器出力 Y の値 y を知れば，情報源出力 X の値 x も完全に知ることができる．したがって，Y の値を知ったとき，X について得る平均情報量は $H(X)$ である．これに対し，ひずみが許される場合，Y の値を知っても X にはなお，あいまいさが平均して $H(X \mid Y)$ だけ残る．したがって，Y の値を知ったとき，X に関し得る平均情報量は $I(X;Y)=H(X)-H(X \mid Y)$ である．

ところで，5.1節で示したように，情報量はそれを2元符号化して送る場合の1情報源記号当たりの平均符号長の下限と結び付けられた．$H(X)$ の情報量を伝達するには，少なくとも $H(X)$ の平均符号長が必要だったし，$H(X)$ にいくらでも近い平均符号長でよかったわけである．同じことが相互情報量についてもいえると考えるのは，ごく自然であろう．つまり，$I(X;Y)$ だけの情報量を伝達するのに，平均符号長は少なくとも $I(X;Y)$ だけ必要であり，また，それにいくらでも近づけ得ると考えられる．

ところが，$I(X;Y)$ が同じでも，平均ひずみ $\bar{d}$ は同じであるとは限らない．情報源符号化の仕方によって異なってくるのである．いいかえると，平均ひずみが同じであっても，相互情報量 $I(X;Y)$ は符号化の仕方で異なる．そこで，ある与えられた値 D に対し，平均ひずみ $\bar{d}$ が

$$\bar{d} \leq D \tag{5.36}$$

を満たすという条件の下で，あらゆる情報源符号化法を考えたときの $I(X;Y)$ の最小値を考えよう．これを $R(D)$ で表す．すなわち

$$R(D) = \min_{\bar{d} \leq D} \{I(X;Y)\} \tag{5.37}$$

と定義するのである．$R(D)$は，平均ひずみ$\bar{d}$をD以下にするために送らねばならない情報量の最小値ということができる．したがって，どのような情報源符号化を行っても，平均ひずみ$\bar{d}$をD以下にするには，1情報源記号当たりの平均符号長を$R(D)$より小さくはできないであろうし，$R(D)$にいくらでも近づけ得ると考えられる．厳密な証明は略すが，以上の議論から，次の定理は納得できるであろう[*1]．

定理 5.1 （ひずみが許される場合の情報源符号化定理）

平均ひずみ$\bar{d}$をD以下に抑えるという条件の下で，任意の正数εに対し，情報源Sを1情報源記号当たりの平均符号長Lが

$$R(D) \leq L < R(D) + \varepsilon \tag{5.38}$$

となるような2元符号へ符号化できる．しかし，どのような符号化を行っても，$\bar{d} \leq D$である限りLをこの式の左辺より小さくすることはできない．ただし，$R(D)$は式(5.37)で定義される関数であり，情報源Sの**速度・ひずみ関数**（rate-distortion function）[*2]と呼ばれる．

5.4.3 速度・ひずみ関数

速度・ひずみ関数$R(D)$を求めるには，平均ひずみ$\bar{d}$がD以下になるという条件の下で，情報源出力Xと復号器出力Yの間の相互情報量$I(X;Y)$を最小化すればよい．最小化は，情報源符号化，復号法として条件を満たす，あらゆるものを考えることにより行われる．情報源符号化，復号法を変えれば，条件付確率$P(y|x)$が変わり，これによって$I(X;Y)$も変わる．したがって，結局，$I(X;Y)$の最小化は，条件付確率$P(y|x)$を変えることにより行えばよい[*3]．

＊1 ランダム符号化という手法（6.3節参照）を用いて証明される．
＊2 $I(X;Y)$は1記号当たりの伝送される平均情報量であるから，情報の記号当たりの伝送速度ということができる．したがって，$R(D)$も情報の速度としての意味をもつ．
＊3 任意の条件付確率$P(y|x)$を与えるような情報源符号化，復号法が存在する．

これは，図 5.2 の情報源符号化，復号の代わりに，**図 5.3** に示すように，入出力の間の条件付確率が $P(y\mid x)$ となる通信路を考え，この通信路の特性を変えることにより，$I(X;Y)$ の最小化を図ると解釈することができる．このような仮想的通信路を**試験通信路**と呼ぶ．もちろん，$I(X;Y)$ の最小化の際，情報源出力の確率分布 $P_X(x)$ はあらかじめ与えられている．

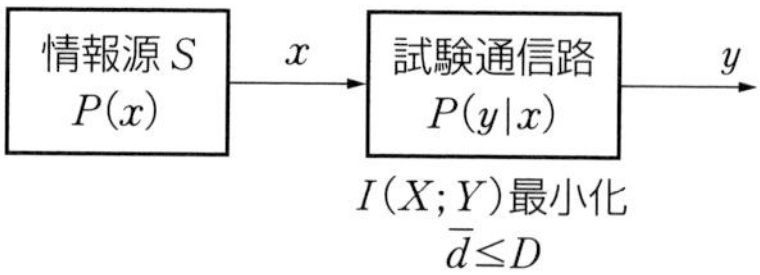

図 5.3　試験通信路による速度・ひずみ関数 $R(D)$ の解釈

さて，条件付確率 $P(y\mid x)$ を用いれば，相互情報量 $I(X;Y)$ は式(5.23)を変形して

$$I(X;Y)=\sum_x P(x)\sum_y P(y\mid x)\log_2\frac{P(y\mid x)}{P(y)} \tag{5.39}$$

と表せる．ここに，$P(y)$ は

$$P(y)=\sum_x P(x)P(y\mid x) \tag{5.40}$$

により計算できる．また，$\bar{d}\leq D$ という条件は

$$\bar{d}=\sum_x P(x)\sum_y P(y\mid x)d(x,y)\leq D \tag{5.41}$$

と表せる．条件付確率は当然

$$P(y\mid x)\geq 0 \tag{5.42}$$

$$\sum_y P(y\mid x)=1 \tag{5.43}$$

を満たさねばならない．

結局，速度・ひずみ関数を求めるには，式(5.41)～(5.43)の条件の下に，式(5.39)の $I(X;Y)$ を $P(y\mid x)$ に関し最小にすればよいのである．これは，基本的には，ラグランジェの未定乗数法を用いて解かれるが，一般にはかなり難しい．ここでは，2 元情報源について，より直観的な方法で $R(D)$ を導いておこう．

【例 5.4】　1，0 を確率 p，$1-p$ で発生する無記憶 2 元情報源を考える．ま

た，ひずみ測度としては，例 5.2 に示した

$$d(x,y)=\begin{cases}0 \ ; \ x=y\\ 1 \ ; \ x\neq y\end{cases}$$

を用いるものとする．このとき，平均ひずみ $\bar{d}$ はビット誤り率となる．

ここで，相互情報量 $I(X;Y)$ の

$$I(X;Y)=H(X)-H(X\mid Y)$$

という表現を思いだそう．$H(X)$ は情報源のエントロピーであるから $H(X)=\mathcal{H}(p)$ である．したがって，$I(X;Y)$ を最小にするには $H(X\mid Y)$ を最大にすればよい．もちろん，$\bar{d}\leq D$ という条件の下で最大にする必要がある．

さて，Y にはビット誤り率 $\bar{d}$ の誤り（ひずみ）が含まれているから，**図 5.4** に示すように，Y は X に，1 の発生確率が $\bar{d}$ であるような誤り源の出力 E が加わったものとみることができる．ただし，この加算は排他的論理和（p. 36 脚注参照）である．$Y=X\oplus E$ であるから，$X=Y\oplus E$ となる．したがって

$$H(X\mid Y)=H(Y\oplus E\mid Y)=H(E\mid Y) \tag{5.44}$$

を得る．この 2 番目の等式は，Y の値がわかっていれば，$Y\oplus E$ のあいまいさは，E のあいまいさのみに依存するということからわかるであろう．また，$H(E\mid Y)$ は Y の値を知ったときの E のあいまいさであるから，何も知らないときの E のあいまいさ $H(E)$ より大きくなることはない．さらに，誤り源に記憶がなく定常であれば，$H(E)=\mathcal{H}(\bar{d})$ であるが，そうでなければ，$H(E)$

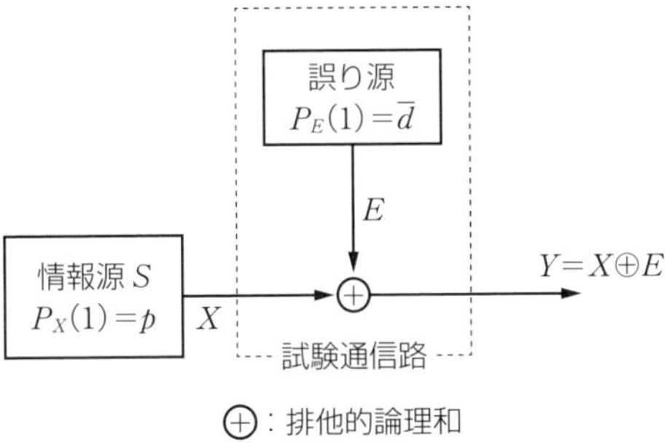

図 5.4　2 元情報源に対する試験通信路

$<\mathscr{H}(\bar{d})$であるから

$$H(E \mid Y) \leq H(E) \leq \mathscr{H}(\bar{d}) \tag{5.45}$$

となる．それゆえ

$$H(X \mid Y) \leq \mathscr{H}(\bar{d}) \tag{5.46}$$

を得る．さらに，$0 \leq D \leq 0.5$ のとき，$\bar{d} \leq D$ であれば，

$$\mathscr{H}(\bar{d}) \leq \mathscr{H}(D) \tag{5.47}$$

となるから

$$I(X;Y) \geq \mathscr{H}(p) - \mathscr{H}(D) \tag{5.48}$$

が得られる．この式の等号は，$\bar{d}=D$ で，誤り源に記憶がなく定常で，情報源 S と独立であるとき（このとき Y と E は独立となる）成立する．

このようにして，無記憶定常 2 元情報源 S の速度・ひずみ関数は

$$R(D) = \mathscr{H}(p) - \mathscr{H}(D) \tag{5.49}$$

で与えられることが導けた．**図 5.5** に，いくつかの p について，$R(D)$ を示しておこう．この図に見るように，速度・ひずみ関数は，D に関し単調減少であり，下に凸な関数である*．一般の速度・ひずみ関数も同様な性質をもつことが証明されている．

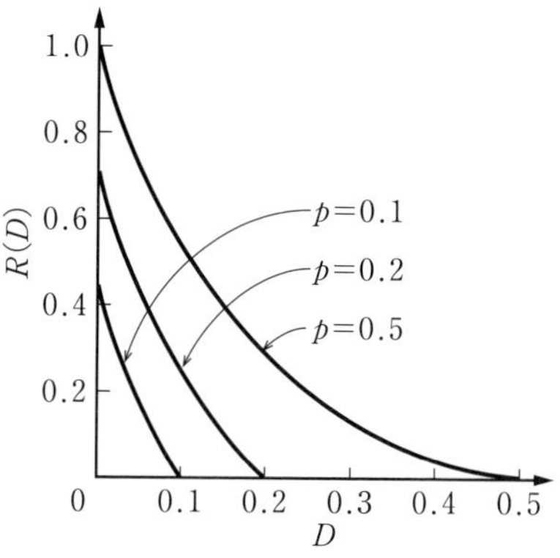

図 5.5　2 元情報源の速度・ひずみ関数

以上では，無記憶情報源について，速度・ひずみ関数を示したが，記憶のある場合についても，平均ひずみが D 以下になるという条件の下での，記憶のある場合の相互情報量〔式(5.29)〕の最小値として，速度・ひずみ関数を定義することができる．

* 定義区間の任意 2 点 a，b および任意の $0<\theta<1$ に対して $f(\theta a+(1-\theta)b) \leq \theta f(a) + (1-\theta)f(b)$ が成立する関数 $f(x)$ は下に凸であるという．

5.4.4 ひずみが許される場合の情報源符号化法

ひずみのない場合，1情報源記号当たりの平均符号長が，情報源のエントロピーにいくらでも近づくような情報源符号化法を我々はすでに知っている．それは，情報源符号化定理の証明の中にも現れたし，ハフマン符号化などさらに効率のよい方法も学んだ．装置化の複雑さの許す範囲で，我々はこのような符号化法を実現することができる．しかし，ひずみが許される場合の情報源符号化定理は，1情報源記号当たりの平均符号長が，速度・ひずみ関数 $R(D)$ にいくらでも近づく符号化法の存在することを示してはいるが，その具体的方法は与えていない．このような場合の情報源符号化法は，ひずみのない場合に比べ，はるかに難しく，今後の研究に待つところが多い．

ひずみの許される場合の情報源符号化の一つの基本的考え方は，**図 5.6** に示すようなものである．これは，まず情報源 S の情報源アルファベット A の記号からなる長さ n の系列を N 個選び，それを符号語とする符号 $\boldsymbol{C}_D$ をつくっておく，そして，情報源 S から発生する長さ n の系列 $\boldsymbol{x}=x_1x_2\cdots x_n$ に対し，$\boldsymbol{C}_D$ の中から，ひずみ測度

$$d_n(\boldsymbol{x}, \boldsymbol{w}) = \sum_{i=1}^{n} d(x_i, w_i) \tag{5.50}$$

が最小となるような符号語 $\boldsymbol{w}=w_1w_2\cdots w_n$ を選ぶ*．次いで，この符号語に対し，ひずみのない場合の情報源符号化を行うのである．

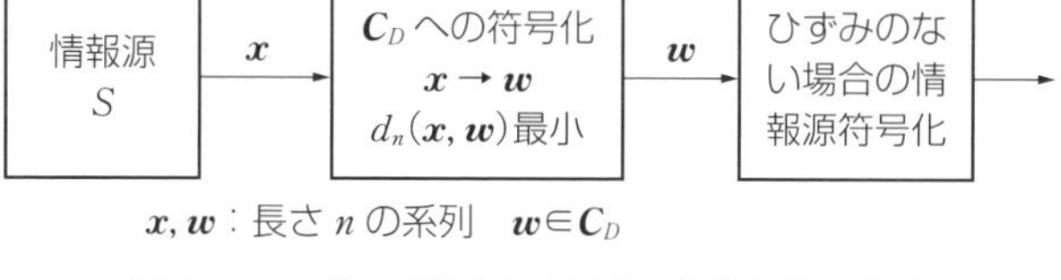

図 5.6　ひずみが許される場合の情報源符号化法

* 系列間のひずみ測度は式(5.49)のように個々の記号間のひずみ測度の和として定められることが多いが，場合によっては，より複雑なものを用いることもある．

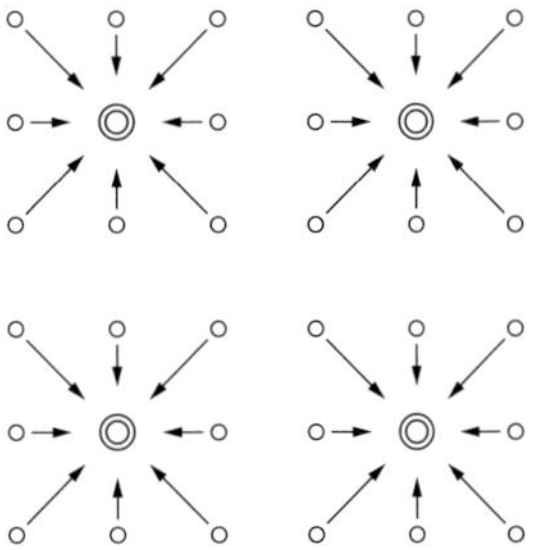

各点は長さ n の系列，◎は符号語を表す

図 5.7　C_D への符号化の概念図

図 5.7 に，この $\boldsymbol{C}_D$ への符号化の概念図を示しておこう．図の各点は長さ n の系列を表す．そして，2 重丸で示されているのが $\boldsymbol{C}_D$ の符号語である．いま，ひずみ測度が，この図において，距離に比例するとしよう．このとき，符号化は図の矢印のように行われる．つまり，情報源系列 $\boldsymbol{x}$ が符号語 $\boldsymbol{w}$ またはそのまわりの 8 個の系列のいずれかになったときには，$\boldsymbol{x}$ を $\boldsymbol{w}$ に符号化するのである．いいかえると，符号語とそのまわりの 8 個の系列を一つの符号語で代表させてしまう．もちろん，そのために，図の矢印の長さに比例するようなひずみが生じることになる．

符号 $\boldsymbol{C}_D$ は，このように符号化したときに，平均ひずみができるだけ小さくなるようにつくるべきである．また，平均ひずみが同じであれば，符号語数の少ないことが望ましい．そのほうが，1 情報源記号当たりの平均符号長を短くできるからである．また，実際の装置化を考えると，符号化ができるだけ簡単なものであることが望まれる．

このような情報源符号化法によって，n を十分大きくし，$\boldsymbol{C}_D$ を適当に構成すれば，1 情報源記号当たりの平均符号長をいくらでもその下限 $R(D)$ に近づけ得ることが証明されているが，残念ながら，そのような $\boldsymbol{C}_D$ の具体的構成法は知られていない．しかし，$R(D)$ に近づけ得ないとしても，このような考え方を取り入れた情報源符号化を用いることにより，かなりの効果をあげ得ることがある．ここでは，このような考え方に基づく情報源符号化のごく簡単な例を示しておこう．

【例 5.5】　1，0 の発生確率が p，$1-p$ の無記憶 2 元情報源に対し，長さ $n=3$ の出力系列ごとに符号化を行うものとしよう．ひずみ測度は例 5.2，例 5.4 で用いた式(5.33)で定義される測度を用いる．ここで，$\boldsymbol{C}_D$ として

$$\boldsymbol{C}_D=\{000,\ 111\}$$

を考えよう．$\boldsymbol{C}_D$ への符号化は，情報源系列とのひずみが最も小さい符号語を選ぶことにより行われる．すなわち

$$\left.\begin{matrix}000\\001\\010\\100\end{matrix}\right\}\rightarrow 000 \qquad \left.\begin{matrix}111\\110\\101\\011\end{matrix}\right\}\rightarrow 111$$

とすればよい．このとき，平均ひずみは1情報源記号当たり

$$\bar{d}=\frac{1}{3}[3p(1-p)^2+3p^2(1-p)] \tag{5.51}$$

となる．また，$\boldsymbol{C}_D$ に符号化したとき，符号語000，111の発生確率はそれぞれ $(1-p)^3+3p(1-p)^2$，$3p^2(1-p)+p^3$ であるから，これに対しひずみのない情報源符号化を行えば，1情報源記号当たりの平均符号長 L は

$$L_B=\frac{1}{3}\mathscr{H}((1-p)^3+3p(1-p)^2) \tag{5.52}$$

にいくらでも近づけることができる．

一方，例5.4で求めた速度・ひずみ関数から，$\bar{d}$ だけひずみを許すとき，平均符号長 L の下限は

$$L_I=\mathscr{H}(p)-\mathscr{H}(\bar{d}) \tag{5.53}$$

となることがわかる．**図5.8** に p を変化させたときの $\bar{d}$ と L_B および L_I を示しておこう．

L_B はこの符号化法を用いたときの L の下限であり，L_I はあらゆる符号化法を考えたときの L の下限なのである．L_B は L_I の2倍近い値となっているが，このような簡単な符号化法では，この程度の差はやむを得ないところである．

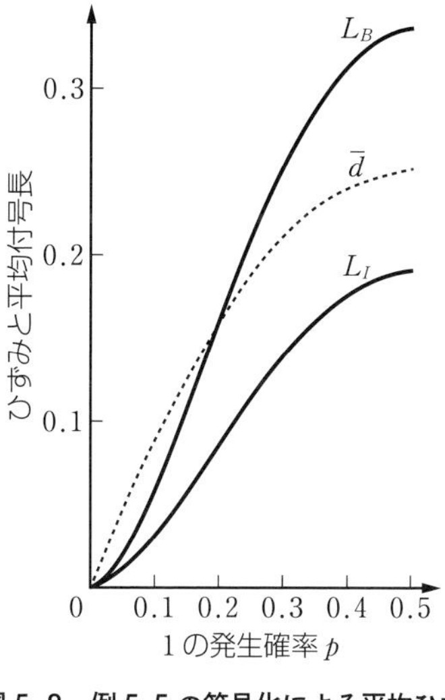

図5.8　例5.5の符号化による平均ひずみ $\bar{d}$ および1情報記号当たりの平均符号長の下源 L_B と L_I

演 習 問 題

5.1　実際の天気 X と天気予報 Y の結合確率分布が**表 P5.1** のように与えられている．

（a）X と Y の相互情報量を求めよ．

（b）常に晴だと予報する天気予報を Y' とする．X と Y' の相互情報量を求めよ．

（c）天気予報 Y と Y' を適中率と相互情報量から比較し論ぜよ．

表 P5.1

$P(x, y)$		Y	
		晴	雨
X	晴	0.50	0.25
	雨	0.10	0.15

5.2　三つの確率変数 X，Y，Z について次の（a）～（d）を証明せよ．また，その意味を解釈せよ．さらに，不等式については，等号の成立する場合を示せ．ただし

$$H(X, Y, Z) = -\sum_x \sum_y \sum_y P(x, y, z) \log_2 P(x, y, z)$$

$$H(X \mid Y, Z) = -\sum_x \sum_y \sum_z P(x, y, z) \log_2 P(x \mid y, z)$$

$$H(X, Y \mid Z) = -\sum_x \sum_y \sum_z P(x, y, z) \log_2 P(x, y \mid z)$$

である．

（a）$H(X, Y, Z) \leq H(X) + H(Y) + H(Z)$

（b）$H(X, Y, Z) = H(X \mid Y, Z) + H(Y \mid Z) + H(Z)$

（c）$H(X, Y \mid Z) \leq H(X \mid Z) + H(Y \mid Z)$

（d）$H(X \mid Y, Z) \leq H(X \mid Z) \leq H(X)$

5.3　三つの確率変数 X，Y，Z に関し，次のような相互情報量を定義する．

$$I(X; Y \mid Z) = H(X \mid Z) - H(X \mid Y, Z)$$

$$I(X, Y; Z) = H(X, Y) - H(X, Y \mid Z)$$

これについて，次の（a）～（c）を証明せよ．

また，その意味を解釈せよ．さらに，（c）を一般化した等式（d）を証明せよ．

（a）$I(X; Y \mid Z) = I(Y; X \mid Z)$

（b）$I(X, Y; Z) = I(Z; X, Y)$

（c）$I(X, Y; Z) = I(X; Z) + I(Y; Z \mid X)$

（d）$I(X_1, X_2, \cdots, X_n; Z) = I(X_1; Z) + \sum_{i=1}^{n} I(X_i; Z \mid X_1, \cdots, X_{i-1})$

5.4　第 4 章図 P4.2 に示した単純マルコフ情報源から発生する系列を長さ 3 のブロックに分割し，各ブロックにおいて，010 が現れたら 000 に変換し，101 が現れたら 111 に変換し，それ以外のパターンはそのままにしておく．たとえば，情報源系列が 001 101

110 010 000…であれば，001 111 110 000 000…と変換される．情報源系列とこのように変換された系列の間の1記号当たりの相互情報量を求めよ．

5.5　1，0をp，$1-p$の確率で発生する無記憶2元情報源からの長さ7の系列に対し，**表 P5.2** に示すような符号$\boldsymbol{C}_D$を用いて情報源符号化を行う．ひずみ測度は，式(5.35)の$d(x, y)$を用いる．長さ7の任意の2元系列に対し，たかだか1か所でしか異ならない符号語が$\boldsymbol{C}_D$には存在する．このことを用いて，$p=0.5$および0.25の場合について，平均ひずみ$\bar{d}$，この符号化法による1情報源記号当たりの平均符号長の下限L_Bを求め，速度・ひずみ関数の値と比較せよ．なお，符号$\boldsymbol{C}_D$はハミング符号と呼ばれる符号である（7.1節参照）．

表 P5.2

$\boldsymbol{C}_D$の符号語	$\boldsymbol{C}_D$の符号語
0000000	0001011
1000101	1001110
0100111	0101100
1100010	1101001
0010110	0011101
1010011	1011000
0110001	0111010
1110100	1111111

第 6 章

通信路符号化の限界

本章では，第2章で述べた情報理論の問題Ⅳ，すなわち，通信路符号化の問題について考える．まず，前章で論じた相互情報量に基づいて通信路容量の概念を導入し，ついで，通信路符号化定理を導く．これは，通信路符号化の限界を与える定理であり，情報理論における最も重要な定理の一つである．最後に，通信路符号化の限界をより精密に与える信頼性関数について述べる．

6.1 通 信 路 容 量

6.1.1 通信路容量の定義

図 6.1 の無記憶通信路を考えよう．入力を X，出力を Y とするとき，X と Y の間の相互情報量 $I(X;Y)$ は，式(5.39)から

$$I(X;Y)=\sum_{i=1}^{r} p_i \sum_{j=1}^{s} p_{ij} \log_2 \frac{p_{ij}}{q_j} \tag{6.1}$$

と書けることがわかる．ただし

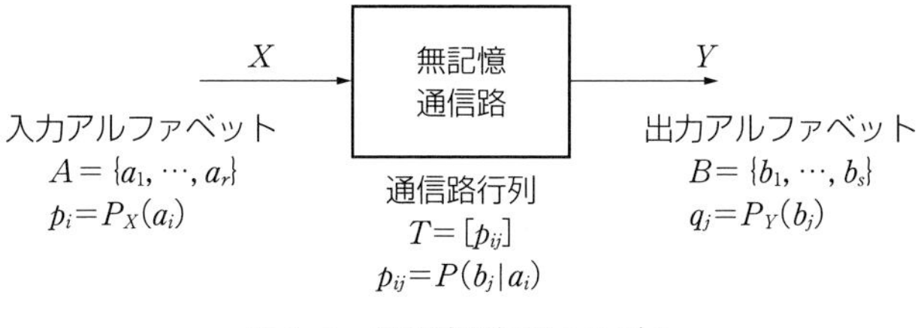

図 6.1　無記憶通信路のモデル

$$q_j=\sum_{i=1}^{r} p_i p_{ij} \tag{6.2}$$

であり，$I(X;Y)$は結局，通信路行列 $T=[p_{ij}]$ と入力の確率分布 $(p_1, p_2, \cdots, p_r)$ とから計算できる．ここで，入力の確率分布を

$$\boldsymbol{p}=(p_1, p_2, \cdots, p_r) \tag{6.3}$$

で表すことにしよう．

さて，前章で述べたように，相互情報量 $I(X;Y)$ は，この通信路を介して伝送される情報量とみることができる．ここで，この通信路で最大限どれだけの情報量が伝送できるかを考えてみよう．通信路行列 T は与えられているわけであるから，動かし得るのは，入力の確率分布 $\boldsymbol{p}$ である．そこで，$I(X;Y)$ の $\boldsymbol{p}$ に関する最大値を C とおく．すなわち

$$C=\max_{\boldsymbol{p}}\{I(X;Y)\} \tag{6.4}$$

となる．これは，この通信路に，アルファベットが A であるようなあらゆる情報源を接続してみたときに，伝送される（1 記号当たりの）情報量の最大値ということになる．これをこの通信路の**通信路容量**（channel capacity）と呼ぶ．単位は，ビット（またはナット，ハートレー）あるいは，1 記号当たりの情報量ということを明示するために，**ビット／記号**を用いる．さらに，通信路の記号であることを明確にする必要のある場合には，**ビット／通信路記号**などと書く．

通信路に記憶がある場合には，相互情報量の場合と同様，拡大の手法を用いればよい．通信路の入力，出力を n 記号ずつまとめて考えればよいのである．すなわち，長さ n の入力系列を $\boldsymbol{X}_n$，出力系列を $\boldsymbol{Y}_n$ とし，$\boldsymbol{p}_n$ を $\boldsymbol{X}_n$ の確率分布とすれば

$$C=\lim_{n\to\infty}\left[\max_{\boldsymbol{p}_n}\left\{\frac{1}{n}I(\boldsymbol{X}_n;\boldsymbol{Y}_n)\right\}\right] \tag{6.5}$$

により，通信路容量が定義される．

6.1.2　無記憶一様通信路の通信路容量

まず，入力について一様な無記憶通信路の通信路容量について考えよう．こ

れは，通信路行列の各行の要素の集合 $\{p_{i1}, p_{i2}, \cdots, p_{is}\}$ が，どの i についても（順序は異なるが）同じであるような通信路であった．この通信路容量を求めるために，相互情報量の

$$I(X;Y)=H(Y)-H(Y\mid X) \tag{6.6}$$

という式を用いる．$H(Y\mid X)$は

$$H(Y\mid X)=-\sum_{i=1}^{r} p_i \sum_{j=1}^{s} p_{ij}\log_2 p_{ij} \tag{6.7}$$

と書ける．しかるに，入力について一様であれば，この式の2番目の和は，どの i についても同じ値をとる．そこで，この和について $i=1$ とおいても差支えない．このとき，p_i の $i=1$ から s までの和が1であることに注意すれば

$$H(Y\mid X)=-\sum_{j=1}^{s} p_{1j}\log_2 p_{1j} \tag{6.8}$$

を得る．したがって，通信路容量は

$$C=\max_{\boldsymbol{p}}\{H(Y)\}+\sum_{j=1}^{s} p_{1j}\log_2 p_{1j} \tag{6.9}$$

となる．

ここで，さらに，出力についても一様な場合，すなわち，2重に一様な場合を考えてみよう．このとき，入力の確率分布を $p_1=p_2=\cdots=p_r$ とすれば，出力の確率分布も $q_1=q_2=\cdots=q_s$ となり，$H(Y)$はその最大値 $\log_2 s$ をとる．したがって，2重に一様な通信路の通信路容量は次のようになる．

$$C=\log_2 s+\sum_{j=1}^{s} p_{1j}\log_2 p_{1j} \tag{6.10}$$

【例 6.1】 第3章図3.7に示した2元対称通信路を考えよう．通信路行列は

$$T=\begin{bmatrix} 1-p & p \\ p & 1-p \end{bmatrix}$$

であり，2重に一様だから

$$\begin{aligned} C&=1+p\log_2 p+(1-p)\log_2(1-p) \\ &=1-\mathscr{H}(p) \end{aligned} \tag{6.11}$$

となる．**図 6.2** にこれを示しておこう．$p=0$ では，誤りは全く生じないから，$C=1$〔ビット／記号〕となる．$p=0.5$ では，通信路の出力は入力と独立になってしまい，情報は全く伝わらず $C=0$ となる．$p=1$ では，0 は必ず 1 になり，1 は必ず 0 になるから，出力側で 1，0 を逆にすれば，全く誤りなく情報が伝達される．ゆえに，$C=1$〔ビット／記号〕となる．

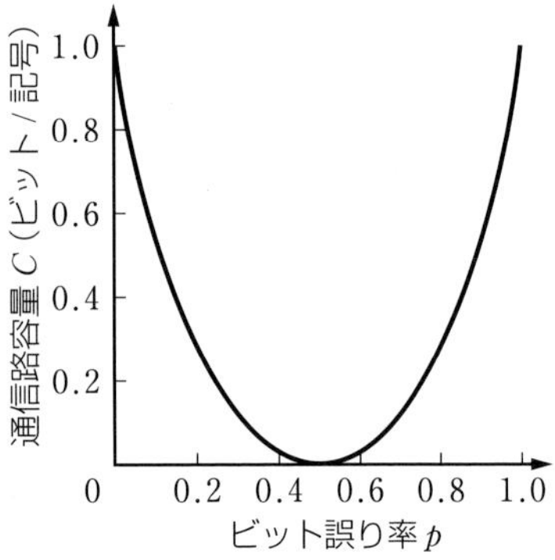

図 6.2　2 元対称通信路の通信路容量

【例 6.2】　第 3 章図 3.8 に示した 2 元対称消失通信路の通信路容量を求めよう．通信路行列は

$$T=\begin{bmatrix} 1-p_X-p & p_X & p \\ p & p_X & 1-p_X-p \end{bmatrix}$$

であり，入力について一様だから，

$$C=\max_{p}\{H(Y)\}+(1-p_X-p)\log_2(1-p_X-p)+p_X\log_2 p_X+p\log_2 p$$

となる．この通信路は出力については一様ではないが，$H(Y)$ は $p_1=p_2=1/2$ のとき最大となることが容易に確かめられる．このとき

$$C=(1-p_X)\left[1-\mathcal{H}\left(\frac{p}{1-p_X}\right)\right] \tag{6.12}$$

となる．つまり，2 元対称消失通信路の通信路容量は，ビット誤り率が $p/(1-p_X)$ の 2 元対称通信路の通信路容量に $1-p_X$ を掛けたものとなるのである．

6.1.3　加法的 2 元通信路の通信路容量

図 6.3 のような，加法的 2 元通信路を考える．このとき，X と Y の相互情報量は，誤り E を用いれば

$$I(X;Y)=H(Y)-H(Y\mid X)$$

$$=H(Y)-H(X \oplus E \mid X)$$
$$=H(Y)-H(E \mid X) \qquad (6.13)$$

と書ける．ここで，誤り E が入力 X と独立であると仮定されているから，$H(E \mid X)=H(E)$ となる．したがって

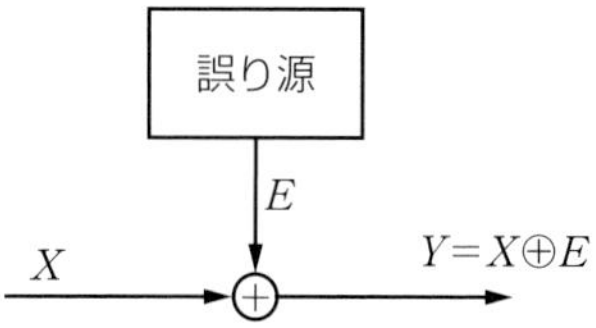

図 6.3 加法的 2 元通信路

$$I(X;Y)=H(Y)-H(E) \qquad (6.14)$$

を得る．それゆえ，通信路容量 C を求めるには，入力 X の確率分布に関し，$H(Y)$ を最大にすればよい．ところが，$P_X(0)=P_X(1)=1/2$ とすれば，E がどのようなものであっても $P_Y(0)=P_Y(1)=1/2$ となる．このとき，$H(Y)$ は，その最大値 1 をとる．したがって，通信路容量は

$$C=1-H(E) \qquad (6.15)$$

となる．つまり，この場合，通信路容量は，誤りがない場合に伝送し得る最大の情報量 1〔ビット／記号〕から，誤り源によって加えられるあいまいさ，すなわち，誤り源のエントロピー $H(E)$〔ビット／記号〕を引いたものとなっているのである．なお，この結果は，誤り源に記憶がある場合も，そのまま成立する．

【例 6.3】 誤り源が**図 6.4** のマルコフモデルで表せるものとしよう．このような誤り源のエントロピーは，4.5 節で述べたように，

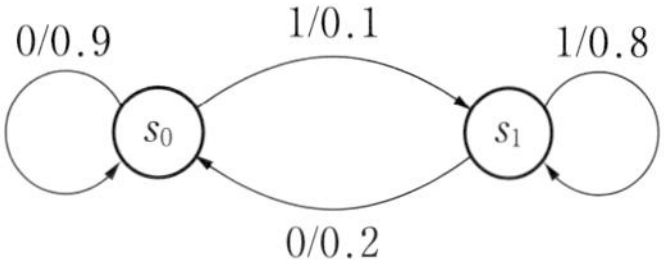

図 6.4 誤り源のモデル

$$H(E)=P(s_0)\mathscr{H}(0.1)+P(s_1)\mathscr{H}(0.2)$$

として求まる．ここに，$P(s_0)$，$P(s_1)$ は状態 s_0，s_1 の定常確率であり，それぞれ，2/3，1/3 となる．これから

$$H(E)=\frac{2}{3}\times 0.4690+\frac{1}{3}\times 0.7219$$
$$=0.5533$$

を得る．したがって，通信路容量は

$$C=1-0.5533=0.4467 \text{〔ビット／記号〕}$$

となる．

この通信路のビット誤り率（$E=1$ となる確率）は 1/3 である．もし，この通信路に記憶がなくランダム誤りを発生するのであれば，その通信路容量は

$$C_1=1-\mathscr{H}\left(\frac{1}{3}\right)=0.0817\,〔ビット／記号〕$$

であり，0.4467 よりはるかに小さくなる．このような差が生じるのは，この通信路に記憶があり，その誤りの発生がバースト的で，ある程度の予測ができるからである．このように，同じビット誤り率の 2 元通信路であっても，バースト誤り通信路のほうが，ランダム誤り通信路よりも通信路容量は大きく，より多くの情報を伝送できる．

6.2　通信路符号化の基礎概念

6.2.1　通信路符号

通信路符号化の目的は，第 2 章で述べたように，通信路で生じる誤りの影響を抑えて信頼性を向上させることであり，そのためには冗長性を付加する必要がある．これが，一般に，どのように行われるかを見ておこう．

説明を簡単にするために，通信路の入力アルファベットと出力アルファベットはともに，$A=\{a_1, a_2, \cdots, a_r\}$ であるとしておく．ここで，A の元からなる長さ n の系列すべての集合を A^n で表す．A^n には r^n 個の系列が含まれる．たとえば，$A=\{0, 1\}$ とすれば，A^3 は次のような $2^3=8$ 個の系列の集合になる．

$$A^3=\{000, 001, 010, 011, 100, 101, 110, 111\} \tag{6.16}$$

さて，この A^n の系列はどれでも通信路を通して送ることができる．そこで，A^n の系列を用いて情報を伝送するものとしよう．つまり，情報を A^n の系列に符号化するのである．いま，A^n のすべての系列を用いて情報の伝送を行うものとすると，通信路で誤りが生じた場合，それを知ることは不可能である．そこで，ある特定の系列のみを用いるとしよう．たとえば，式(6.16)の A^3 において，000 と 111 の二つだけを用いることにするのである（これは，第 1 章で述べた同じ記号を 3 回繰り返すという符号化法に相当する）．この場合，

通信路で1個の誤りが生じても，その誤りを訂正することができる．たとえば，000を送ったとき，2番目の0に誤りが生じ，010が受信されたとしても，なお0のほうが多いから，000が送られたと推定できる．

このように，A^nの中から選ばれた系列の集合$\boldsymbol{C}$を**通信路符号**または単に**符号**と呼び*1，各系列を**符号語**と呼ぶ．$\boldsymbol{C}$の符号語の長さはすべて等しいから$\boldsymbol{C}$は等長符号である．通信路符号としては，等長符号が用いられることが多い．

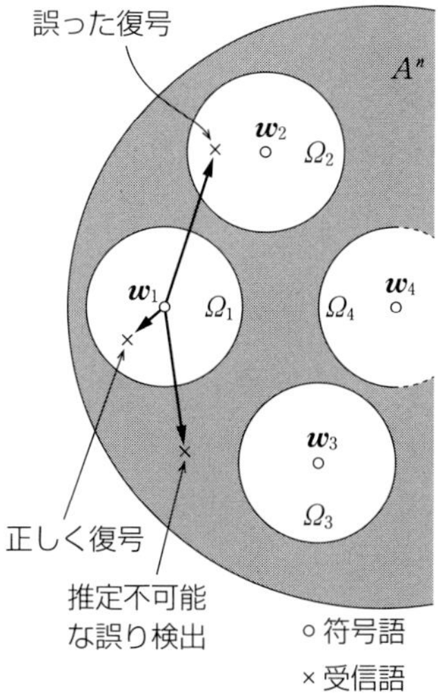

図6.5　復号の概念図

図6.5にこのような符号による誤り訂正の概念図を示しておこう．この図はA^nを示したものであるが，通信路の入力アルファベットと出力アルファベットがともにAである場合，受信語もすべてA^nに属すので，A^nは**受信空間**とも呼ばれる．図で，$\boldsymbol{w}_1$，$\boldsymbol{w}_2$，…は符号語である．符号語$\boldsymbol{w}_i$のまわりの領域Ω_iは$\boldsymbol{w}_i$の**復号領域**と呼ばれ，受信語$\boldsymbol{y}$がこの領域に入れば，$\boldsymbol{w}_i$が送られたと推定される．基本的には，このような過程が通信路符号の復号なのである*2．なお，一般には，図6.5の網掛け部のように，どの復号領域にも属さない領域が残ることがある．受信語がこのような領域に入れば，送られた符号語の推定は不可能となるが，誤りが生じたことはわかる．また，図6.5に示すように，$\boldsymbol{w}_i$を送ったのに別の符号語に対応する復号領域に入れば，誤った復号がなされることになる．

符号$\boldsymbol{C}=\{000,111\}$の場合，000，111に対する復号領域として，それぞれ$\{000,001,010,100\}$，$\{111,110,101,011\}$をとっておけば，1個の誤

---

*1 用途に応じ，誤り訂正符号，誤り検出符号などとも呼ばれる．
*2 復号は，本来，受信語から送られた通報を推定する過程をいうが，通信路復号の場合，中心となるのは，受信語から送られた符号語を推定するまでの過程であるので，その過程も復号と呼ぶのがふつうである．

りを訂正できる．この場合には，図6.5の網掛け部のような領域は残らない．

さて，いま符号語として，M 個の系列を選んだとしよう．このとき，これらの符号語を等確率で用いるとすれば，この符号により

$$R=\frac{\log_2 M}{n}\ \text{〔ビット／記号〕} \tag{6.17}$$

の速度で情報を伝送できることになる（ただし，送られた符号語を誤りなく推定できるものとする）．R をこの符号の**情報伝送速度**または**情報速度**と呼ぶ．これを用いれば，符号語数 M は

$$M=2^{nR} \tag{6.18}$$

と書けることに注意しておこう．

もし，A^n に含まれる r^n 個の系列をすべて符号語として選べば，情報速度は

$$R_{\max}=\log_2 r \tag{6.19}$$

となる．しかし，このようにすると誤りは訂正も検出もできない．$R<R_{\max}$ とすることによって，誤りの訂正や検出が可能になるのである．

情報速度 R の符号 $\boldsymbol{C}$ に対し

$$\eta=\frac{R}{R_{\max}} \tag{6.20}$$

を $\boldsymbol{C}$ の**効率**または**符号化率**（code rate）と呼ぶ．これは

$$0<\eta<1 \tag{6.21}$$

を満たす．また

$$\rho=1-\eta \tag{6.22}$$

を $\boldsymbol{C}$ の**冗長度**という．このような冗長度を付加することによって，信頼性の向上を図り得るのである．

6.2.2　最尤復号法

通信路符号 $\boldsymbol{C}=\{\boldsymbol{w}_1, \boldsymbol{w}_2, \cdots, \boldsymbol{w}_M\}$ の復号は，原理的には，受信空間 A^n において図6.5のような各符号語 $\boldsymbol{w}_1$，…，$\boldsymbol{w}_M$ に対応する復号領域 Ω_1，…，Ω_M を設けることにより行われる．それでは，この復号領域をどのように定めたらよ

いであろうか．これを考えるには復号の良さの評価量が必要である．ここでは，この評価量として，正しく復号される確率 P_c を用い，P_c を最大とするような復号領域の定め方を導く．

符号語 $\boldsymbol{w}_i$ を送ったとき，受信語 $\boldsymbol{y}$ が，$\boldsymbol{w}_i$ に対応する復号領域 Ω_i に属せば正しく復号される．したがって，$\boldsymbol{w}_i$ を送ったとき，正しく復号される確率 $P_c(\boldsymbol{w}_i)$ は

$$P_c(\boldsymbol{w}_i)=\sum_{\boldsymbol{y}\in\Omega_i}P(\boldsymbol{y}\mid\boldsymbol{w}_i) \tag{6.23}$$

となる．ここに，$P(\boldsymbol{y}\mid\boldsymbol{w}_i)$ は $\boldsymbol{w}_i$ を送ったとき $\boldsymbol{y}$ が受信される条件付確率であり，この式の和は，復号領域 Ω_i に属するすべての系列 $\boldsymbol{y}$ について和をとることを意味する．

ここで，どの符号語が送られる確率も等しく $1/M$ であると仮定しよう．このとき，すべての符号語 $\boldsymbol{w}_i$（$i=1,\cdots,M$）について，$P_c(\boldsymbol{w}_i)$ の平均をとると，平均の正しく復号される確率

$$P_c=\frac{1}{M}\sum_{i=1}^{M}P_c(\boldsymbol{w}_i)=\frac{1}{M}\sum_{i=1}^{M}\sum_{\boldsymbol{y}\in\Omega_i}P(\boldsymbol{y}\mid\boldsymbol{w}_i) \tag{6.24}$$

が得られる．これを最大にするには，$P(\boldsymbol{y}\mid\boldsymbol{w}_i)$ が $P(\boldsymbol{y}\mid\boldsymbol{w}_j)$ $(j=1,\cdots,M)$ の中で最大となるような $\boldsymbol{y}$ の集合を Ω_i とすればよい．事実，Ω_i に属するある $\boldsymbol{y}$ に対し

$$P(\boldsymbol{y}\mid\boldsymbol{w}_i)<P(\boldsymbol{y}\mid\boldsymbol{w}_j) \tag{6.25}$$

となったとすれば，この $\boldsymbol{y}$ を Ω_j に移すことによって，$P(\boldsymbol{y}\mid\boldsymbol{w}_j)-P(\boldsymbol{y}\mid\boldsymbol{w}_i)$（$>0$）だけ P_c が増大する．

ただし，このように Ω_1，Ω_2，$\cdots$，Ω_M を定めると，これらの復号領域に重複する部分の生じる可能性がある．その部分は重複した復号領域のどれか一つに入れておけばよい．どの領域に入れても，P_c は変わらないのである．なお，この場合，図 6.5 の網掛け部のような領域は残らない．

さて，このように Ω_1，Ω_2，$\cdots$，Ω_M を定めるということは，$\boldsymbol{y}$ を受信したとき，$P(\boldsymbol{y}\mid\boldsymbol{w}_i)$ を最大とするような $\boldsymbol{w}_i$ が送られたと推定するということである．$P(\boldsymbol{y}\mid\boldsymbol{w}_i)$ は $\boldsymbol{y}$ を固定して，$\boldsymbol{w}_i$ の関数とみたとき尤度関数というので，このよ

うな復号法を**最尤復号法**（maximum likelihood decoding）と呼ぶ.

最尤復号法は，各符号語が等確率で送られるとき正しく復号される確率 P_c を最大にするという意味で，最良の復号法である．しかし，この方法は，すべての符号語 $\boldsymbol{w}_i$ に対し $P(\boldsymbol{y} \mid \boldsymbol{w}_i)$ を計算し比較しなければならないので，符号語数 M が大きい場合には実際上非常に難しい．このため，最尤復号法は非常に強力な復号法ではあるが，限られた符号に対してしか用いられていない．

6.3　通信路符号化定理

通信路容量 C の通信路に対し，次のようにして符号長 n，情報速度 R の符号 $\boldsymbol{C}_0$ を構成するものとしよう．

①　通信路容量 C を達成する情報源（それを通信路に接続すれば，伝達される情報量が C となるような情報源）S_0 を求める．

②　S_0 から発生する長さ n の代表的系列の中から，$M=2^{nR}$ 個の符号語をランダムに選び，その集合を符号 $\boldsymbol{C}_0$ とする．

S_0 は通信路容量 C を達成する情報源であるから，**図6.6** のように，その出力 X を通信路に入力すれば

$$C=H(X)-H(X \mid Y) \tag{6.26}$$

となる．ただし，情報源 S_0 は，あくまで符号語を選ぶために用いられるのであり，S_0 から発生する情報をこの通信路を通して送ることが目的ではないことに十分注意しておこう．

さて，4.8.1 項で述べたように，S_0 から発生する長さ n の代表的系列の数は

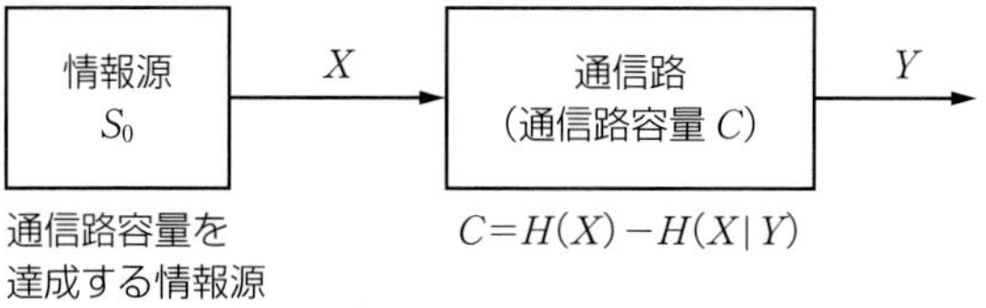

図6.6　通信路容量を達成する情報源

$2^{nH(X)}$ となる．その中から $M=2^{nR}$ 個の系列を符号語としてランダムに選び[*1]，符号 $\boldsymbol{C}_0=\{\boldsymbol{w}_1, \boldsymbol{w}_2, \cdots, \boldsymbol{w}_M\}$ を構成する．もちろん，$R<H(X)$ である．なお，このような符号構成法を**ランダム符号化法**（random coding）という．

ここで，このような符号を用いたときの復号誤り率を，直観的な方法で導いてみよう．ただし，ここでは，ランダムに構成されたある特定の符号について，その復号誤り率を求めるのではなく，ランダムに構成されたすべての符号についての平均の復号誤り率を求めるのである．

いま，$\boldsymbol{C}_0$ の一つの符号語 $\boldsymbol{w}_i$ を通信路を通して送ったとしよう．このときの受信語を $\boldsymbol{y}$ とする．通信路には一般に誤りがあるから，$\boldsymbol{y}$ を受信しても送られた系列についてのあいまいさが残る．このあいまいさは，平均すると $H(X\,|\,Y)$ となる[*2]．このことは，**図 6.7** に示すように，$\boldsymbol{y}$ として受信される

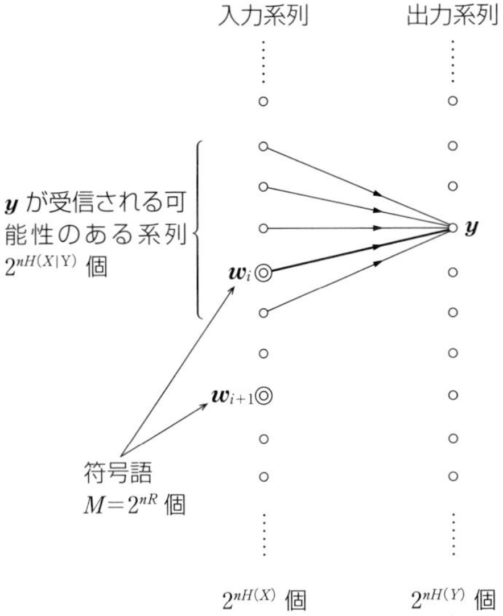

図 6.7 通信路の入力系列と出力系列との関係

＊1 各符号語を $2^{nH(X)}$ 個の系列の中から，互いに独立に無作為に選ぶ．したがって，同じ系列が 2 度以上選ばれる可能性もある．

＊2 ここで，議論を簡単にするために，すでに，ランダムに構成された符号全体についての平均をとっていることに注意．厳密には，平均は復号誤り率の式についてとらねばならない．

長さ n の代表的な入力系列が平均として $2^{nH(X|Y)}$ 個あることを意味している.

これ以外の入力系列が $\boldsymbol{y}$ となる確率は, n が大きくなればいくらでも小さくなる.

もし, この $2^{nH(X|Y)}$ 個の系列の中に, $\boldsymbol{w}_i$ 以外には $\boldsymbol{C}_0$ の符号語として選ばれているものがなければ, 送られた符号語 $\boldsymbol{w}_i$ が受信語 $\boldsymbol{y}$ から一意に確定し, 誤りなく復号できることになる.

ところで, 一つの系列が符号語として選ばれる確率は $\dfrac{2^{nR}}{2^{nH(X)}}$ であるから, $2^{nH(X|Y)}$ 個の系列が $\boldsymbol{w}_i$ 以外に一つも符号語として選ばれない確率を $\overline{P}_u$ とすれば, n が十分大きいとき

$$\overline{P}_u=\left(1-\frac{2^{nR}}{2^{nH(X)}}\right)^{2^{nH(X|Y)}}$$

$$\cong 1-2^{nH(X|Y)}\cdot 2^{n[R-H(X)]} \tag{6.27}$$

となる. ここで, 式(6.26)を用いれば

$$\overline{P}_u\cong 1-2^{-n(C-R)} \tag{6.28}$$

を得る. このような場合には, 誤りなく復号できるのであるから, 復号誤り率 $\overline{P}_e$ は

$$\overline{P}_e\cong 2^{-n(C-R)} \tag{6.29}$$

となる*. したがって, $C>R$ であれば, $n\to\infty$ のとき, $\overline{P}_e\to 0$ となることがわかる.

以上の議論ではあまり明確ではないが, $\overline{P}_e$ はランダム符号化により構成した符号の復号誤り率の平均値なのである. どのような場合でも, 平均値以下となるものは必ず一つは存在するから, 復号誤り率 P_e がその平均値 $\overline{P}_e$ 以下となる符号が一つは存在するはずである. したがって, $C>R$ のとき, $n\to\infty$ とすれば, $P_e\to 0$ となる符号の存在することが証明できたことになる.

* これは, あくまで大雑把な近似式であり, より正確には, $(C-R)$ を 6.5 節で述べる信頼性関数 $E(R)$ でおきかえねばならない.

定理 6.1　（通信路符号化定理）

与えられた通信路の通信路容量を C とする．このとき，$R<C$ であれば，任意の正数 ε に対し復号誤り率 P_e が

$$P_e<\varepsilon \tag{6.30}$$

を満たす情報速度 R の符号が存在する．しかし，$R>C$ であれば，そのような符号は存在しない．

（証明）　前半はすでに証明した．後半の証明は容易である．$R>C$ であるとき，$P_e\to 0$ にできたとする．このとき，復号誤りがないのだから，この通信路を通して実際に R〔ビット／記号〕の情報が伝送されることになる．これは通信路容量 C の通信路で伝送し得る最大の情報速度という定義に矛盾する．

（証明終）

この定理により，通信路容量は，非常に明確な意味をもつことがわかる．通信路容量までの情報速度であれば，適当な符号化を行うことにより，その通信路を通して，任意に小さい誤り率で情報を伝送できる．逆にいえば，通信路容量は，その通信路を介し任意に小さい誤り率で送り得る情報速度の上限という意味をもつのである．

この定理は，符号長 n を長くすれば，復号誤り率 P_e がいくらでも小さくなる符号が存在することを示しているが，その実際的構成法は与えていない．すべての符号を調べてみれば，確かにそのような符号を見出せるはずであるが，実際上それは不可能である．この定理で存在を保証されている符号を実際的な方法で構成しようとする試みは古くから行われてきたが，情報速度 R が通信路容量 C よりかなり小さいところでは，$P_e\to 0$ となる符号の具体的構成法が知られていたものの，R が C に近いところではそのような符号は数十年間見つかることがなかった．しかし，2000 年代に入ってから，符号長が数千から数万ビットにも及ぶが，通信路容量 C にきわめて近い情報速度 R で復号誤り率 P_e を十分小さくできる符号が構成されるようになってきている（7.8 節参照）．

6.4 通信の限界

前節では，通信路が与えられたとき，それを用いてどれだけの速度で情報を送れるかについて考えた．また，第 4〜5 章では，情報源が与えられたとき，その出力系列をどこまで効率よく符号化できるかについて論じた．ここで，情報源と通信路が与えられたとき，どこまで“よい”通信ができるかという問題を考えてみよう．このためには，通信のよさの評価基準が必要であるが，これは，第 5 章で定義した平均ひずみを用いるものとする．

さて，**図 6.8** の通信システムを考えよう．情報源のエントロピーは $H(S)$〔ビット／情報源記号〕であり，通信路容量は C〔ビット／通信路記号〕である．さらに，情報源から情報源記号が毎秒 α 個発生し，通信路では毎秒 β 個の通信路記号が伝送される．このとき，情報源からは

$$\mathcal{R}=\alpha H(S)\ \text{〔ビット／秒〕} \tag{6.31}$$

の速度で情報が発生することになる．また，通信路容量は秒当たりにすれば

$$\mathcal{C}=\beta C\ \text{〔ビット／秒〕} \tag{6.32}$$

となる．もし

$$\mathcal{R}<\mathcal{C} \tag{6.33}$$

であれば，この情報源からの通報を，情報源符号化し，さらに通信路符号化す

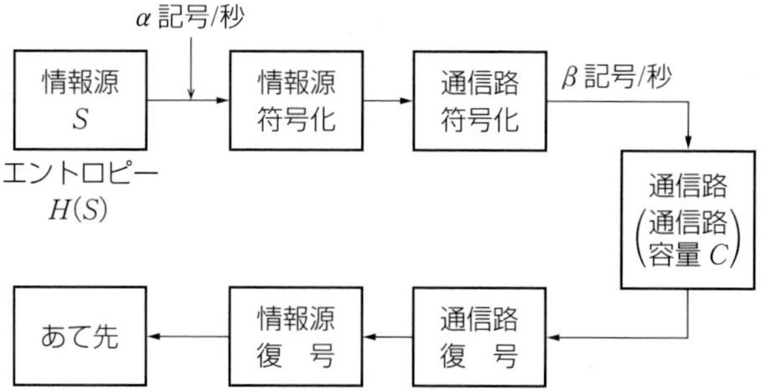

図 6.8　通信システムのモデル

ることにより*，任意に小さい誤り率であて先まで送ることができる．しかし

$$\mathcal{R} > \mathcal{C} \tag{6.34}$$

であれば，そうはいかない．何らかのひずみを生じることになる．

ここで，この情報源 S の速度・ひずみ関数を $R(D)$〔ビット／情報源記号〕とし

$$\alpha R(D^*) = \mathcal{C} \tag{6.35}$$

を満たす D^* を考える．さらに，ε を任意の正数とし，平均ひずみ $\bar{d}$ が $D^*+\varepsilon$ 以下になるという条件の下で，情報源 S の出力系列を符号化するものとする．このとき，1 情報源記号当たりの平均符号長が $R(D^*)\,[>R(D^*+\varepsilon)]$ より小さくなるような符号化ができるはずである．このようなひずみを許す情報源符号化法を用いたときの，送るべき情報の速度を $\mathcal{R}(D^*+\varepsilon)$〔ビット／秒〕とすると，これは

$$\mathcal{R}(D^*+\varepsilon) < \alpha R(D^*) = \mathcal{C} \tag{6.36}$$

を満たす．したがって，適当な通信路符号化により，任意に小さな誤り率で，この情報を伝送できる．それゆえ，情報源 S からの通報を D^* に任意に近い平均ひずみで送ることができるのである．また，平均ひずみを D^* よりも小さくできないことも容易に証明できる．以上の議論を次の定理にまとめておこう．

定理 6.2

与えられた情報源から発生する情報の速度を $\mathcal{R}$〔ビット／秒〕，与えられた通信路の通信路容量を $\mathcal{C}$〔ビット／秒〕とすると，$\mathcal{R}<\mathcal{C}$ であれば，この情報源からの通報をこの通信路を通して任意に小さい誤り率で伝送できる．また，$\mathcal{R}>\mathcal{C}$ であれば，情報源からの通報を D^* に任意に近い平均ひずみで伝送できるが，平均ひずみを D^* より小さくはできない．ただし，D^* は式(6.35)で与えられる．

【例 6.4】 1，0 を 0.2，0.8 の確率で発生する無記憶情報源からの通報を，

---

* 詳しくいえば，情報源符号化された系列を一定長のブロックに分割し，各ブロックを通信路符号の符号語に対応づけることにより，通信路符号化を行う．

ビット誤り率が0.1の2元対称通信路を通して送るものとする．情報源は1秒に1記号を発生し，通信路も1秒に1記号を伝送する（すなわち，$\alpha=\beta=1$である）．このとき，

$$\mathcal{R}=0.7219\text{〔ビット／秒〕}$$

$$\mathcal{C}=0.5310\text{〔ビット／秒〕}$$

となる．$\mathcal{R}>\mathcal{C}$であるから，ひずみなしには通報を送れない．

いま，ひずみ測度として式(5.33)の$d(x,y)$を用いる．つまり，平均ひずみを復号後のビット誤り率とするのである．このとき，この情報源の速度・ひずみ関数は第5章図5.5に示した$p=0.2$の場合となる．この図から，式(6.35)を満たすD^*が求まり，$D^*=0.0293$となる．したがって，このような通信システムでは，復号後のビット誤り率を0.0293にいくらでも近づけ得るが，それより小さくはできない．

6.5 信頼性関数

通信路符号化定理により，情報速度Rが通信路容量Cより小さければ，符号長を$n\to\infty$とするとき，復号誤り率が$P_e\to 0$となる符号の存在することがわかった．それでは，符号長nが有限であるとき，復号誤り率P_eは0にどのように近づいていくのであろうか．我々は，実際には有限長の符号しか使えないのであるから，これはきわめて興味深い問題である．ここでは，この問題について，結論だけを次の定理に示しておこう．証明は，ランダム符号化を用いて行われるが，かなりの準備が必要となるので省略する．

定理6.3

図6.1に示した無記憶通信路に対し，復号誤り率が

$$P_e\leq 2^{-nE(R)} \tag{6.37}$$

となる符号長n，情報速度Rの符号が存在する．ただし，$E(R)$は**信頼性関数**（reliability function）と呼ばれる関数であり，次式で与えられる．

$$E(R)=\max_{\rho,\,\boldsymbol{p}}\{-\rho R+E_0(\rho,\boldsymbol{p})\} \tag{6.38}$$

ここに，$\boldsymbol{p}=(p_1,\cdots,p_r)$であり

$$E_0(\rho,\boldsymbol{p})=-\log_2\sum_{j=1}^{s}\left(\sum_{i=1}^{r}p_i p_{ij}{}^{1/(1+\rho)}\right)^{1+\rho}\quad(0<\rho\leq 1) \tag{6.39}$$

である．

信頼性関数を計算するのは，一般には難しいが，$0\leq R\leq C$で定義された下に凸な単調減少関数であり，$0\leq R<C$で正の値をとり$R=C$のとき0となる．

2元対称通信路に対しては，次のようにして信頼性関数を比較的簡単に求めることができる．すなわち，pをビット誤り率とするとき

$$p_1{}^*=\frac{\sqrt{p}}{\sqrt{p}+\sqrt{1-p}} \tag{6.40}$$

となる$p_1{}^*$を求め

$$R_0=1-\mathscr{H}(p_1{}^*) \tag{6.41}$$

とおけば，$0\leq R\leq R_0$となる情報速度Rに対しては

$$E(R)=1-R-2\log_2(\sqrt{p}+\sqrt{1-p}) \tag{6.42}$$

となる．また，$R_0<R<C=1-\mathscr{H}(p)$となるRに対しては，まず

$$R=1-\mathscr{H}(p^*) \tag{6.43}$$

を満たす$p^*(p<p^*<p_1{}^*)$を求め

$$E(R)=p^*\log_2\frac{p^*}{p}+(1-p^*)\log_2-\frac{(1-p^*)}{(1-p)} \tag{6.44}$$

とすればよい．**図6.9**に，$p=0.01$のときの$E(R)$を示しておく．

ここで，同一の符号長nと情報速度Rをもつ符号のうちで，復号誤り率が最小となる符号を**最もよい符号**と呼ぶことにしよう．最もよい符号の復号誤り率をP_{e0}とする．このとき，**定理6.3**から

$$P_{e0}\leq 2^{-nE(R)} \tag{6.45}$$

となることがわかる．つまり，**定理6.3**は最もよい符号の復号誤り率の上界を与えるものと解釈できる．

一方，P_{e0} の下界についても，種々の研究がなされており

$$2^{-nE_L(R)+o(n)} \leq P_{e0} \qquad (6.46)$$

という形になることが示されている．ただし，$o(n)$ は，$n \to \infty$ のとき $\dfrac{o(n)}{n} \to 0$ となる項である．当然

$$E(R) \leq E_L(R) \qquad (6.47)$$

であるが，特に，2 元対称通信路に対しては，$R_0 \leq R \leq C$ では $E(R) = E_L(R)$ となり，$0 \leq R \leq R_0$ でも $E(R)$ と $E_L(R)$ はかなり近い値をとる．つまり，2 元対称通信路に対し，最もよい符号の復号誤り率は，ほぼ

$$P_{e0} \cong 2^{-nE(R)} \qquad (6.48)$$

と考えてよいのである．

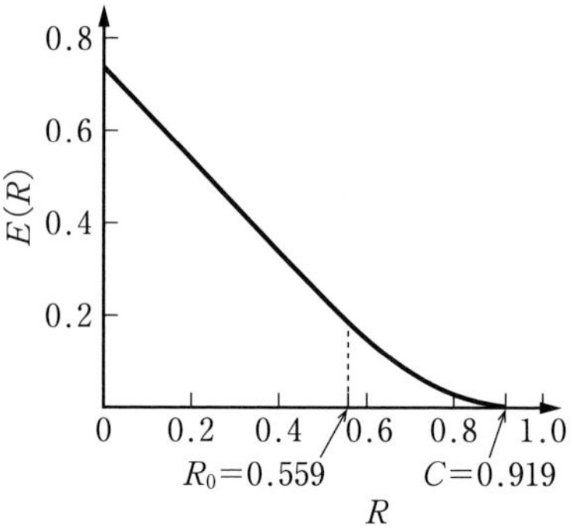

図 6.9　ビット誤り率 0.01 の 2 元対称通信路の信頼性関数

演　習　問　題

6.1 次の(a)～(c)の通信路の通信路容量を求めよ．

(a) **図 P6.1**(a)のように，ビット誤り率が p_1 と p_2 の 2 元対称通信路（BSC）を縦続に接続して得られる通信路．

(b) 図 P6.1(b)のように，二つの並列な BSC からなる通信路．4 元通信路と考えられる．

(c) 図 P6.1(c)のように，入力 X と独立な無記憶誤り源 E と入力 X との積 $Y=X\cdot E$ が出力となる 2 元通信路．

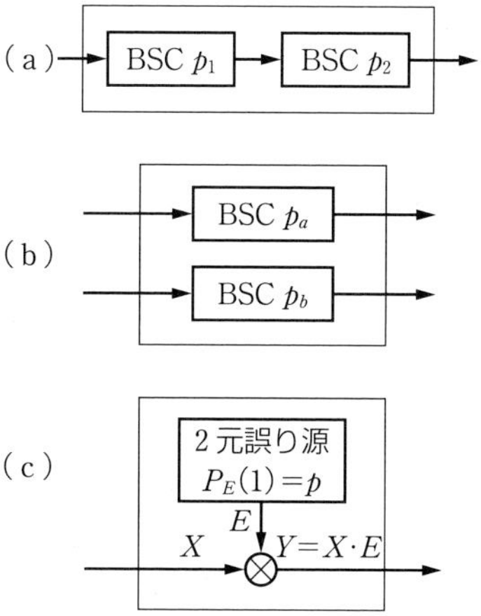

図 P6.1

6.2 通信路線図が**図 P6.2**(a)(b)で与えられる通信路の通信路容量を求めよ．

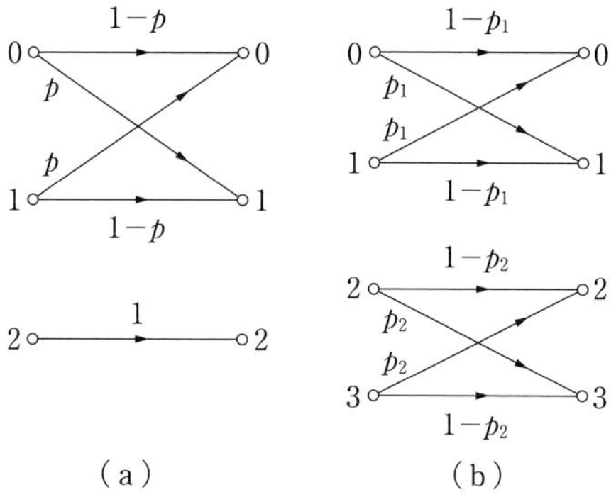

図 P6.2

6.3 バースト誤りを発生する 2 元通信路がある．この通信路のビット誤り率は 10^{-2} であり，バースト誤りの長さの平均値が 10 であるという．誤り源が単純マルコフモデルで表せると仮定して，通信路容量を求めよ．

6.4　**図 P6.3** に示すような，通信路容量が C の無記憶通信路と誤りのない帰還通信路および符号器からなるシステムがある．このシステムが時点1から動き始めたとし，時点 i $(i=1,2,\cdots)$ におけるシステムへの入力，符号器の出力，システムの出力をそれぞれ X_i, W_i, Y_i で表す．符号器では，時点 n において，時点 n までの入力系列の値 $\boldsymbol{x}_n=x_1x_2\cdots x_n$，および時点 $n-1$ までの帰還情報の値 y_1, y_2, $\cdots$, y_{n-1} を用いて，次の時点の出力 w_n を定める．すなわち，w_n は，$\boldsymbol{x}_n$, y_1, y_2, $\cdots$, y_{n-1} の関数であり

$$w_n=f_n(\boldsymbol{x}_n, y_1, y_2, \cdots, y_{n-1})$$

と書ける（関数 f_n は各時点ごとに変わってよい）．このようなシステムについて，次の問に答えよ．

(a) $\boldsymbol{X}_i=X_1X_2\cdots X_i$, $\boldsymbol{Y}_i=Y_1Y_2\cdots Y_i$ $(i=1,2,\cdots)$ とおくとき，次式を証明せよ．

$$I(\boldsymbol{X}_n;\boldsymbol{Y}_n)=I(X_1;Y_1)+\sum_{i=2}^{n}I(\boldsymbol{X}_i;Y_i\,|\,Y_1,\cdots,Y_{i-1})$$

(b) 次式を証明せよ．

$$I(\boldsymbol{X}_i;Y_i\,|\,Y_1,\cdots,Y_{i-1})\leq I(W_i;Y_i)$$

(c) このシステムの通信路容量が C 以下であることを証明せよ．

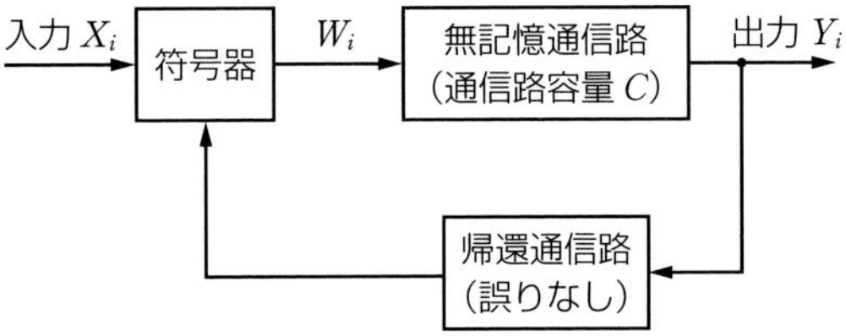

図 P6.3

6.5　1秒当たり 9 800 ビットを伝送するビット誤り率 10^{-2} の2元対称通信路を考える．この通信路を通し，1，0を等確率で発生する2元情報源からの通報を伝送する．ただし，この情報源からは1秒当たり α 個の記号が発生する．復号後のビット誤り率を 10^{-4} 以下にするという条件の下で，α の可能な最大値を求めよ．ただし，通信路符号化に無限に時間がかかってもよいとする．

6.6　ビット誤り率 0.1 の2元対称通信路を通して情報速度 0.4 ビット/記号で通信を行いたい．復号誤り率を 10^{-6} 以下に抑えるには，符号長をどの程度長くしなければならないか．ただし，最もよい符号を用いるものとせよ．

第 7 章

通信路符号化法

前章では，通信路符号化の限界について論じた．そこで述べたように，この限界に近い性能を示す符号が構成できるようになってきている．しかし，その符号長は非常に長い．復号の計算量は符号長に比例する程度であり，実現可能であっても，復号のための遅延時間が問題となることもある．また，それぞれの応用に応じて，符号化の対象となる情報源系列の長さも異なる．さらに，通信路で生じる誤りも，ランダム誤りではなくバースト誤りが主体となることもあるだろう．このように実際の通信路符号化では，さまざまな要求があり，それに応じた符号が求められる．

本章では，このような実際的通信路符号化法の理論——(狭義の) 符号理論を学ぶ．シャノン理論が確率・統計を基礎としていたのに対し，符号理論は代数学が重要な基盤となっていて，異なった理論体系をもっている．それは高度に数学的な面をもつが，また同時に，きわめて実用的な面もあわせもっている．事実，今日の通信・放送，コンピュータ，録音・録画の高品質化・高信頼化技術は，符号理論を抜きにしては語れない．

7.1 単一誤りの検出と訂正

本節では，まず最も簡単な 1 個の誤りの検出および訂正がどのようになされるかを見ていこう．また，ここで，いくつかの重要な概念を導入する．

7.1.1 単一パリティ検査符号

0，1からなる長さkの系列$x_1x_2\cdots x_k$を2元通信路を介して送るものとしよう．このとき，1個の誤りが生じた場合，それを検出（検知）するには，どのようにしたらよいであろうか．

一般的で，しかもきわめて簡単な方法は，系列に含まれる1の数が偶数となるように，もう一つ記号を付け加えて送ることである．このようにすれば，誤りが1個生じたとき，1の数が奇数になるから，誤りの発生を知ることができる．

1の数が奇数になるように，記号を付け加えてもよい．この場合，誤りが1個生じれば1の数は偶数になる．

さて，以上のような符号化法を数式的に表しておこう．1の数が偶数となるように記号を付加する場合を考える．付け加える記号をcで表せば，これは

$$c=x_1+x_2+\cdots+x_k \tag{7.1}$$

と書ける．ただし，＋は排他的論理和を表す．これは，これまで⊕で表してきたが，以下では，この演算を頻繁に用いるので簡単に＋で表す．この演算はまた，**mod 2の演算**，すなわち2で割って余りをとるという演算と考えてもよい．要するに，x_1，…，x_kに含まれる1の数が偶数のとき，$x_1+\cdots+x_k$は0，奇数のとき1となるのである．

このようにして求めたcをx_1，x_2，…，x_kに付け加え

$$\boldsymbol{w}=x_1x_2\cdots x_kc \tag{7.2}$$

を通信路を通して送る．x_1，x_2，…，x_kは情報を伝達するために用いられる記号であるから，**情報記号**（imformation symbol）あるいは（2元記号の場合）**情報ビット**と呼ぶ．また，cは誤り検出のために付加された記号であるので，**（パリティ）検査記号**（(parity) check symbol），または**（パリティ）検査ビット**という*．なお，式(7.2)をしばしば

＊ パリティは偶奇性を意味する．

$$\boldsymbol{w} = (x_1, x_2, \cdots, x_k, c) \tag{7.3}$$

のように表すことがある．

このような符号化法は，長さが $k+1$ で 1 の数が偶数であるようなすべての 2 元系列からなる符号長 $n=k+1$，符号語数 $M=2^k$ の符号を用いていると考えることができる．たとえば，$k=2$ の場合

$$C = \{000, 011, 101, 110\} \tag{7.4}$$

という符号を用いていると考えられる．このような符号を**単一パリティ検査符号**という．

図 7.1 に，この符号を幾何的に表しておこう．2 重丸が符号語である．符号語を送ったとき，誤りが 1 個生じれば隣の点に移ることになる．たとえば，000 を送ったとき，誤りが 1 個生じると，000 に隣り合う 100, 010, 001 のいずれかが受信される．ところが，符号語に隣り合う点は，どれも符号語になってはいないから，1 個の誤りが生じたときに，別の符号語が受信されることはない．したがって，単一誤りの検出が可能となるのである．このように，誤りの検出に用いられる符号を**誤り検出符号**（error-detecting code）と呼ぶ．

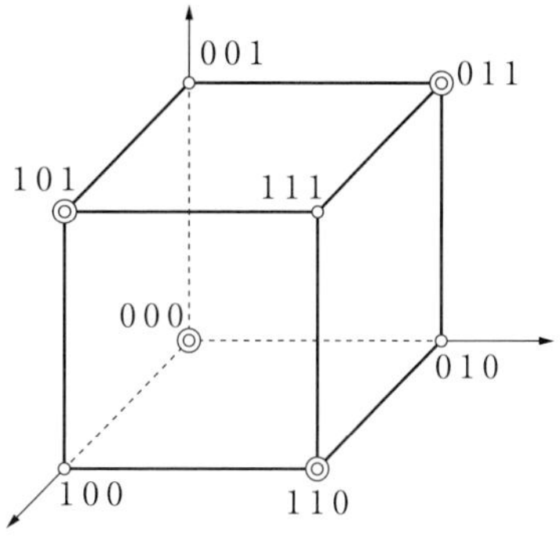

図 7.1　単一パリティ検査符号の幾何的表現

ところで，単一パリティ検査符号は，k 個の情報ビットから 1 個の検査ビットを式(7.1)によって計算し，付加することにより符号化される．このように，k 個の情報記号から $n-k$ 個の検査記号を一定の方法で求め，付加することにより符号化される符号長 n の符号を**組織符号**（systematic code）と呼ぶ*．また，符号長 n，情報記号数 k の組織符号を **(n, k) 符号**と書く．(n, k) 符号の

* 狭義には，符号語のはじめの k 個の記号が情報記号で，後の $n-k$ 個の記号が検査記号となるような符号を組織符号というが，広義には，情報記号，検査記号の位置は問わない．

効率は

$$\eta=\frac{k}{n} \tag{7.5}$$

である．単一パリティ検査符号は $(k+1, k)$ 符号であり，効率は $\eta=k/(k+1)$ である．

ここで，単一パリティ検査符号の検査ビットを与える式(7.1)は，x_1，…，x_k について線形な式（斉一次式）であることに注意しよう．このように，検査記号が情報記号の線形な式で与えられる符号を**線形符号**（linear code）と呼ぶ．線形符号は，非線形符号に比べて符号化や復号が容易であり，理論的にも取り扱いやすいので，実用的にも理論的にも重要な符号のほとんどは線形符号である．

線形符号の最も基本的な性質は，任意の二つの符号語について，その成分ごとの和をとると，それがまた符号語になるということである．たとえば，符号長 3 の単一パリティ検査符号 $\boldsymbol{C}=\{0\,0\,0, 0\,1\,1, 1\,0\,1, 1\,1\,0\}$ の二つの符号語 0 1 1 と 1 0 1 の和をとると

$$(0,1,1)+(1,0,1)=(0+1,1+0,1+1)=(1,1,0) \tag{7.6}$$

となり，符号語となっている．このような性質は，検査記号が情報記号の線形な式で与えられることから直ちに導ける．

また逆に，任意の二つの符号語（同じ符号語でもよい）の和が符号語となるような符号は線形符号となることも証明できる*．つまり，この性質は線形符号となるための必要十分条件なのである．

さて，単一パリティ検査符号 $\boldsymbol{C}$ の符号語を

$$\boldsymbol{w}=(w_1, w_2, \cdots, w_n) \quad (n=k+1) \tag{7.7}$$

とすると，検査ビット w_n は

$$w_n=w_1+\cdots+w_{n-1} \tag{7.8}$$

で与えられる．この式を変形すれば

$$w_1+\cdots+w_{n-1}+w_n=0 \tag{7.9}$$

---

* 7.4 節で述べる拡大体を符号アルファベットとする非 2 元符号の場合，線形符号となるためには，符号語と任意の定数の積が符号語になるという条件も必要である．

となる*．この式は，符号語に含まれる1の数が偶数になるということを意味している．単一パリティ検査符号 $\boldsymbol{C}$ の任意の符号語 $\boldsymbol{w}$ は式(7.9)を満たすし，また式(7.9)を満たす $\boldsymbol{w}$ は $\boldsymbol{C}$ の符号語になる．つまり，式(7.9)は $\boldsymbol{C}$ の符号語となるための必要十分条件を与える式である．このように，「=0」という形で，線形符号の符号語となるための必要十分条件を与える式（または式の組）を**パリティ検査方程式**と呼ぶ．

ここで，符号語 $\boldsymbol{w}$ を送ったとき

$$\boldsymbol{y}=(y_1, y_2, \cdots, y_n) \tag{7.10}$$

が受信されたとしよう．これは**図7.2**のように，$\boldsymbol{w}$ に誤り

$$\boldsymbol{e}=(e_1, e_2, \cdots, e_n) \tag{7.11}$$

が加わったものとみることができる．すなわち

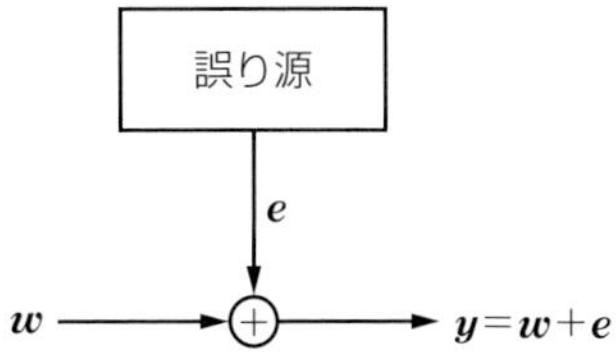

図7.2　誤りパターン e を用いた通信路のモデル

$$\begin{aligned}\boldsymbol{y}&=\boldsymbol{w}+\boldsymbol{e}\\&=(w_1+e_1, w_2+e_2, \cdots, w_n+e_n)\end{aligned} \tag{7.12}$$

となる．ここに，e_i（$i=1, \cdots, n$）は，第 i 成分に誤りが生じたとき1，そうでないとき0となる．$\boldsymbol{e}$ は**誤りパターン**（error pattern）と呼ばれることが多い．

この受信語 $\boldsymbol{y}$ をパリティ検査方程式に代入した結果を s としよう．すなわち

$$s=y_1+y_2+\cdots+y_n \tag{7.13}$$

とし，符号語 $\boldsymbol{w}$ がパリティ検査方程式(7.9)を満たすことに注意すれば

$$s=w_1+e_1+w_2+e_2+\cdots+w_n+e_n=e_1+e_2+\cdots+e_n \tag{7.14}$$

となることがわかる．もし誤りがなければ $e_1=e_2=\cdots=e_n=0$ となるから $s=0$ となる．また誤りが1個生じたときには，$s=1$ となる．したがって，式(7.13)の s を計算することにより，1個の誤りを検出できるのである．さらに誤りが奇数個生じれば，$s=1$ となるから，単一パリティ検査符号は奇数個の誤りを検出できることがわかる．

このように，パリティ検査方程式に受信語を代入した結果を**シンドローム**

* 排他的論理和では，$0+0=0$，$1+1=0$ であるから，$-0=0$，$-1=1$ となる．つまり＋と－は同じものとなることに注意．

(syndrome) と呼ぶ．シンドロームは症候群という意味である．シンドロームは，誤り $\boldsymbol{e}$ だけの関数となり，これによって誤りについての判断がなされるので，このように呼ばれるのである．

単一パリティ検査符号では，1個の誤り，さらには奇数個の誤りの検出が可能であることがわかった．しかし，この符号では，誤りが生じたことはわかっても，それがどこに生じたかを知ることはできない．どの情報ビットが誤っているのか，あるいは検査ビットが誤っているのか，全くわからない．したがって，誤りを訂正することはできない．誤りを訂正するには，より多くの検査ビットが必要なのである．

7.1.2　水平垂直パリティ検査符号

図 7.3 のように4個の情報ビットを2×2の配列に並べ，各行各列に一つずつ検査ビットを付け加えるとしよう．この検査ビットはそれぞれ行および列の1の数が偶数となるように付け加えるのである．すなわち

$$\left.\begin{array}{ll} c_1 = x_{11} + x_{12} & c_2 = x_{21} + x_{22} \\ c_1' = x_{11} + x_{21} & c_2' = x_{12} + x_{22} \end{array}\right\} \tag{7.15}$$

となり，さらに，検査ビットの行の1の数が偶数となるように，検査ビットの検査ビットを右下すみにおく．これは，検査ビットの列の1の数が偶数となるようにしてもよい．事実

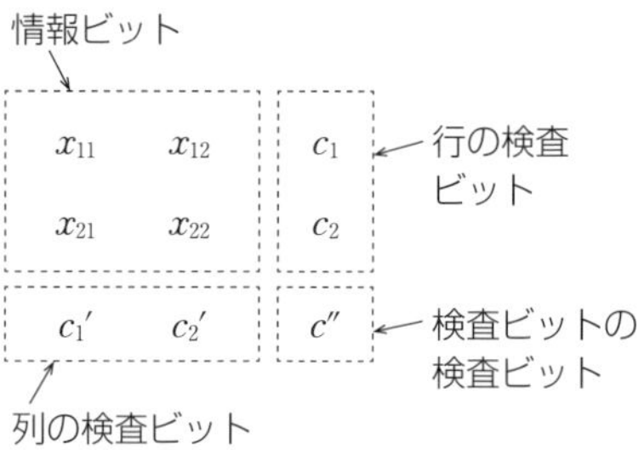

図 7.3　水平垂直パリティ検査符号

$$c''=c_1+c_2=x_{11}+x_{12}+x_{21}+x_{22}$$
$$=c_1'+c_2' \qquad (7.16)$$

となるから，どちらも同じ結果になるのである．

この符号を一般化するのは容易であろう．k_1k_2 個の情報ビットを $k_1\times k_2$ の配列に並べ，すべての行および列の 1 の数が偶数となるように k_1+k_2+1 個の検査ビットを付け加えればよい．このような符号を**水平垂直パリティ検査符号**と呼ぶ．この符号の符号語は $(k_1+1)\times(k_2+1)$ の配列であるが，その記号を適当な順序で 1 次元に並べれば，符号長が $n=(k_1+1)(k_2+1)$，情報ビット数が $k=k_1k_2$ の線形符号となる．

この符号により，1 個の誤りが訂正できることはすぐにわかるであろう．たとえば，図 7.3 において，x_{22} に誤りが生じ，それ以外には誤りがなかったとする．このとき，第 2 行および第 2 列に含まれる 1 の数だけが奇数となり，第 2 行と第 2 列に共通に含まれる x_{22} に誤りが生じたことがわかる．

さらに，2 個の誤りが生じた場合，訂正はできないが，誤りの生じたことを知ることはできる．このことは，**図 7.4** をみれば明らかであろう．

水平垂直パリティ検査符号のように，誤りの訂正と検出に用いられる符号を**誤り訂正検出符号**と呼ぶが，簡単に**誤り訂正符号**（error-correcting code）と呼んでしまうことも多い．

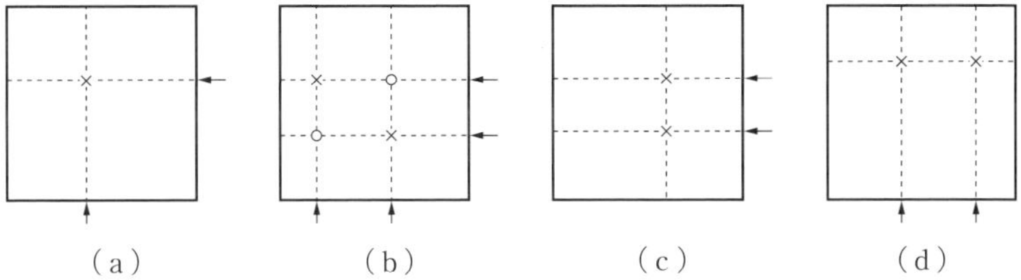

×：誤り，矢印：1 の数が奇数の行または列を示す．

（a）誤り訂正可能．
（b）誤り検出は可能であるが，×か○か区別できない．
（c），（d）誤り検出は可能であるが，どの列（または行）の誤りか区別できない．

図 7.4 水平垂直パリティ検査符号による単一誤りの訂正と 2 重誤りの検出

7.1.3　(7, 4)ハミング符号

水平垂直パリティ検査符号は，1 の数が奇数となる行および列から誤りの位置を求めることができた．いいかえると，行および列のパリティ検査方程式で，満たされないものを調べることにより，1 個の誤りの位置を確定できたわけである．このような考え方をもう少し一般化して，より効率のよい単一誤り訂正符号を構成してみよう．

4 個の情報ビット x_1，x_2，x_3，x_4 に対し

$$\left.\begin{array}{l} c_1 = x_1 + x_2 + x_3 \\ c_2 = \quad\;\; x_2 + x_3 + x_4 \\ c_3 = x_1 + x_2 \quad\;\; + x_4 \end{array}\right\} \tag{7.17}$$

により，検査ビット c_1，c_2，c_3 をつくり

$$\boldsymbol{w} = (x_1, x_2, x_3, x_4, c_1, c_2, c_3) \tag{7.18}$$

という符号語に符号化するのである．この符号は，情報ビット数が 4 であるから，符号語は $2^4 = 16$ 個ある．これを**表 7.1** に示しておこう．

この符号は **(7, 4) ハミング符号**と呼ばれ，以下に示すように単一誤りを訂正できる．

まず，符号語を $\boldsymbol{w} = (w_1, \cdots, w_7)$ とすると，この符号のパリティ検査方程式は，式(7.17)から

表 7.1　(7, 4) ハミング符号語

x_1	x_2	x_3	x_4	c_1	c_2	c_3	x_1	x_2	x_3	x_4	c_1	c_2	c_3
0	0	0	0	0	0	0	0	0	0	1	0	1	1
1	0	0	0	1	0	1	1	0	0	1	1	1	0
0	1	0	0	1	1	1	0	1	0	1	1	0	0
1	1	0	0	0	1	0	1	1	0	1	0	0	1
0	0	1	0	1	1	0	0	0	1	1	1	0	1
1	0	1	0	0	1	1	1	0	1	1	0	0	0
0	1	1	0	0	0	1	0	1	1	1	0	1	0
1	1	1	0	1	0	0	1	1	1	1	1	1	1

$$\left.\begin{array}{l} w_1+w_2+w_3 \quad +w_5 \quad =0 \\ \quad w_2+w_3+w_4 \quad +w_6 \quad =0 \\ w_1+w_2 \quad +w_4 \quad +w_7=0 \end{array}\right\} \tag{7.19}$$

となることがわかる．これから，受信語 $\boldsymbol{y}=(y_1, \cdots, y_7)$ に対するシンドロームは

$$\left.\begin{array}{l} s_1=y_1+y_2+y_3 \quad +y_5 \\ s_2= \quad y_2+y_3+y_4 \quad +y_6 \\ s_3=y_1+y_2 \quad +y_4 \quad +y_7 \end{array}\right\} \tag{7.20}$$

となる．これは結局，誤りパターン $\boldsymbol{e}=(e_1, \cdots, e_7)$ のみにより定まり，次のようになる．

$$\left.\begin{array}{l} s_1=e_1+e_2+e_3 \quad +e_5 \\ s_2= \quad e_2+e_3+e_4 \quad +e_6 \\ s_3=e_1+e_2 \quad +e_4 \quad +e_7 \end{array}\right\} \tag{7.21}$$

ここで，単一誤りに対し，このシンドロームがどうなるかを**表 7.2** に示しておこう．この表から，すべての単一誤りに対し，シンドロームのパターンは互いに異なり，しかも全零になることもないことがわかる．したがって，このシンドロームパターンから単一誤りの位置がわかり，訂正可能となるのである．

表 7.2 単一誤りに対するシンドローム

誤りパターン							シンドローム		
e_1	e_2	e_3	e_4	e_5	e_6	e_7	s_1	s_2	s_3
1	0	0	0	0	0	0	1	0	1
0	1	0	0	0	0	0	1	1	1
0	0	1	0	0	0	0	1	1	0
0	0	0	1	0	0	0	0	1	1
0	0	0	0	1	0	0	1	0	0
0	0	0	0	0	1	0	0	1	0
0	0	0	0	0	0	1	0	0	1
0	0	0	0	0	0	0	0	0	0

7.1.4 生成行列と検査行列

線形符号は，検査記号を与える式あるいはパリティ検査方程式によって完全に定めることができるが，また，生成行列あるいは検査行列によって指定することもできる．ここで (7, 4) ハミング符号を例にとって，生成行列と検査行列を説明しよう．

式(7.17)を式(7.18)に代入すれば，(7, 4) ハミング符号の符号語 $\boldsymbol{w}$ が

$$\boldsymbol{w}=(x_1, x_2, x_3, x_4, x_1+x_2+x_3, x_2+x_3+x_4, x_1+x_2+x_4) \tag{7.22}$$

という形に書けることがわかる．ここで

$$G=\begin{bmatrix} 1 & 0 & 0 & 0 & 1 & 0 & 1 \\ 0 & 1 & 0 & 0 & 1 & 1 & 1 \\ 0 & 0 & 1 & 0 & 1 & 1 & 0 \\ 0 & 0 & 0 & 1 & 0 & 1 & 1 \end{bmatrix} \tag{7.23}$$

という行列を考えれば，符号語 $\boldsymbol{w}$ を

$$\boldsymbol{w}=\boldsymbol{x}\boldsymbol{G} \tag{7.24}$$

と書くことができる．ただし

$$\boldsymbol{x}=(x_1, x_2, x_3, x_4) \tag{7.25}$$

である．このように，k 個の情報記号からなるベクトル $\boldsymbol{x}$ を掛けたとき，それに対応する符号語が生成されるような行列を，**生成行列** (generator matrix) という．(n, k) 線形符号の生成行列は $k\times n$ 行列となるわけである．

次に，(7, 4) ハミング符号のパリティ検査方程式(7.19) の係数行列を H とおこう．すなわち

$$H=\begin{bmatrix} 1 & 1 & 1 & 0 & 1 & 0 & 0 \\ 0 & 1 & 1 & 1 & 0 & 1 & 0 \\ 1 & 1 & 0 & 1 & 0 & 0 & 1 \end{bmatrix} \tag{7.26}$$

これを用いれば，式(7.19)は

$$\boldsymbol{w}H^T=\boldsymbol{0} \tag{7.27}$$

と書ける．ここに，H^T は H の転置行列を表し，$\boldsymbol{0}$ は全成分が 0 のベクトルを

表す．このような，パリティ検査方程式の係数行列 H を一般に，**パリティ検査行列**（parity check matrix），または単に**検査行列**と呼ぶ．(n, k) 線形符号のパリティ検査方程式の数は，通常，検査記号数 $n-k$ に等しいから，検査行列は $(n-k)\times n$ 行列となる．

検査行列 H を用いれば，式(7.20)は

$$\boldsymbol{s}=\boldsymbol{y}H^T \tag{7.28}$$

と書ける．ここに $\boldsymbol{s}$ は

$$\boldsymbol{s}=(s_1, s_2, s_3) \tag{7.29}$$

であり，**シンドロームパターン**または単に**シンドローム**と呼ばれる．受信語 $\boldsymbol{y}$ は，符号語 $\boldsymbol{w}$ と誤りパターン $\boldsymbol{e}$ の和 $\boldsymbol{w}+\boldsymbol{e}$ であるから，式(7.27)を用いれば

$$\boldsymbol{s}=(\boldsymbol{w}+\boldsymbol{e})H^T=\boldsymbol{w}H^T+\boldsymbol{e}H^T=\boldsymbol{e}H^T \tag{7.30}$$

を得る．これが，式(7.21)である．

7.1.5 一般のハミング符号

ここで，表 7.2 のシンドロームの欄の各行が式(7.26)の検査行列の各列と対応していることに注意しよう．単一誤りに対しては，検査行列の各列が，シンドロームパターンとして現れるのである．したがって，単一誤りが訂正できるためには，検査行列のすべての列が互いに異なり，全零でなければよい（全零の列があると，そこに生じた誤りと，誤りなしの場合とが区別できない）．そこで，$\mathbf{0}$ 以外の m 次元の 2 元ベクトルをすべて列として並べた行列を，検査行列とする符号を考えよう．たとえば $m=4$ の場合

$$H=\begin{bmatrix} 1&1&1&1&0&1&0&1&1&0&0&1&0&0&0 \\ 0&1&1&1&1&0&1&0&1&1&0&0&1&0&0 \\ 0&0&1&1&1&1&0&1&0&1&1&0&0&1&0 \\ 1&1&1&0&1&0&1&1&0&0&1&0&0&0&1 \end{bmatrix} \tag{7.31}$$

を検査行列とする符号を考えるのである*．このような行列 H の行数は m，列

* H の列の並べ方は任意であるが，ここでは，7.3 節で述べる巡回ハミング符号のパリティ検査行列になるように並べてある．

数は 2^m-1 である．H を検査行列とする符号の符号長は H の列数に一致し，検査ビット数は H の行数に一致する．したがって，このような検査行列により

符号長　　　$n=2^m-1$

情報ビット数　$k=2^m-1-m$

検査ビット数　$n-k=m$

の単一誤り訂正符号が構成できる．これが一般の**ハミング符号**（Hamming code）である．

7.1.6　ハミング符号の符号化と復号

(n, k) ハミング符号の検査行列を

$$H=\begin{bmatrix} p_{11} & p_{12} & \cdots & p_{1k} & 1 & 0 & \cdots & 0 \\ p_{21} & p_{22} & \cdots & p_{2k} & 0 & 1 & \ddots & \vdots \\ \vdots & \vdots & & \vdots & \vdots & \ddots & \ddots & 0 \\ p_{m1} & p_{m2} & \cdots & p_{mk} & 0 & \cdots & 0 & 1 \end{bmatrix} \tag{7.32}$$

としよう．ただし，$m=n-k$ である．このとき，情報ビット x_1，x_2，$\cdots$，x_k に対し，検査ビット c_1，c_2，$\cdots$，c_m は

$$\left.\begin{aligned} c_1 &= p_{11}x_1+p_{12}x_2+\cdots+p_{1k}x_1 \\ c_2 &= p_{21}x_1+p_{22}x_2+\cdots+p_{2k}x_k \\ &\vdots \\ c_m &= p_{m1}x_1+p_{m2}x_2+\cdots+p_{mk}x_k \end{aligned}\right\} \tag{7.33}$$

により求められることになる．ハミング符号の符号化は，情報ビットから，この式により検査ビットを計算し，符号語

$$\boldsymbol{w}=(x_1, \cdots, x_k, c_1, \cdots, c_m) \tag{7.34}$$

をつくることにより行われる．

一方，復号は，受信語から $\boldsymbol{s}=\boldsymbol{y}H^T$ により，シンドローム $\boldsymbol{s}=(s_1, s_2, \cdots, s_m)$ を計算し，$\boldsymbol{s}=\boldsymbol{0}$ なら誤りなしと判定し，$\boldsymbol{s}$ が H の第 i 列（$i=1, \cdots, n$）と一致したら，第 i ビットに誤りがあると判定し，それを訂正すればよい．

図 7.5 と**図 7.6** に，式(7.26)の検査行列をもつ（7, 4）ハミング符号の符号器と復号器の図を示しておこう．図 7.6 において，$\hat{x}_1$，…，$\hat{x}_4$ は情報ビットの推定値を表す（この例では情報ビットのみについて誤りの訂正を行っている）．

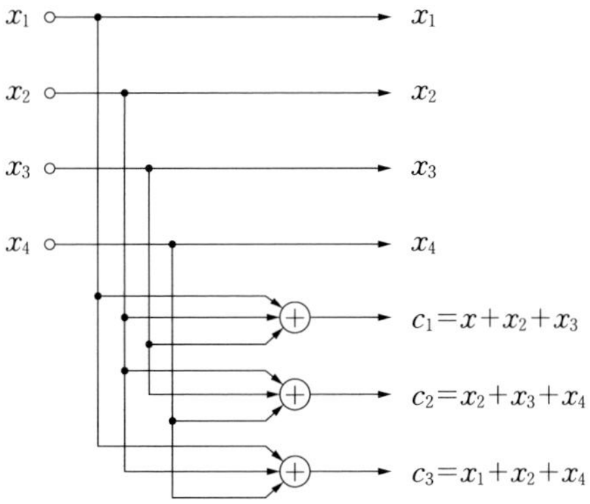

図 7.5 (7, 4)ハミング符号の符号器

これらの図に示した符号器，復号器は，いずれも各ビットが並列に処理される形式のもので，それぞれ並列符号器，並列復号器と呼ばれる．符号化や復号の高速性が要求される場合には，このような符号器や復号器が用いられる．しかし，より多くの誤りを訂正する符号については，一般に並列符号器，復号器は装置化が非常に複雑となる．

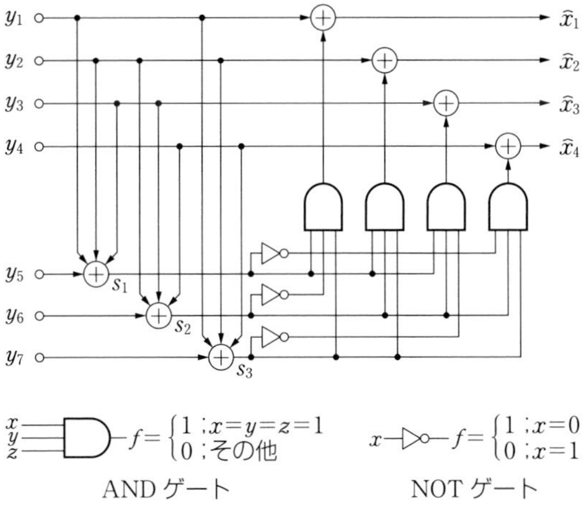

図 7.6 (7, 4)ハミング符号の復号器

7.2　符号の誤り訂正能力

前節では，ハミング符号が単一誤りを訂正できることを，シンドロームを用いて示した．ここで，別の立場から，符号の誤り訂正能力を見てみよう．このため，まず，ハミング距離とハミング重みを定義する必要がある．

7.2.1　ハミング距離とハミング重み

二つの n 次元ベクトル $\boldsymbol{u}=(u_1, u_2, \cdots, u_n)$ と $\boldsymbol{v}=(v_1, v_2, \cdots, v_n)$ の間に

$$d_{\mathrm{H}}(\boldsymbol{u}, \boldsymbol{v})=\sum_{i=1}^{n}\delta(u_i, v_i) \tag{7.35}$$

により，距離 $d_{\mathrm{H}}(\boldsymbol{u}, \boldsymbol{v})$ を定義しよう．ただし

$$\delta(u, v)=\begin{cases} 0\ ;\ u=v \\ 1\ ;\ u\neq v \end{cases} \tag{7.36}$$

である．要するに，$d_{\mathrm{H}}(\boldsymbol{u}, \boldsymbol{v})$ は $\boldsymbol{u}$ と $\boldsymbol{v}$ の対応する位置にある成分の対のうち，互いに異なるものの数である．これを $\boldsymbol{u}$ と $\boldsymbol{v}$ の間の**ハミング距離**（Hamming distance）と呼ぶ．

ハミング距離は，距離としての性質を備えている．事実，任意の n 次元ベクトル $\boldsymbol{v}_1$，$\boldsymbol{v}_2$，$\boldsymbol{v}_3$ に対し，次の**距離の三公理**を満たす．

①　$d_{\mathrm{H}}(\boldsymbol{v}_1, \boldsymbol{v}_2)\geq 0$ であり，等号が成立するのは，$\boldsymbol{v}_1=\boldsymbol{v}_2$ のときに限る．

②　$d_{\mathrm{H}}(\boldsymbol{v}_1, \boldsymbol{v}_2)=d_{\mathrm{H}}(\boldsymbol{v}_2, \boldsymbol{v}_1)$

③　$d_{\mathrm{H}}(\boldsymbol{v}_1, \boldsymbol{v}_2)+d_{\mathrm{H}}(\boldsymbol{v}_2, \boldsymbol{v}_3)\geq d_{\mathrm{H}}(\boldsymbol{v}_1, \boldsymbol{v}_3)$　（三角不等式）

さて，符号語 $\boldsymbol{w}$ を送り，t 個の誤りが生じて，$\boldsymbol{y}=\boldsymbol{w}+\boldsymbol{e}$ が受信されたとすれば，$\boldsymbol{w}$ と $\boldsymbol{y}$ のハミング距離は t となる．つまり，ハミング距離は誤りの個数に対応したものとなるのである．また，t は，誤りパターン $\boldsymbol{e}$ に含まれる1の数に等しい．これを $\boldsymbol{e}$ のハミング重みという．

一般に，n 次元ベクトル $\boldsymbol{v}$ の0でない成分の数を $\boldsymbol{v}$ の**ハミング重み**（Hamming weight），または，単に**重み**といい，$w_{\mathrm{H}}(\boldsymbol{v})$ で表す．ハミング重みは，ハミング距離を用いて

$$w_H(\boldsymbol{v}) = d_H(\boldsymbol{v}, \boldsymbol{0}) \tag{7.37}$$

と表せる．また，逆に，ハミング距離はハミング重みを用いて

$$d_H(\boldsymbol{u}, \boldsymbol{v}) = w_H(\boldsymbol{u} - \boldsymbol{v}) \tag{7.38}$$

と表すこともできる．

7.2.2　最小距離と誤り訂正能力

符号の誤り訂正能力を定めるのは，次に述べる符号の最小距離である．符号 $\boldsymbol{C}$ の任意の二つの異なる符号語間のハミング距離の最小値を，$\boldsymbol{C}$ の**最小ハミング距離**または**最小距離**（minimum distance）といい $d_{\min}$ で表す．すなわち

$$d_{\min} = \min_{\substack{\boldsymbol{u} \neq \boldsymbol{v} \\ \boldsymbol{u}, \boldsymbol{v} \in \boldsymbol{C}}} \{d_H(\boldsymbol{u}, \boldsymbol{v})\} \tag{7.39}$$

ここで，受信空間において，各符号語を中心として，半径 t_1 の球をつくるものとしよう．このとき

$$d_{\min} \geq 2t_1 + 1 \tag{7.40}$$

であれば，**図 7.7** に示すように，これらの球は重複することがない．このことは，これらの球を復号領域とすれば，この符号により t_1 個以下の誤りを訂正できることを意味する．

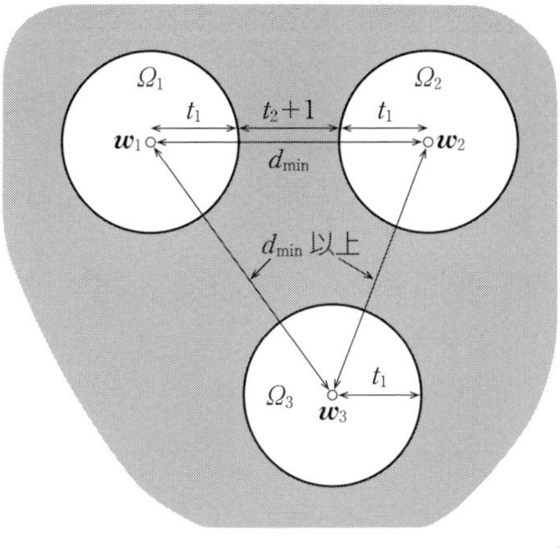

図 7.7　限界距離復号法の原理

このように，式(7.40)を満たすある整数 t_1 を定め，t_1 個以下の誤りの訂正を行う復号法を**限界距離復号法**という．t_1 の最大値は

$$t_0=\lfloor(d_{\min}-1)/2\rfloor \tag{7.41}$$

となる．ここに，$\lfloor x\rfloor$ は x 以下の最大整数を示す．したがって，最小距離 $d_{\min}$ の符号を用いれば，t_0 個以下の誤りを訂正するような復号が可能である．t_0 をこの符号の**誤り訂正能力**という．

ここで，図7.7に示すように

$$t_2+1=d_{\min}-2t_1 \tag{7.42}$$

とおこう．このとき，各符号語を中心とする半径 t_1+t_2 の球は，ほかの符号語の復号領域（半径 t_1 の球）と重複することはない．したがって，($t_2\geq 1$ の場合) t_1+1 個以上，t_1+t_2 個以下の誤りは訂正はできないが検出可能となる．

誤りが t_1+t_2+1 個以上生じた場合は，もはや何の保証もない．誤った復号が行われるかもしれないし，運よく，誤りが検出されるかもしれないのである．

t_1 は通常0から t_0 までの間で自由に選び得る（ただし，t_1 の小さいほうが復号は一般に簡単である）．t_1 を大きくすれば，正しく復号される確率は増大するが，同時に，誤って復号される確率も増大する．したがって，誤りの訂正ができなくても，誤りが検出できれば，再送要求などの何らかの救済措置を取り得る場合，t_1 は大きくしないほうがよいことも多い．t_1 をどのように選ぶかは，誤り訂正符号の復号器を設計するうえで重要な問題である．

【例7.1】　最小距離が $d_{\min}=5$ の符号を考えよう．この符号の誤り訂正能力は $t_0=2$ である．t_1 を0～2に選んだ場合について，訂正はできないが検出可能な誤りを**表7.3**に示す．この表に示されている誤りは確実に検出できるのであるが，それ以上の誤りは，検出できるものもあるが，誤って復号されるものもある．

表7.3　$d_{\min}=5$ の符号による誤りの訂正と検出

t_1	訂正可能な誤り	訂正できないが検出可能な誤り
0	—	1～4個
1	1個	2～3個
2	1～2個	—

ここで，線形符号の最小距離について考えてみよう．最小距離は，異なる二つの符号語間のハミング距離の最小値であった．式(7.38)により，これは二つの異なる符号語の差の重みの最小値に等しい．しかるに，線形符号では，二つの符号語の差は再び符号語となる．したがって，最小距離は**0**でない符号語の重みの最小値に一致する．これを**最小ハミング重み**，または**最小重み**という．

このため，線形符号では，最小距離を求めるのがかなり簡単化される．たとえば，表7.1の（7,4）ハミング符号の最小距離は，二つの異なる符号語を比較する必要はなく，最小重みを調べることにより $d_{\min}=3$ と求まる．一般のハミング符号も，最小距離は3であり，誤り訂正能力は $t_0=1$ となる．

また，水平垂直パリティ検査符号についても，最小重み，したがって，最小距離が4となることはすぐにわかる（1～3個の情報ビットを1とおいてみよ）．したがって，この符号は，**単一誤り訂正・2重誤り検出符号**（**SEC/DED 符号**：single-error-correcting/double-error-detecting code）となるのである．なお，より効率のよいSEC/DED符号の構成法を演習問題7.1に示す．

7.2.3 限界距離復号法と最尤復号法

ここで，前項で述べた限界距離復号法と6.2.2項で述べた最尤復号法の関係を2元対称通信路（BSC）について見ておこう．

ビット誤り率が p のBSCを介して符号語 $\boldsymbol{w}$ を送ったとき，$\boldsymbol{y}$ が受信される確率は

$$P(\boldsymbol{y}\,|\,\boldsymbol{w})=p^t(1-p)^{n-t} \tag{7.43}$$

となる．ここに，t は誤りの個数である．すなわち

$$t=d_{\mathrm{H}}(\boldsymbol{w},\boldsymbol{y}) \tag{7.44}$$

である．

最尤復号法は，$\boldsymbol{y}$ が受信されたとき，$P(\boldsymbol{y}\,|\,\boldsymbol{w})$ を最大とする符号語が送られたと推定する復号法であった．ビット誤り率 p は，通常，$0<p<1/2$ を満たすから，式(7.43)の $P(\boldsymbol{y}\,|\,\boldsymbol{w})$ は t の単調減少関数となる．したがって，最尤復号を行うには，$\boldsymbol{y}$ に対し $t=d_H(\boldsymbol{w},\boldsymbol{y})$ が最小となる符号語 $\boldsymbol{w}$ が送られたと推定

すればよいことになる．いいかえると，受信語 $\boldsymbol{y}$ とハミング距離の意味で一番近い符号語 $\boldsymbol{w}$ が送られたと推定するのがBSCにおける最尤復号である．

限界距離復号法も，やはり受信語 $\boldsymbol{y}$ に最も近い符号語 $\boldsymbol{w}$ が送られたと推定するのではあるが，すべての $\boldsymbol{y}$ に対して，このような推定を行うのではない．各符号語を中心とする半径 t_1 の球内に入る受信語に対してのみ，このような推定を行い，それ以外の受信語に対しては推定を放棄してしまうのである．

もちろん，正しく復号される確率 P_c は最尤復号法のほうが高くなる．しかし，6.2.2項で述べたように，符号語数の多い場合，最尤復号法は実現が非常に難しい．これに対し，限界距離復号法は，7.4節で述べるようなある構造をもった符号に対しては，比較的簡単に実現できるのである．

また，誤って復号される確率（復号誤り率）P_e は最尤復号法のほうが限界距離復号法よりも高くなる．それゆえ，復号誤りの影響が非常に深刻であるような場合には，むしろ限界距離復号法のほうが望ましいこともある（もちろん，訂正不可能な誤りが検出されたとき，何らかの救済措置がとれなければならない）．

以上のような理由から，誤り訂正符号の復号には，多くの場合，限界距離復号法が用いられている．

7.2.4　BSCにおける限界距離復号法の復号特性

ここで，ビット誤り率が p のBSCに対し，限界距離復号を行った場合の正しく復号される確率 P_c，復号誤り率 P_e，訂正不可能な誤りが検出される確率（以下**誤り検出率**と呼ぶ）P_d がどのようになるかを見ておこう．もちろん，$P_c+P_e+P_d=1$ である．

まず，誤りが t_1 個以下のときは，正しく復号されるのであるから，正しく復号される確率は，t_1 個以下の誤りが発生する確率に等しい．すなわち

$$P_c=\sum_{i=0}^{t_1} {}_n\mathrm{C}_i p^i(1-p)^{n-i} \tag{7.45}$$

ここに，${}_n\mathrm{C}_i$ は2項係数であり

$${}_n\mathrm{C}_i=\frac{n!}{i!(n-i)!} \tag{7.46}$$

で与えられる．これに対し，復号誤り率 P_e や誤り検出率 P_d を正確に求めるのは，一般に非常に難しい．ここでは，簡単な例について P_e と P_d を求めておこう．

例として，式(7.26)の (7,4) ハミング符号の検査行列の第1列を除いた

$$H=\begin{bmatrix} 1 & 1 & 0 & 1 & 0 & 0 \\ 1 & 1 & 1 & 0 & 1 & 0 \\ 1 & 0 & 1 & 0 & 0 & 1 \end{bmatrix} \tag{7.47}$$

を検査行列とする (6,3) 線形符号を考える*．この符号の符号語を**表 7.4** に示しておく．

表 7.4 式(7.47)の検査行列をもつ符号の符号語

符号語	重み
$\boldsymbol{w}_0=000000$	0
$\boldsymbol{w}_1=100111$	4
$\boldsymbol{w}_2=010110$	3
$\boldsymbol{w}_3=110001$	3
$\boldsymbol{w}_4=001011$	3
$\boldsymbol{w}_5=101100$	3
$\boldsymbol{w}_6=011101$	4
$\boldsymbol{w}_7=111010$	4

この符号の最小距離は3であるから，誤り訂正能力は $t_0=1$ である．そこで，単一誤りを訂正する場合（$t_1=1$ とする場合）について，符号語 $\boldsymbol{w}_0=\boldsymbol{0}$ を送ったときの復号誤り率 P_e を求めよう．P_e は受信語が $\boldsymbol{w}_1$，…，$\boldsymbol{w}_7$ に対応する復号領域 Ω_1，…，Ω_7 に入る確率である．$\boldsymbol{0}$ を送ったとき，$\boldsymbol{y}$ が受信される確率は，$\boldsymbol{y}$ の重み $t=w_{\mathrm{H}}(\boldsymbol{y})$ のみで定まり，$p^t(1-p)^{6-t}$ となるから，P_e を求めるには，Ω_1，…，Ω_7 に含まれるベクトルの重みを求めればよい．

まず，Ω_1 は

$$\Omega_1=\{100111, 000111, 110111, 101111, \\ 100011, 100101, 100110\} \tag{7.48}$$

となる．これから，重み4の符号語については，その復号領域に，重み3, 4, 5のベクトルがそれぞれ4, 1, 2個含まれることがわかるであろう．同様に，重み3の符号語については，その復号領域に重み2, 3, 4のベクトルがそれぞれ3, 1, 3個含まれることがわかる．表7.4に見るように，この符号は重みが3と4の符号語をそれぞれ4個と3個含んでいるから，結局 Ω_1 ,…，Ω_7 に含ま

* このように，ある符号 $\boldsymbol{C}$ の検査行列の一つまたはいくつかの情報記号に対応する列を除いた行列を検査行列とする符号を，$\boldsymbol{C}$ の**短縮化符号**と呼ぶ．短縮化符号の最小距離は元の符号の最小距離より小さくはならない．

れるベクトルには，重みが2，3，4，5のものがそれぞれ12，16，15，6個含まれることがわかる．したがって，P_eは

$$P_e=12p^2(1-p)^4+16p^3(1-p)^3+15p^4(1-p)^2+6p^5(1-p) \qquad (7.49)$$

となる．また，P_cは式(7.45)から

$$P_c=(1-p)^6+6p(1-p)^5 \qquad (7.50)$$

として求められる．P_dは1からP_eとP_cを引けばよい．

以上では，復号誤り率を$\boldsymbol{w}_0=\boldsymbol{0}$を送ったとして求めたが，線形符号では，どの符号語から見ても，ほかの符号語までの距離の分布は変わらないので*，どの符号語を送っても，復号誤り率は一致する．

図7.8に，ビット誤り率pを横軸にとって，P_eとP_dを示しておこう．また，この図には$t_1=0$とする場合（すなわち，誤りを訂正せず，誤りの検出のみを行う場合）の復号誤り率と誤り検出率も示しておく．このようにすれば，復号誤り率は下がり，誤り検出率は上がる．

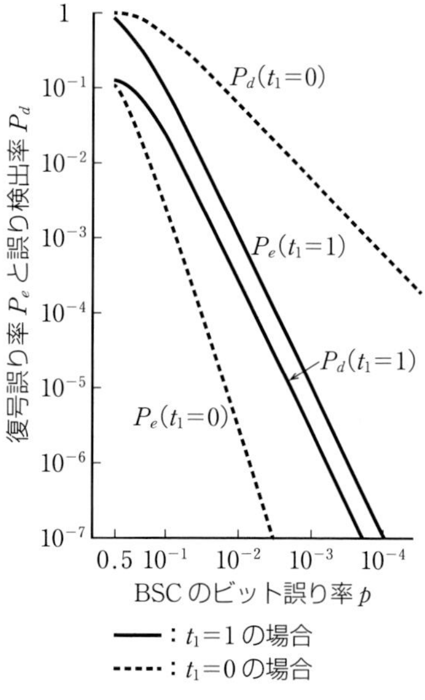

図7.8　(6, 3)線形符号の復号誤り率P_eと誤り検出率P_d

この例からわかるように，P_eやP_dを正確に計算するには，符号語の重みがどうなっているかを知る必要がある．ところが，符号語数が多くなると，符号語の重みの分布を求めるのは，一般に非常に難しくなるため，ごく限られた符号についてしか求められていない．したがって，P_e，P_dを正確に計算するのは，多くの場合，ほとんど不可能である．このため，P_eについては

* 線形符号の任意の符号語を一つ選び，これをすべての符号語に加えれば，その結果はまた元の線形符号と同じものになることからわかる．

$$P_e \leq \sum_{i=t_1+t_2+1}^{n} {}_nC_i p^i (1-p)^{n-i} \tag{7.51}$$

という簡単な上界式で評価することが多い．ここに，t_2 は式(7.42)で与えられる．図 7.7 から明らかなように，復号誤りが生じるのは，t_1+t_2+1 個以上の誤りが生じた場合に限られる．したがって，式(7.51)が成立するのである．

7.2.5　消失のある場合の復号

これまで，もっぱら，入力，出力とも 0, 1 である 2 元通信路を考えてきたが，実用上重要なもう一つの通信路として，出力に 0，1 のほかに消失のある図 3.8 に示したような通信路がある．

消失のある場合の復号は，原理的には，消失の生じた位置の記号を除いた符号を用いていると考えて行えばよい．いま，消失が e 個生じたとする．このとき，この e 個の記号を除いた符号の最小距離 $d'_{\min}$ は

$$d'_{\min} \geq d_{\min} - e \tag{7.52}$$

を満たす．$d'_{\min} \geq 1$ であれば，ほかに誤りのない限り一意的な復号が可能であるから，消失が $d_{\min}-1$ 個以下なら，送られた符号語を正しく推定することができる．つまり，$d_{\min}-1$ 個以下の任意の位置に生じた消失は訂正可能である．消失の個数 e が $d_{\min}-1$ より小さければ $d'_{\min}>1$ となるから，ほかの誤りの検出，訂正も $d'_{\min}$ に応じて可能となってくる．

【例 7.2】　$\boldsymbol{C}=\{00000,\ 11111\}$ という符号を考えよう．この符号はほかに誤りがなければ，4 個の消失が訂正可能である．たとえば，**0** を送ったとき，4 個の消失 × が生じ ×0××× が受信されたとしても 1 個 0 が残っているから，**0** が送られたと推定できる．消失がより少なければ，それに応じて誤りの訂正や検出が可能になってくる．たとえば，消失が 2 個のときは単一誤りの訂正が可能である．いま，**0** を送り，0×10× を受信したとしよう．このとき，0 が 1 よりも多いから **0** が送られたと推定される．

7.2.6　バースト誤りの検出と訂正

これまで，無記憶通信路における誤りの検出と訂正について論じてきた．つまり，ランダム誤りの検出と訂正について論じてきたのである．しかし，3.3節で述べたように，実際の通信路にはむしろ記憶のあるものが多い．6.1節で示したように，見掛け上のビット誤り率が同じでも，無記憶通信路よりも記憶のある通信路のほうが通信路容量が大きくなる（例6.3参照）．このことは，記憶のある通信路の誤りは，ランダム誤りに比べより小さい冗長度で訂正できることを示している．

ここで，記憶のある通信路として代表的なバースト誤り通信路（3.3.4項参照）に対する誤り訂正について考えよう．バースト誤りはさまざまな形態で発生し得るが，ここでは**図7.9**に示すような，長さnのブロック内の1個のバースト誤りを考える．この図において，＊は0，1どちらでもよい．つまり，長さlのバースト誤りの誤りパターンとは，最初の1から最後の1までの長さがlであるような誤りパターンをいうのである．

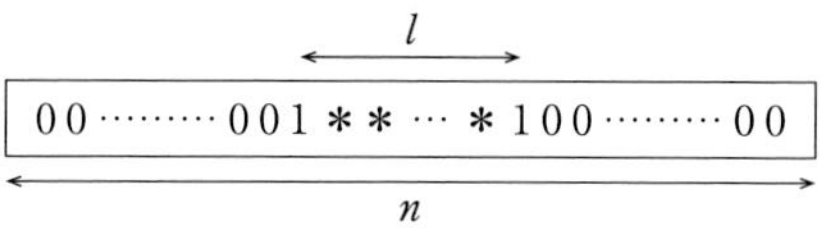

＊は0，1任意であることを示す

図7.9　長さlのバースト誤りの誤りパターン

バースト誤りの発生確率は，その長さlが大きくなれば小さくなるのがふつうである．このため，バースト誤り訂正（検出）符号は，ある長さまでのバースト誤りをすべて訂正（検出）するように構成される．この訂正（検出）可能な最長のバースト誤りの長さを，その符号の**バースト誤り訂正（検出）能力**と呼ぶ．

ここで，バースト誤りが検出，訂正できるためには，どのような条件が必要なのかを考えてみよう．まず，符号$\boldsymbol{C}$のバースト誤り検出能力がl_0であるためには，$\boldsymbol{C}$の任意の符号語$\boldsymbol{w}_1$に長さl_0以下の任意のバースト誤りパターン$\boldsymbol{e}$を加えた$\boldsymbol{w}_1+\boldsymbol{e}$が，別の符号語$\boldsymbol{w}_2$にならないということが必要十分である．$\boldsymbol{C}$が線形符号であれば，この条件は（任意の二つの符号語$\boldsymbol{w}_1$と$\boldsymbol{w}_2$の和は，また，符号語となるから），長さl_0以下の任意のバースト誤りパターン$\boldsymbol{e}$（$\neq\boldsymbol{0}$）

が符号語にならないという条件となる.

また，符号 $\boldsymbol{C}$ のバースト誤り訂正能力が l_0 であるためには，$\boldsymbol{C}$ の任意の符号語 $\boldsymbol{w}_1$ に長さ l_0 以下の任意のバースト誤りパターン $\boldsymbol{e}_1$ を加えた $\boldsymbol{w}_1+\boldsymbol{e}_1$ が，別の符号語 $\boldsymbol{w}_2$ に長さ l_0 以下の任意のバースト誤りパターン $\boldsymbol{e}_2$ を加えた $\boldsymbol{w}_2+\boldsymbol{e}_2$ と一致しないということが必要十分である（もし一致すれば，$\boldsymbol{y}=\boldsymbol{w}_1+\boldsymbol{e}_1$ を受信したとき，送られた符号語が $\boldsymbol{w}_1$ か $\boldsymbol{w}_2$ か区別できない）．$\boldsymbol{C}$ が線形符号であれば，この条件は，長さ l_0 以下の任意の二つのバースト誤りパターンの和 $\boldsymbol{e}_1+\boldsymbol{e}_2$（$\neq\boldsymbol{0}$）が符号語にならないという条件となる.

後に示すように，このようなバースト誤りの訂正を目的とする符号の構成法がいくつか知られている．それらの符号は，長さが n のブロックに長さが l_0 以下のバースト誤りが一つしか発生しないという場合にはきわめて有効である．しかし，現実の通信路には，バースト誤りも発生するが，バースト誤りの間にはランダム誤りも生じるといった複雑な通信路が少なくない．そのような通信路に対する効率のよい誤り訂正符号の設計は，今後の研究に待つところが多い.

7.3 巡 回 符 号

線形符号のなかでも，実用上最も重要なのは巡回符号である．この符号は，符号化やシンドロームの計算などの装置化が簡単であり，また復号が比較的簡単に行える優れた符号を含んでいる．本節では，巡回符号の基礎理論を学ぶ.

7.3.1 巡回符号の定義

巡回符号を扱うには，0，1 を成分とする n 次元ベクトル $\boldsymbol{v}=(v_{n-1}, v_{n-2}, \cdots, v_1, v_0)$ を多項式

$$V(x)=v_{n-1}x^{n-1}+v_{n-2}x^{n-2}+\cdots+v_1x+v_0 \tag{7.53}$$

で表すと便利である*．これを $\boldsymbol{v}$ の**多項式表現**という.

* 多項式の次数と対応づけるため，n 次元ベクトルの成分の添え字を $n-1$ から 0 までとしていることに注意.

このような表現を用いると，符号長 n の符号は，$n-1$ 次以下の多項式のある集合として表せることになる．このとき，各符号語に対応する多項式を**符号多項式**と呼ぶ．

さて，ここで，次のような符号 $\boldsymbol{C}$ を考えてみよう．まず，$G(x)$ を定数項が 1 の m 次の多項式とする．すなわち

$$G(x)=x^m+g_{m-1}x^{m-1}+\cdots+g_1x+1 \tag{7.54}$$

であり，g_1，…，g_{m-1} は 0 または 1 である．次に，$G(x)$ の $n-1$ 次以下の倍多項式すべての集合を $\boldsymbol{C}$ とするのである．つまり，$\boldsymbol{C}$ は

$$W(x)=A(x)G(x) \tag{7.55}$$

という形の符号多項式からなる符号である．ここに，$A(x)$ は $n-m-1$ 次以下の任意の多項式* である．

【例 7.3】　$n=7$，$m=4$ とし，$G(x)$ を

$$G(x)=x^4+x^3+x^2+1 \tag{7.56}$$

とする．このとき，$G(x)$ によってつくられる符号 $\boldsymbol{C}$ の符号多項式 $W(x)=w_6x^6+\cdots+w_1x+w_0$ および符号語 $\boldsymbol{w}=(w_6, \cdots, w_1, w_0)$ は**表 7.5** のようになる．

表 7.6(a) に $A(x)$ と $G(x)$ の乗算を $A(x)=x^2+x+1$ の場合について示しておこう．表 7.6(b) はこの乗算を係数だけを表示して行ったものである．

表 7.5　$G(x)=x^4+x^3+x^2+1$ **によりつくられる符号**

$A(x)$	$W(x)=A(x)G(x)$	$\boldsymbol{w}$
0	0	0000000
1	$x^4+x^3+x^2+1$	0011101
x	$x^5+x^4+x^3+x$	0111010
$x+1$	x^5+x^2+x+1	0100111
x^2	$x^6+x^5+x^4+x^2$	1110100
x^2+1	$x^6+x^5+x^3+1$	1101001
x^2+x	$x^6+x^3+x^2+x$	1001110
x^2+x+1	x^6+x^4+x+1	1010011

* 本節では，多項式としては，0，1 を係数とするもののみを考える．

表 7.6　0，1 を係数とする多項式の乗算

(a)	(b)
$x^4+x^3+x^2\quad+1$	11101
$\times)\quad x^2+x+1$	×)　111
$x^4+x^3+x^2\quad+1$	11101
$x^5+x^4+x^3\quad+x$	11101
$x^6+x^5+x^4\quad+x^2$	11101
$x^6\quad+x^4\quad+x+1$	1010011

このようにして，$G(x)$からつくられる符号 $\boldsymbol{C}$ を $G(x)$によって生成される**巡回符号**（cyclic code）と呼び*，$G(x)$ を $\boldsymbol{C}$ の**生成多項式**（generator polynomial）という．

巡回符号 $\boldsymbol{C}$ は線形符号である．事実，任意の二つの符号多項式 $W_1(x)=A_1(x)G(x)$と $W_2(x)=A_2(x)G(x)$との和は

$$W_1(x)+W_2(x)=[A_1(x)+A_2(x)]G(x) \tag{7.57}$$

となり，やはり $G(x)$の倍多項式となっているから $\boldsymbol{C}$ の符号多項式となる．つまり，$\boldsymbol{C}$ の任意の二つの符号語の和は，符号語となるから $\boldsymbol{C}$ は線形符号なのである．

さらに，m 次の生成多項式 $G(x)$で生成される巡回符号 $\boldsymbol{C}$ は $(n, n-m)$ 符号となることを示そう．このため，$n-m$ 個の情報ビット x_{n-m-1}，…，x_1，x_0 を $\boldsymbol{C}$ の符号語に符号化する方法を考える．まず，情報ビットを係数とする多項式

$$X(x)=x_{n-m-1}x^{n-m-1}+\cdots+x_1x+x_0 \tag{7.58}$$

に x^m を掛け，それを $G(x)$で割った剰余多項式を

$$C(x)=c_{m-1}x^{m-1}+\cdots+c_1x+c_0 \tag{7.59}$$

とおく．すなわち，$C(x)$は

$$X(x)x^m=A(x)G(x)+C(x) \tag{7.60}$$

となる $m-1$ 次以下の多項式である．ここに，$A(x)$は商多項式であり，$n-m-1$ 次以下である．ここで

＊ これは広義の巡回符号の定義である．後に狭義の巡回符号の定義を示す．

$$W(x)=X(x)x^m-C(x)=X(x)x^m+C(x) \tag{7.61}$$

とおくと*，式(7.60)から $W(x)=A(x)G(x)$ となる．したがって，$W(x)$ は $\boldsymbol{C}$ の符号多項式となる．また，$W(x)$ をベクトルの形で表すと

$$\boldsymbol{w}=(x_{n-m-1}, \cdots, x_1, x_0, c_{m-1}, \cdots, c_1, c_0) \tag{7.62}$$

となり，左の $n-m$ ビットには情報ビットがそのまま現れる．そして，右の m ビットが検査ビットとなるのである．以上の符号化の過程を**図 7.10** に示しておこう（右側が入力，左側が出力となっていることに注意）．

このようにして，m 次の多項式 $G(x)$ によって生成される巡回符号は，符号長 n，情報ビット数 $k=n-m$ の線形符号となることがわかった．したがって，生成多項式 $G(x)$ の次数は検査ビット数 $n-k$ に等しい．

【例 7.4】　例 7.3 に示した生成多項式が $G(x)=x^4+x^3+x^2+1$，符号長が 7 の巡回符号の符号化を考える．生成多項式は 4 次だから $n-k=4$，したがって，情報ビット数は $k=3$ である．ここで，情報ビット 101 を符号化しよう．情報ビットを係数とする多項式は $X(x)=x^2+1$ となる．これに $x^{n-k}=x^4$ を掛けると，$X(x)\,x^4=x^6+x^4$ となり，これを $G(x)$ で割ると**表 7.7**(a)に示すような割り算により，剰余は $C(x)=x+1$ となる．なお，表 7.7(b)には，係数だけによる割り算を示してある（網掛け部分の意味は後に説明する）．さて，符号多項式は

$$W(x)=X(x)x^4+C(x)=x^6+x^4+x+1$$

となり，符号語は（1 0 1 0 0 1 1）となる．これは，表 7.5 に見るように，確か

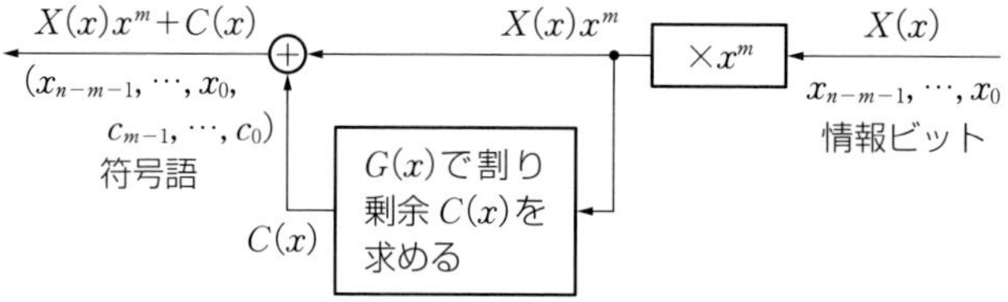

図 7.10　巡回符号の符号化

* mod 2 の演算では＋と－が同じものであることに注意．

表 7.7　0, 1 を係数とする多項式の割り算

(a)	(b)
x^2+x+1	111
$x^4+x^3+x^2+1\,\overline{)\,x^6 \quad +x^4}$	11101) 1010000
$x^6+x^5+x^4 \quad +x^2$	11101
$x^5 \quad +x^2$	10010
$x^5+x^4+x^3 \quad +x$	11101
$x^4+x^3+x^2+x$	11110
$x^4+x^3+x^2 \quad +1$	11101
$x+1$	0011

に符号語となっている．

ここで，符号長 n，生成多項式 $G(x)$ の巡回符号において，$G(x)$ が x^n-1 を割り切るものとしよう．このことを

$$G(x)\,|\,(x^n-1) \tag{7.63}$$

と書く．この場合，$W(x)=w_{n-1}x^{n-1}+\cdots+w_1x+w_0$ が符号多項式であれば

$$\begin{aligned} W'(x) &= w_{n-2}x^{n-1}+\cdots+w_0x+w_{n-1} \\ &= xW(x)-w_{n-1}(x^n-1) \end{aligned} \tag{7.64}$$

という多項式もまた符号多項式となる．なぜなら，$W(x)$ も x^n-1 も $G(x)$ で割り切れるため，$W'(x)$ も $G(x)$ で割り切れるからである．このことは，$\boldsymbol{w}=(w_{n-1},\cdots,w_1,w_0)$ が符号語であれば，**図 7.11** に示すように，$\boldsymbol{w}$ の成分を巡回置換して得られる $\boldsymbol{w}'=(w_{n-2},\cdots,w_0,w_{n-1})$ も常に符号語になるということを意味する．

巡回符号の“巡回”ということばは，このように，符号語の成分を巡回置換

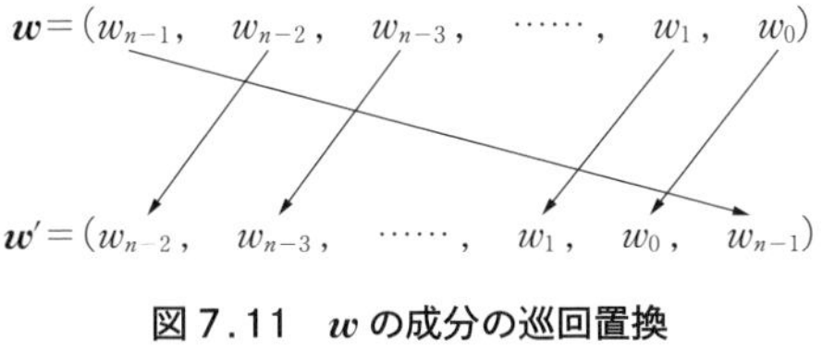

図 7.11　$\boldsymbol{w}$ の成分の巡回置換

してもまた符号語になるというところからきている．したがって，本来の巡回符号は，生成多項式 $G(x)$ と符号長 n の間に式(7.63)が成立しなければならない．これが成立しないものを，**擬巡回符号**（pseudo-cyclic code）と呼ぶことがある．しかし，$G(x)$ で生成される符号は，式(7.63)が成立してもしなくても，ほとんど同じように扱えるので，ここでは，擬巡回符号も含めて，単に巡回符号と呼ぶことにする．

さて，一般に多項式 $G(x)$ に対し，式(7.63)が成立するような最小の正整数 n を $G(x)$ の**周期**という*．$G(x)$ で生成される巡回符号 $\boldsymbol{C}$ の符号長 n は，通常，$G(x)$ の周期 p 以下に選ばれる．というのは，$n>p$ であると，x^p-1 は $n-1$ 次以下の多項式で $G(x)$ で割り切れるから，$\boldsymbol{C}$ の符号多項式となる．したがって，$\boldsymbol{C}$ は重み2の符号語をもつことになり，最小距離は2以下となる．それゆえ，ランダム誤りを訂正するためには，$n \leq p$ としなければならないのである．

【例 7.5】　$G(x)=x^4+x^3+x^2+1$ は，$x^7-1=x^7+1$ を割り切るが，x^l-1（$l=1,2,\cdots,6$）は割り切らない．したがって，$G(x)$ の周期は7である．例7.3，例7.4に示した巡回符号は符号長が7で，周期と一致するから，本来の意味の巡回符号となっている．事実，表7.5の任意の符号語の巡回置換は，また符号語となっている．

7.3.2　符　号　器

巡回符号の符号化の原理は，すでに図7.10に示した．ここで，その装置化について述べる．

符号化の中心となるのは，生成多項式 $G(x)$ による割り算回路である．そこで

$$G(x)=x^m+g_{m-1}x^{m-1}+\cdots+g_1x+1 \tag{7.65}$$

で割り算を行う回路を考えよう．これは**図 7.12** のように構成できる．この回

* 定数項が1であるような多項式 $G(x)$ は，必ず周期をもつことが証明できる．

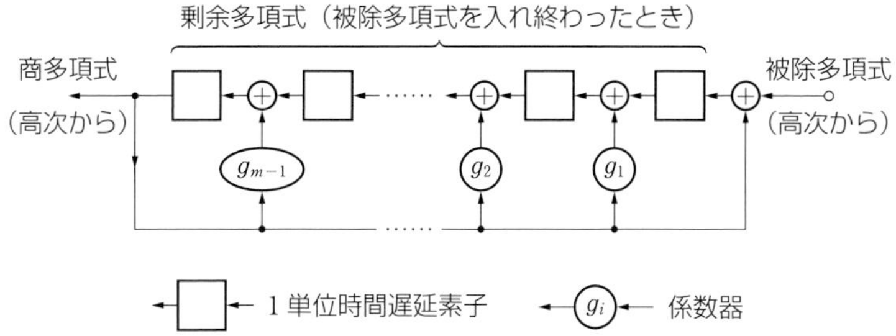

図 7.12 割り算回路

路は一定間隔のパルス（クロックパルス）に従って動作するが，図が煩雑となるので，クロックパルス関係の部分は省略してある．

1単位時間遅延素子は，現時点の出力が1単位時間（クロックパルスの1周期）前の入力であるような素子である．つまり，この素子は**状態**をもっていて，現時点の入力により状態が1または0に設定され，次の時点でこの状態の値が出力されると考えればよい．このような素子は，フリップフロップにより実現できる．係数器は入力に g_i を掛けて出力するのであるが，要するに，$g_i=1$ のときは線をつなぎ，$g_i=0$ のときは線をつながなければよい．$g_i=0$ のときは，当然その先の加算器も不要となる．

なお，このような m 個の遅延素子が直列に接続されている回路を，しばしば **m 段シフトレジスタ回路**と呼ぶ．また，この回路にクロックパルスを印加することを，回路を**シフト**するという．

この割り算回路の遅延素子の状態をはじめに0に設定しておき，被除多項式を高次の項の係数から入れれば，商多項式が高次の項の係数から出力される．また，被除多項式を0次の項まで入れ終わったときの遅延素子の状態が剰余多項式の係数を表す．

【例 7.6】 $G(x)=x^4+x^3+x^2+1$ で割り算を行う回路を，**図 7.13** に示す．また，**表 7.8** に被除多項式が x^6+x^4 であるときの遅延素子 D_3，D_2，D_1，D_0 の状態の推移を示す．この割り算は，実は例 7.4 で計算したものである．

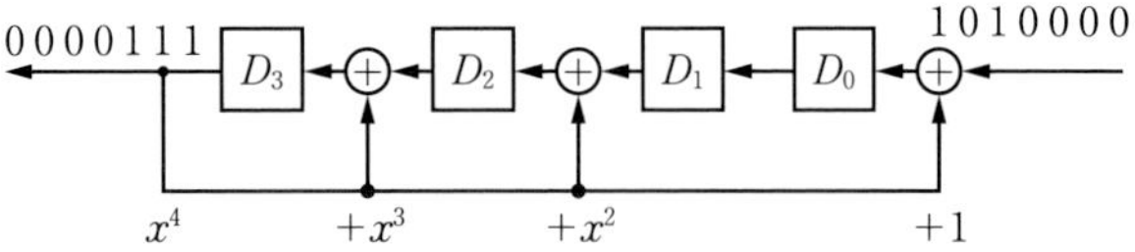

図 7.13　$x^4+x^3+x^2+1$ による割り算回路

表 7.7(b)の計算過程と表 7.8 を比べると，網掛けの部分が完全に一致していることに気づく．このように，この割り算回路は，割り算の計算過程を忠実に実行しているのである．

表 7.8　割り算回路の動作

出力	状態				入力
	D_3	D_2	D_1	D_0	
	0	0	0	0	
0	0	0	0	1	1
0	0	0	1	0	0
0	0	1	0	1	1
0	1	0	1	0	0
1	1	0	0	1	0
1	1	1	1	1	0
1	0	0	1	1	0

(n,k) 巡回符号の符号化を行うには，情報ビット x_{k-1}，…，x_1，x_0 を係数とする多項式 $X(x)=x_{k-1}x^{k-1}+\cdots+x_1x+x_0$ に x^{n-k} を掛け，生成多項式 $G(x)$ で割った剰余多項式 $C(x)$ を求め，$X(x)x^{n-k}$ に加えればよい．

剰余多項式 $C(x)$ は，$G(x)$ で割り算を行う回路に，x_{k-1}，…，x_1，x_0 を入力し，さらに $n-k$ 個の 0 を入力することにより求めることができる．しかし，情報ビット x_{k-1}，…，x_1，x_0 を割り算回路の左端から入力すると，$n-k$ 個の 0 を入力する必要がなくなる．というのは，左端の遅延素子は x^{n-k-1} の項に相当しており，この素子の出力の部分から入力することは，あらかじめ x^{n-k} を掛けることに相当するからである．

【例 7.7】　例 7.3〜7.5 に示した $G(x)=x^4+x^3+x^2+1$ を生成多項式とする符号器を**図 7.14** に示す．この符号器では，まず情報ビットを割り算回路に入力すると同時に，通信路に送り出す．情報ビットを入力し終わったときの遅延素子の状態が，剰余多項式 $C(x)$ の係数（すなわち，検査ビット）を与えるから，これを情報ビットに続けて送り出せばよい．この際，割り算回路の帰還結線は切って，遅延素子の状態をそのまま送り出す必要がある．

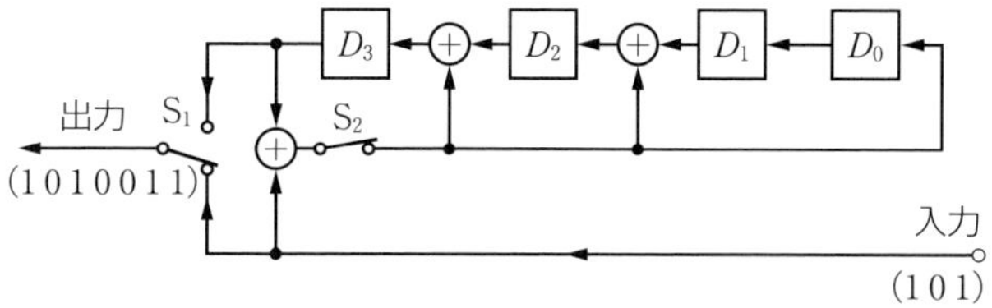

3 ビットの情報を読み込む間 S_1 は下に倒し，S_2 は閉じておく．その後，4 ビットの検査ビットを出力する間 S_1 は上に倒し，S_2 は開く

図 7.14　$G(x)=x^4+x^3+x^2+1$ **で生成される巡回符号の符号器**

表 7.9 に情報ビット 101 のときの符号器の動作を示しておこう．

表 7.9　符号器の動作

出力	状　態				入力
	D_3	D_2	D_1	D_0	
1	0	0	0	0	1
0	1	1	0	1	0
1	0	1	1	1	1
0	0	0	1	1	—
0	0	1	1	0	—
1	1	1	0	0	—
1	1	0	0	0	—
	0	0	0	0	

7.3.3　巡回符号による誤りの検出

誤りの訂正は行わないで，誤りの検出だけを行うには，受信語 $\boldsymbol{y}$ が符号語になるかどうかを調べさえすればよい．巡回符号の場合，$n-1$ 次以下の多項式が符号多項式となる必要十分条件は，それが生成多項式 $G(x)$ で割り切れることであった．それゆえ，受信語 $\boldsymbol{y}=(y_{n-1},\cdots,y_1,y_0)$ が符号語になるかどうかを知るには，受信語を表す多項式

$$Y(x)=y_{n-1}x^{n-1}+\cdots+y_1x+y_0 \tag{7.66}$$

が $G(x)$ で割り切れるかどうかを調べればよい．これは，受信語を図 7.12 に示した割り算回路に読み込ませ，剰余が 0 になるかどうかを確かめればよいのである．したがって，巡回符号による誤り検出は非常に簡単に装置化できる．このような巡回符号による誤り検出方式は，**CRC**（cyclic redundancy check）方式と呼ばれ，広く実用に供されている．

この CRC 方式には，CCITT（現 ITU-T：国際電気通信連合-電気通信標準化部門）の勧告による

$$G(x)=x^{16}+x^{12}+x^5+1 \tag{7.67}$$

という生成多項式がよく用いられてきた[*1]．ここで，これにより，どのような誤りが検出可能か考えてみよう．

まず，この符号の最小距離を求める．このためには，$G(x)$の周期を求める必要がある．そこで，$G(x)$を因数分解すると

$$G(x)=(x+1)(x^{15}+x^{14}+x^{13}+x^{12}+x^4+x^3+x^2+x+1) \tag{7.68}$$

となる．このそれぞれの因数は**既約多項式**（irreducible polynomial）である．つまり，それ以上，0，1を係数とする多項式の積には分解できない多項式である．$x+1$の周期は明らかに1であり，$x^{15}+x^{14}+x^{13}+x^{12}+x^4+x^3+x^2+x+1$の周期は$2^{15}-1=32\,767$であることが確かめられる[*2]．異なる既約多項式の積の周期は，それぞれの周期の最小公倍数となる（演習問題7.6参照）から，結局$G(x)=x^{16}+x^{12}+x^5+1$の周期は，$p=32\,767$である．

したがって，符号長nがpより大きければ最小距離は2となる．ここでは$n\leq p$の場合を考えよう．いま，最小距離$d_{\min}$が2であったとする．このとき

$$W(x)=x^i+x^j=x^j(x^{i-j}+1) \quad (0\leq j<i<n) \tag{7.69}$$

という形の符号多項式が存在するはずである．これは，生成多項式$G(x)$で割り切れねばならない．$G(x)$はxという因数を含まないから，$G(x)$が$W(x)$を割り切るには

$$G(x)\,|\,(x^{i-j}+1) \tag{7.70}$$

が成立する必要がある．しかるに，$0<i-j<n\leq p$であるから，これは$G(x)$の周期がpであることと矛盾する．したがって，$d_{\min}\neq 2$である．$d_{\min}\neq 1$となることも容易に確かめられるので，$d_{\min}\geq 3$となることがわかる．

さらに，この符号の符号語の重みは偶数でなければならない．これは，$G(x)$が$x+1$を因数として含むから，任意の符号語$W(x)=w_{n-1}x^{n-1}+\cdots+w_1x+w_0$も$x+1$を因数として含み，したがって

$$W(1)=w_{n-1}+\cdots+w_1+w_0=0 \tag{7.71}$$

＊1　現在では，ISO（国際標準化機構）などにより標準化された32次，64次の生成多項式も用いられている．

＊2　m次の既約多項式の周期は2^m-1の約数となる．

となるからである．

以上から，$d_{\min} \geq 4$ となることがわかる．生成多項式 $G(x)=x^{16}+x^{12}+x^5+1$ はそれ自身，符号多項式であり，その重みは4だから，結局，$d_{\min}=4$ が結論される．したがって，この生成多項式で生成される符号長32 767以下の符号により，3個以下の任意の誤りを検出できる．

次に，バースト誤りについて考えてみよう．図7.9に示したような長さ l のバースト誤りパターンを多項式で表せば

$$E(x)=x^i B(x) \tag{7.72}$$

となる．ここに，$B(x)$ は

$$B(x)=x^{l-1}+b_{l-2}x^{l-2}+\cdots+b_1x+1 \tag{7.73}$$

という $l-1$ 次の多項式である．ただし b_1，…，b_{l-2} は0または1である．巡回符号は線形符号であるから，このバースト誤りが検出できるためには，$E(x)$ が符号語とならなければよい．このためには，$E(x)$ が $G(x)$ で割り切れなければよいが，$G(x)$ は x を因数として含まないから，$B(x)$ が $G(x)$ で割り切れなければ，このバースト誤りは検出可能ということになる．生成多項式 $G(x)$ の次数は16であるから，$B(x)$ が15次以下の多項式なら，$G(x)$ で割り切れない．それゆえ，長さ16以下の任意のバースト誤りは検出可能となる．長さが17（$B(x)$ の次数が16）になると検出不可能なものも生じる（$B(x)=G(x)$ の場合），したがって，$G(x)=x^{16}+x^{12}+x^5+1$ で生成される符号のバースト誤り検出能力は16である．この説明からわかるように，巡回符号のバースト誤り検出能力は生成多項式の次数のみによって決まるのである．

$G(x)=x^{16}+x^{12}+x^5+1$ で生成される巡回符号は，このほかにも種々の誤りを検出できる．たとえば，奇数個の誤りはすべて検出可能である．また，長さ17以上のバースト誤りも，その大部分は検出可能である（演習問題7.7参照）．

7.3.4 巡回ハミング符号

0，1を係数とする m 次の多項式の周期は最大 2^m-1 である．周期がちょうど 2^m-1 となる m 次の多項式を**原始多項式**（primitive polynomial）という．

各次数について原始多項式の存在することが証明されている*．**表7.10**に20次までの原始多項式を各次数について一つずつ示しておく．これらは原始多項式の中で非零の項の係数が最小となるものを選んである．

ここで，m 次の原始多項式を生成多項式とする符号長 $n=2^m-1$ の符号を考えよう．符号長が周期と一致するから，前項の議論によりこの符号の最小距離 $d_{\min}$ は3以上であることがわかる．さらに最小距離がちょうど3となることも簡単に証明できる．したがって，この巡回符号は，符号長 $n=2^m-1$，情報ビット数 $k=2^m-1-m$，検査ビット数 m の単一誤り訂正符号となる．これは実はハミング符号にほかならない．このようなハミング符号を**巡回ハミング符号**と呼ぶ．

【例7.8】　多項式 $G(x)=x^3+x+1$ は原始多項式であるから，これにより生成される符号長7の巡回符号は巡回ハミング符号となる．ここで，この符号の検査行列を求めてみよう．このため，まず，x^i $(i=0, 1, \cdots, 6)$ を $G(x)$ で割った剰余多項式を $R_i(x)$ とする．これを実際に計算すると，**表7.11**のようになる．

さて，$W(x)=w_6x^6+\cdots+w_1x+w_0$ が $G(x)$ で割り切れるには，w_ix^i を $G(x)$

表7.10　20次までの原始多項式の例

次　数	原始多項式	次　数	原始多項式
1	$x+1$	11	$x^{11}+x^2+1$
2	x^2+x+1	12	$x^{12}+x^6+x^4+x+1$
3	x^3+x+1	13	$x^{13}+x^4+x^3+x+1$
4	x^4+x+1	14	$x^{14}+x^{10}+x^6+x+1$
5	x^5+x^2+1	15	$x^{15}+x+1$
6	x^6+x+1	16	$x^{16}+x^{12}+x^3+x+1$
7	x^7+x+1	17	$x^{17}+x^3+1$
8	$x^8+x^4+x^3+x^2+1$	18	$x^{18}+x^7+1$
9	x^9+x^4+1	19	$x^{19}+x^5+x^2+x+1$
10	$x^{10}+x^3+1$	20	$x^{20}+x^3+1$

＊ m 次の原始多項式の数は $\phi(2m-1)/m$ である．ここに，$\phi(x)$ はオイラー関数で，x と素な x 以下の正整数の数を表す．

で割った剰余多項式の和が 0 となることが必要十分である．すなわち

$$\sum_{i=0}^{6} w_i R_i(x) = 0 \tag{7.74}$$

でなければならない．この式の左辺を x の 2，1，0 次の項の係数ごとに書けば

$$\left.\begin{array}{l} w_6 + w_5 + w_4 \qquad + w_2 \qquad\qquad = 0 \\ \qquad w_5 + w_4 + w_3 \qquad + w_1 \qquad = 0 \\ w_6 + w_5 \qquad + w_3 \qquad\qquad + w_0 = 0 \end{array}\right\} \tag{7.75}$$

となる．この係数行列は

$$H = \begin{bmatrix} 1 & 1 & 1 & 0 & 1 & 0 & 0 \\ 0 & 1 & 1 & 1 & 0 & 1 & 0 \\ 1 & 1 & 0 & 1 & 0 & 0 & 1 \end{bmatrix} \tag{7.76}$$

であり，これが検査行列である．これは，式(7.26)に示した (7, 4) ハミング符号の検査行列にほかならない．

表 7.11 x^i **を** $G(x) = x_3 + x + 1$ **で割った剰余多項式** $R_i(x)$

i	$R_i(x)$
0	1
1	x
2	x^2
3	$x+1$
4	x^2+x
5	x^2+x+1
6	x^2+1

ここで，この例に示した $G(x) = x^3 + x + 1$ で生成される (7, 4) 巡回ハミング符号の復号器を**図 7.15** に示しておこう．この復号器では，受信語 $\boldsymbol{y} = (y_6, \cdots, y_1, y_0)$ を読み込むまでの間（7 単位時間）に，受信多項式 $Y(x)$ に x^3 を掛け，

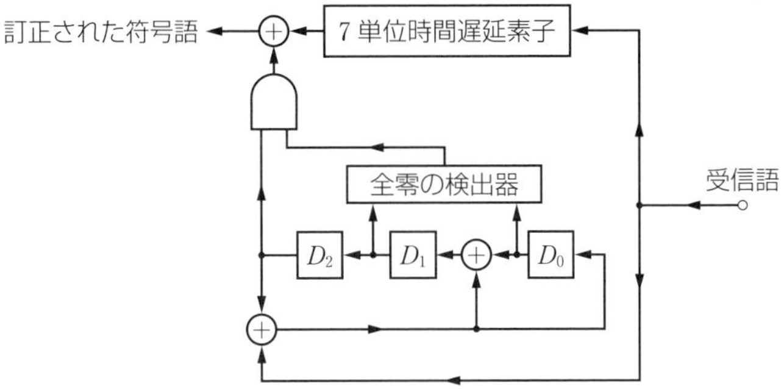

受信語を読み込んだ後，訂正された符号語が出力される．
その間入力を 0 としておく

図 7.15 $G(x) = x^3 + x + 1$ **で生成される巡回ハミング符号の復号器**

$G(x)$で割った剰余を求めている．次いで，入力を0とし，シフトレジスタをシフトして，遅延素子D_1とD_0の状態が0であるとき，D_2の出力を7単位時間遅らせた受信語に加え，誤りを訂正する．

たとえば，受信語$\boldsymbol{y}$の第1ビットy_6に誤りがあったとすると，$\boldsymbol{y}$を読み込んだ時点で，遅延素子D_2，D_1，D_0の状態は1，0，0となる（符号多項式は$G(x)$で割り切れるから，$\boldsymbol{y}$を読み込んだときの遅延素子の状態は，$E(x)=x^6$にx^3を掛け$G(x)$で割った剰余多項式の係数となっている）．したがって，次の時点で全零検出器が働き，D_2の出力を$\boldsymbol{y}$の第1ビットに加え，誤りを訂正する．ほかのビットが誤っている場合について，どのように訂正がなされるか，読者は確かめてみるとよい．

なお，このように，シフトレジスタに誤りパターンの非零の部分がそのまま現れるのを見つけ，それを遅延させた受信語に加えて誤りを訂正するという方式を**誤りトラップ復号法**（error-trap decoding）と呼ぶ．これは，バースト誤り訂正符号の復号にもよく用いられる方式である．

7.4 ガロア体

これまで，2元符号による単一誤りの訂正を中心として論じてきた．より多くの誤りを訂正する効率のよい符号を構成するにも，非2元符号を論じるにも，ガロア体の知識が必要である．本節では，ガロア体について，簡単に解説する．

7.4.1 素体

体（field）は，我々にむしろ馴染み深いものである．加減乗除の四則演算がふつうに行えるのが体なのである．たとえば，実数全体の集合は体をなす．しかし，ここで論じる体は，そのような無限な元をもつ体ではなくて，有限個の元しかもたない**有限体**（finite field）である．有限体はまた**ガロア体**（Galois field）と呼ばれ，$GF(q)$で表す．ここに，qは元の数であり，位数と呼ばれる．

ガロア体は任意の位数に対して存在するわけではなく，位数 q が素数のべき p^m（p：素数，m：正整数）のとき，またそのときに限って存在する．

位数が素数 p であるガロア体 $GF(p)$ は**素体**と呼ばれる．素体は簡単につくることができる．p 個の整数の集合 $\{0, 1, 2, \cdots, p-1\}$ を考え，これに対し mod p で加算，乗算を行えばよい．つまり，加算，乗算を整数としてふつうに行ってから，p で割った余りをとればよいのである．

また，減算 $b-a$ は，b に a の加法に関する逆元 $-a$ を加えることにより行える．$-a$ は

$$(-a)+a \equiv 0 \bmod p \tag{7.77}$$

を満たす元であり[*1]

$$-a = \begin{cases} 0 & ; a=0 \\ p-a & ; \text{その他} \end{cases} \tag{7.78}$$

により求めればよい．

さらに，非零の元 a による除算 b/a は，b に a の乗法に関する逆元 a^{-1} を乗じることにより行える．a^{-1} は

$$a^{-1}a \equiv 1 \bmod p \tag{7.79}$$

を満たす元であり，ユークリッドの互除法を利用して求めることができる[*2]．

さて，これまで，0，1 の加算を排他的論理和で，乗算を通常の整数の乗算で行ってきた．これは実は $GF(2)$ を考えているということである．つまり，これまで考えてきた 2 元符号は $GF(2)$ の上の符号なのである．

表 7.12 に $GF(2)$ の加法表，乗法表および逆元を改めて示しておこう．また，**表 7.13** には $GF(5)$ の例を示しておく．

＊1 $x \equiv y \bmod z$ は $x-y$ が z で割り切れることを意味する式であり，“x と y が z を法として合同”と読む．

＊2 （1）$r_{-1}=p$，$r_0=a$，$A_{-2}=0$，$A_{-1}=1$ とおく．

（2）$i=0, 1, 2, \cdots$ について

$$r_{i-1}=q_i r_i + r_{i+1} \quad (0 \leq r_{i+1} < r_i)$$

によって，r_{i+1} を逐次計算する．また，各 i について，$A_i = A_{i-2} - A_{i-1}q_i$ を求めておく．

（3）$r_{i+1}=1$ となったとき，$-A_i$ を p で割った剰余を a^{-1} とおく．

表 7.12　$GF(2)$の加法表，乗法表および逆元

+	0	1
0	0	1
1	1	0

x	$-x$
0	0
1	1

·	0	1
0	0	0
1	0	1

x	x^{-1}
0	—
1	1

表 7.13　$GF(5)$の加法表，乗法表および逆元

+	0	1	2	3	4
0	0	1	2	3	4
1	1	2	3	4	0
2	2	3	4	0	1
3	3	4	0	1	2
4	4	0	1	2	3

x	$-x$
0	0
1	4
2	3
3	2
4	1

·	0	1	2	3	4
0	0	0	0	0	0
1	0	1	2	3	4
2	0	2	4	1	3
3	0	3	1	4	2
4	0	4	3	2	1

x	x^{-1}
0	—
1	1
2	3
3	2
4	4

7.4.2　拡　大　体

位数qが素数pの2乗以上であるようなガロア体は，前項のような方法でつくることはできない．たとえば，$q=2^2=4$の場合，mod 4で考えると2の逆元2^{-1}が存在せず，したがって，2による除算が行えないことがすぐに確かめられる．それゆえ，このような体をつくるには別の方法を考えねばならない．

ここで，実数体から，複素数体がどのようにして導かれたかを思い出してみよう．これは実数体上で既約な多項式x^2+1の一つの根i（虚数単位）を実数体に付加することによってつくられたのである．すなわち，実数体にiを付け加え，さらにそれが体となるために必要なすべての元を付け加えたものが複素数体である．このように，体FにF上では既約な多項式の根を付加してより大きな体をつくることを，**体の拡大**という．なお，Fの元を係数とする多項式を**F上の多項式**という．また，このときFを**基礎体**と呼ぶ．

ガロア体$GF(p^m)$も，素体$GF(p)$を拡大してつくることができる．すなわち，$GF(p)$に$GF(p)$上のm次既約多項式の根を一つ付加して体をつくることにより，**拡大体**$GF(p^m)$が得られる．

拡大体として最も重要なのは$GF(2)$の拡大体$GF(2^m)$であるので，以下この拡大体について，例を用いて詳しく説明していこう．

$GF(2)$上の多項式x^2+x+1は既約である．そこで，この根をαとし，αを$GF(2)$に付加した体を考える．

この体は，まず0と1とαを含まねばならない．さらに，乗算の結果が，この体に含まれねばならないから，αのべきは，すべてこの体の元となる．ところで，αはx^2+x+1の根であるから，$\alpha^2+\alpha+1=0$となる．したがって，$\alpha^2=-\alpha-1=\alpha+1$*．これを用いると，$\alpha$のべきが次のようになることがわかる．

$$\alpha^0=1$$
$$\alpha^1=\alpha$$
$$\alpha^2=\alpha+1$$
$$\alpha^3=\alpha^2+\alpha=1=\alpha^0$$
……

つまり，αのべきで異なるものは，$\alpha^0=1$，$\alpha^1=\alpha$，α^2の三つだけであり，α^3はまた1に戻るのである．

このようにして，$GF(2)$にαを付加した体が，0，1，α，α^2を含むことがわかる．実は，この場合，これだけで体となるのである．これを見るために$\{0, 1, \alpha, \alpha^2\}$に対し，加法表，乗法表をつくり，さらに逆元を求めると，**表7.14**のようになり，加減乗除の可能な体となっていることがわかる．

この加法表は，$\alpha^2=\alpha+1$となることを用いると簡単につくることができる．たとえば，$\alpha+\alpha^2$は

$$\alpha+\alpha^2=\alpha+\alpha+1=(1+1)\alpha+1=1$$

表7.14　$GF(4)$の加法表，乗法表および逆元

$+$	0	1	α	α^2
0	0	1	α	α^2
1	1	0	α^2	α
α	α	α^2	0	1
α^2	α^2	α	1	0

x	$-x$
0	0
1	1
α	α
α^2	α^2

$\cdot$	0	1	α	α^2
0	0	0	0	0
1	0	1	α	α^2
α	0	α	α^2	1
α^2	0	α^2	1	α

x	x^{-1}
0	—
1	1
α	α^2
α^2	α

＊ $\alpha+\alpha=(1+1)\alpha=0$であるから，$-\alpha=\alpha$である．このように，$GF(2^m)$においても$+$と$-$は同じものとなる．

となる．また，乗法表は$\alpha^3=1$となることを用いれば容易につくり得る．このようにして得られる体が，$GF(2)$の2次の拡大体$GF(4)$である．

$GF(4)$は，0と2次の既約多項式x^2+x+1の根αのべきα^0，α^1，α^2とで構成できた．ここで，x^2+x+1が表7.10に示した原始多項式であることに注意しよう．$GF(2)$のm次の拡大体$GF(2^m)$も，0とm次原始多項式の根αのべきα^0, α^1, α^2, …, α^{2^m-2}とで構成できるのである．なお，αを2^m-1乗すれば，再び1となる．すなわち

$$\alpha^{2^m-1}=1 \tag{7.80}$$

となる．

このような原始多項式の根αを$GF(2^m)$の**原始元**という，また，$GF(2^m)$の元の原始元のべきによる表現を**べき表現**という．これを用いると，$GF(2^m)$の元の乗算が容易に実行できる．というのは，$\alpha^{2^m-1}=1$なのだから，α^iとα^jの積を

$$\alpha^i\alpha^j=\alpha^{[i+j]\bmod 2^m-1} \tag{7.81}$$

として計算できるわけである．ただし，$[x] \bmod y$はxをyで割った余りを示す．また，α^iの乗法に関する逆元α^{-i}は

$$\alpha^{-i}=\alpha^{[2^m-1-i]\bmod 2^m-1} \tag{7.82}$$

として求められる．

ここで，αがm次原始多項式

$$F(x)=x^m+f_{m-1}x^{m-1}+\cdots+f_1x+1 \tag{7.83}$$

の根であったとしよう*．ここに，f_1，…，f_{m-1}は$GF(2)$の元である．このとき，$F(\alpha)=0$から，α^mを

$$\alpha^m=f_{m-1}\alpha^{m-1}+\cdots+f_1\alpha+1 \tag{7.84}$$

のように，1，α，…，α^{m-1}の1次式で表すことができる．これを用いると，$\alpha^i (i=0, 1, \cdots, 2^m-2)$を$GF(2)$の元を係数とする1，$\alpha$，…，$\alpha^{m-1}$の1次式で

$$\alpha^i=a_{m-1}\alpha^{m-1}+\cdots+a_1\alpha+a_0 \tag{7.85}$$

のように表し得ることがわかる．これを用いれば加算を簡単に実行できる．1，

＊ 原始多項式は既約多項式であるから定数項は1となる．

α, …, α^{m-1} の係数どうしを $GF(2)$ 上で加えればよいのである．この加算は，式(7.85)の係数のみを並べた

$$(a_{m-1}, \cdots, a_1, a_0) \tag{7.86}$$

という $GF(2)$ 上の m 次元ベクトルの加算と同じである．したがって，加算を行うには，$GF(2^m)$ の元をこのような $GF(2)$ 上の m 次元ベクトルとして表しておくとよい．これを $GF(2^m)$ の元の**ベクトル表現**という．なお，0 のベクトル表現が $\mathbf{0}=(0, 0, \cdots, 0)$ であることはいうまでもない．また，$GF(2^m)$ の任意の元 x の加法に関する逆元 $-x$ は常に自分自身と一致する．すなわち

$$-x=x \tag{7.87}$$

である．

このように，$GF(2^m)$ の加算や減算はベクトル表現を用いて行えるし，乗算や除算はべき表現を用いて行える．そして，べき表現とベクトル表現は，原始多項式を用いて対応づけられるわけである．**表 7.15** に α を原始多項式 x^4+x

表 7.15　$GF(2^4)$ のべき表現とベクトル表現
(α は x^4+x+1 の根；$\alpha^{15}=1$)

べき表現	α^3, α^2, α, 1 による展開	ベクトル表現
0	0	0000
1	1	0001
α	α	0010
α^2	α^2	0100
α^3	α^3	1000
α^4	$\alpha+1$	0011
α^5	$\alpha^2+\alpha$	0110
α^6	$\alpha^3+\alpha^2$	1100
α^7	$\alpha^3+\alpha+1$	1011
α^8	α^2+1	0101
α^9	$\alpha^3+\alpha$	1010
α^{10}	$\alpha^2+\alpha+1$	0111
α^{11}	$\alpha^3+\alpha^2+\alpha$	1110
α^{12}	$\alpha^3+\alpha^2+\alpha+1$	1111
α^{13}	$\alpha^3+\alpha^2+1$	1101
α^{14}	α^3+1	1001

$+1$の根としたときの，$GF(2^4)$のべき表現とベクトル表現の対応表を示しておこう．このような表を用意しておけば，ガロア体の演算は容易に実行できる．たとえば

$$\alpha^3(\alpha^7+\alpha^5)^3+\frac{\alpha^9+\alpha^3}{1+\alpha^{10}}=\alpha^3(\alpha^{13})^3+\frac{\alpha}{\alpha^5}=\alpha^3\cdot\alpha^9+\alpha\cdot\alpha^{10}=\alpha^{12}+\alpha^{11}=1$$

のような計算ができるのである．

7.5　BCH 符号

BCH 符号（Bose-Chaudhuri-Hocquenghem code）は最も重要な誤り訂正符号の一つである．この符号は，広い範囲の情報ビット数や誤り訂正能力に対し設計することができるし，符号長が数千以下の場合，同程度の符号長および誤り訂正能力をもつ符号のなかで，冗長度の低い優れた符号である．さらに重要なのは，比較的簡単な復号が可能だということである．

7.5.1　BCH 符号の定義

αを$GF(2^m)$の原始元とし，dを$n=2^m-1$以下の任意の正整数とする．このとき

$$\alpha^l,\ \alpha^{l+1},\ \cdots,\ \alpha^{l+d-2} \tag{7.88}$$

をすべて根としてもつ，最小次数の$GF(2)$上の多項式を生成多項式とする符号長$n=2^m-1$の2元巡回符号がBCH符号である．lは$n-1$以下の任意の非負整数でよいが，ふつう，$l=1$または0が選ばれる．

BCH 符号の任意の符号多項式は，生成多項式で割り切れるから，式(7.88)の$d-1$個の元をすべて根としてもつ．このことを用いると，BCH 符号の最小距離$d_{\min}$は

$$d_{\min}\geq d \tag{7.89}$$

を満たすことが証明できる（演習問題7.12参照）．このような最小距離の限界式を**BCH 限界**という．

最もよく用いられる BCH 符号は，$l=1$，$d=2t+1$ とする場合である．以下，この場合について，さらに詳しく見ていこう．このとき，生成多項式は

$$\alpha,\ \alpha^2,\ \cdots,\ \alpha^{2t} \tag{7.90}$$

という $2t$ 個の元を根とする最小次数の多項式ということになる．

式(7.90)の元の数はもっと減らすことができる．これを見るために，まず $GF(2)$ 上の多項式 $F(x)=f_sx^s+f_{s-1}x^{s-1}+\cdots+f_1x+f_0$ が α^i を根とするなら，α^{2i} も根となることを証明しよう．$GF(2)$ の元 a が $a+a=0$，$a^2=a$ を満たすことに注意すれば

$$\begin{aligned}[F(x)]^2&=(f_sx^s+\cdots+f_1x+f_0)^2\\&=f_sx^{2s}+\cdots+f_1x^2+f_0=F(x^2)\end{aligned} \tag{7.91}$$

が導ける．したがって

$$F(\alpha^{2i})=[F(\alpha^i)]^2=0 \tag{7.92}$$

を得る．すなわち，α^{2i} も $F(x)$ の根である．したがって，また，α^{4i}，α^{8i}，… も $F(x)$ の根となる．ゆえに，α，α^3，α^5，…，α^{2t-1} を根としてもつ $GF(2)$ 上の多項式は，α^2，α^4，α^6，…，α^{2t} も根としてもつことになる．

したがって，BCH 符号の生成多項式は

$$\alpha,\ \alpha^3,\ \cdots,\ \alpha^{2t-1} \tag{7.93}$$

という t 個の元を根としてもつ最小次数の多項式と定義すればよい．証明は略すが，このような多項式の次数は mt 以下となる．したがって，検査ビット数 $n-k$ が mt 以下となるのである．以上から式(7.93)により定義される BCH 符号は

符号長　　　$n=2^m-1$

情報ビット数　$k\geq 2^m-1-mt$

誤り訂正能力　$t_0\geq t$

となる巡回符号であることがわかる．なお，$t=1$ の場合，生成多項式は $GF(2^m)$ の原始元 α を根としてもつ最小次数の多項式ということになるから，m 次の原始多項式となる．したがって，$t=1$ の BCH 符号は巡回ハミング符号にほか

ならない.

【例 7.9】 α を原始多項式 x^4+x+1 の根とし，符号長 $n=2^4-1=15$，$t=2$ の BCH 符号を考えよう．生成多項式 $G(x)$ の次数は $mt=8$ 以下であるから，$G(x)=g_8x^8+\cdots+g_1x+1$ とおく（生成多項式の定数項は常に非零である）．$G(x)$ は α と α^3 を根としてもつから

$$\left.\begin{aligned} G(\alpha)&=g_8\alpha^8+g_7\alpha^7+\cdots+g_1\alpha+1=0\\ G(\alpha^3)&=g_8\alpha^{24}+g_7\alpha^{21}+\cdots+g_1\alpha^3+1=0 \end{aligned}\right\} \tag{7.94}$$

を得る．この式を表 7.15 の $GF(2^4)$ の元のベクトル表現を用いて書き直せば

$$\begin{bmatrix} 0&1&1&0&0&1&0&0\\ 1&0&1&1&0&0&1&0\\ 0&1&0&1&1&0&0&1\\ 1&1&0&0&1&0&0&0\\ 1&1&1&0&1&1&1&1\\ 0&1&0&0&1&0&1&0\\ 1&0&0&0&1&1&0&0\\ 0&0&0&1&1&0&0&0 \end{bmatrix}\begin{bmatrix} g_8\\ g_7\\ g_6\\ g_5\\ g_4\\ g_3\\ g_2\\ g_1 \end{bmatrix}=\begin{bmatrix} 0\\ 0\\ 0\\ 1\\ 0\\ 0\\ 0\\ 1 \end{bmatrix} \tag{7.95}$$

となる．この係数行列の上 4 行は α^8，α^7，…，α のベクトル表現を縦ベクトルとして並べたものであり，下 4 行は $\alpha^{24}=\alpha^9$，$\alpha^{21}=\alpha^6$，…，α^3 のベクトル表現を並べたものである．これを解いて，$g_8=1$，$g_7=1$，$g_6=1$，$g_5=0$，$g_4=1$，$g_3=0$，$g_2=0$，$g_1=0$ を得る．すなわち，生成多項式は $G(x)=x^8+x^7+x^6+x^4+1$ となる．したがって，この BCH 符号の検査ビット数は，$n-k=8$ となる．また，BCH 限界から最小距離は $d_{\min}\geq 5$ を満たすが，生成多項式の重みがちょうど 5 であるから $d_{\min}=5$ となり，誤り訂正能力は $t_0=2$ となる．

一般の BCH 符号の生成多項式も，この例と同様にして求めることができるが，式(7.95)に相当する式が不定方程式になり，解が一意には定まらないことがある．そのときには，$G(x)$ が最小次数になるように解を定めればよい．

7.5.2　BCH 符号の復号

BCH 符号は巡回符号であるから，その符号化はシフトレジスタを用いて容易に行える．ここでは，復号について見ておこう．

BCH 符号の復号に際しては，受信多項式 $Y(x)=y_{n-1}x^{n-1}+\cdots+y_1x+y_0$ に対し

$$S_i=Y(\alpha^i)\quad(i=1,2,\cdots,2t)\tag{7.96}$$

により，シンドローム S_1，S_2，…，S_{2t} を定義しておくと便利である．これらは，$GF(2^m)$ の元である．誤りパターンを表す多項式を $E(x)=e_{n-1}x^{n-1}+\cdots+e_1x+e_0$ とすれば，明らかに

$$S_i=E(\alpha^i)\quad(i=1,2,\cdots,2t)\tag{7.97}$$

となる．また，$Y(x^2)=[Y(x)]^2$ となることから

$$S_{2i}=(S_i)^2\tag{7.98}$$

が導ける．したがって，S_1，S_2，…，S_{2t} のうち偶数番目のシンドロームはほかのシンドロームから計算できる．

さて，誤りが l 個 j_1，j_2，…，j_l の位置に生じたとしよう．ここに，$l\leq t$ であり，$n-1>j_1>j_2>\cdots>j_l\geq 0$ とする．このとき

$$S_i=\alpha^{ij_1}+\alpha^{ij_2}+\cdots+\alpha^{ij_l}\tag{7.99}$$

となる．BCH 符号の復号は，このシンドロームから誤りの位置 j_1，j_2，…，j_l を求めることにより行えるが，直接これを求めるのは難しいので，まず

$$\sigma(z)=(1-\alpha^{j_1}z)(1-\alpha^{j_2}z)\cdots(1-\alpha^{j_l}z)\tag{7.100}$$

という $GF(2^m)$ の元を係数とする l 次の多項式を求める．この多項式 $\sigma(z)$ を**誤り位置多項式**と呼ぶ．$\sigma(z)$ の根は α^{-j_1}，α^{-j_2}，…，α^{-j_l} となっており，これから，誤りの位置 j_1，j_2，…，j_l を求めることができる．

ここで，BCH 符号の復号の過程をまとめておこう．

①　受信語からシンドローム S_1，S_2，…，S_{2t} を求める．

②　シンドロームがすべて 0 なら誤りなしと判定する．

③　シンドロームに 0 でないものがあれば，シンドロームから誤り位置多項

式 $\sigma(z)$ を求める．

④　$\sigma(z)$ の根 α^{-j_1}，α^{-j_2}，…，α^{-j_l} を求める．

⑤　α^{-j_1}，α^{-j_2}，…，α^{-j_l} から j_1，j_2，…，j_l を求め，これらの位置の記号を訂正する．

この復号過程の③，④がうまくいかなかった場合（たとえば，$\sigma(z)$ が $GF(2^m)$ に，異なる根を l 個もたない場合）には，訂正不可能な誤りが生じたと判定する．さらに，訂正された結果に対し，シンドローム S_1，S_2，…，S_{2t} を計算し直し，すべて0になることを確かめるのが望ましい．そのようにしないと，本来，検出可能な誤りを誤って訂正してしまうことがある．

ここで，$t=2$ の場合について，さらに詳しく見ておこう．誤りが2個生じたとするとシンドローム S_1，S_3 は

$$S_1=\alpha^{j_1}+\alpha^{j_2},\ S_3=\alpha^{3j_1}+\alpha^{3j_2} \tag{7.101}$$

となる．S_2，S_4 は $S_2=S_1{}^2$，$S_4=S_1{}^4$ となり，S_1 により表せることに注意しておこう．シンドロームが求まったら，それらから誤り位置多項式

$$\sigma(z)=1+\sigma_1 z+\sigma_2 z^2=(1-\alpha^{j_1}z)(1-\alpha^{j_2}z) \tag{7.102}$$

を求める．ここで

$$\frac{a}{1-b}=a+ab+ab^2+ab^3+\cdots \tag{7.103}$$

という級数展開を用いると，シンドローム S_1，S_2，S_3，S_4，…を係数とする以下のような級数ができる．

$$\frac{\alpha^{j_1}}{1-\alpha^{j_1}z}+\frac{\alpha^{j_2}}{1-\alpha^{j_2}z}=S(z)=S_1+S_2z+S_3z^2+S_4z^3+\cdots \tag{7.104}$$

この級数の係数 S_1，S_2，S_3，S_4 はすでに求まっている．ここで，この式の両辺に $\sigma(z)$ を乗じると

$$\begin{aligned}\alpha^{j_1}(1-\alpha^{j_2}z)+\alpha^{j_2}(1-\alpha^{j_1}z)&=S(z)\sigma(z)\\&=S_1+(S_1\sigma_1+S_2)z+(S_3+S_2\sigma_1+S_1\sigma_2)z^2+(S_4+S_3\sigma_1+S_2\sigma_2)z^3+\cdots\end{aligned} \tag{7.105}$$

を得る．この式の左辺は1次式であるから，この式の右辺の2次と3次の項の

係数は0でなければならない．したがって，以下の連立方程式が得られる．

$$S_3+S_2\sigma_1+S_1\sigma_2=0 \qquad S_4+S_3\sigma_1+S_2\sigma_2=0 \tag{7.106}$$

これを解き，さらに $S_2=S_1{}^2$，$S_4=S_1{}^4$ であることを用いると，誤り位置多項式 $\sigma(z)$ が

$$\sigma(z)=1+S_1z+(S_3+S_1{}^3)S_1{}^{-1}z^2 \tag{7.107}$$

となることがわかる．次に，$\sigma(z)$ の根を求める．これには $z=\alpha^i$（$i=0,1,\cdots,n-1$）を代入していき $\sigma(\alpha^i)=0$ となる i を求める．このとき，$n-i$ が誤りの位置を与えることになる．このようにして，誤りを訂正できる．なお，誤りが1個の場合には，式(7.107)の z^2 の項の係数が0となり，やはりこの式が誤り位置多項式となることに注意しておこう．

【例7.10】 例7.9の2重誤り訂正BCH符号を考える．いま受信語が

$$\boldsymbol{y}=(0\,0\,0\,1\,0\,0\,0\,1\,0\,0\,0\,0\,0\,0\,0)$$

であったとする．多項式で表せば，$Y(x)=x^{11}+x^7$ である．シンドロームは表7.15を用いると

$$S_1=Y(\alpha)=\alpha^{11}+\alpha^7=\alpha^8$$

$$S_3=Y(\alpha^3)=\alpha^{33}+\alpha^{21}=\alpha^3+\alpha^6=\alpha^2$$

となることがわかる．$\sigma(z)$ を求めると

$$\sigma(z)=1+\alpha^8z+(\alpha^{24}+\alpha^2)\alpha^{-8}z^2=1+\alpha^8z+\alpha^3z^2$$

となる．$\sigma(z)$ に $z=1$，α，α^2，…を順次代入して0になるかどうかを調べることにより，$\sigma(z)$ の根が $\alpha^4=\alpha^{-11}$，$\alpha^8=\alpha^{-7}$ であることがわかる．したがって，位置11と7に誤りが生じたと推定される．これらを訂正すれば，送られた符号語が $\tilde{\boldsymbol{w}}=\boldsymbol{0}$ と推定できる．

以上は $t=2$ の場合であるが，$t>2$ の場合も同様にして復号は可能である．ただし，この復号法では，式(7.106)の連立方程式を解くのに t^3 に比例する計算量を要する．これに対し，t が4～5以上である場合には，より効率的な復号法として計算量が t^2 に比例するバーレカンプ・マッシー法（Berlekamp-

Massey algorithm）やユークリッド互除法に基づく方法があり，広く使われている．なお，これらの方法には計算量が$t\log_2 t$に比例する方法も提案されている．

7.6　非2元誤り訂正符号

本章では，これまで2元符号について論じてきた．実用上2元符号が最も重要であることは確かである．しかし，非2元符号も，その用途を次第に拡げ，重要性を増しつつある．これは通信路として，非2元のものが増えてきたこと，また，非2元符号として非常に効率のよい符号が構成でき，それを2元符号に変換して用いても，ある種の誤りにはきわめて効果的であることなどによる．本節では，非2元符号による誤り訂正について概説する．

7.6.1　非2元符号による誤り検出と訂正

非2元符号としては，通常$GF(q)$をアルファベットとする符号が用いられる．以下，そのようなq元符号を考えよう．

非2元符号を論じる場合，まず考えねばならないのは，距離をどのように定めるかということである．非2元符号の距離として，数学的取扱いが容易で実用上も重要であるのは，やはりハミング距離である．これは非2元符号に対しても，式(7.35)，式(7.36)で定義される．つまり，二つのn次元ベクトルの対応する成分の対のうち，互いに異なるものの数がハミング距離となるのである．この場合，各成分の対が互いにどれだけ異なっているかは問題とされない．とにかく，異なってさえいれば，距離1に数えられるのである．

ハミング重みも非零の成分の数と定義される．ハミング距離を用いて符号を設計する場合，誤りの大きさは，このハミング重みで計られることになる．たとえば，$GF(5)$上の符号を用いる場合，0が1に誤っても，0が2に誤っても，いずれも1個の誤りとして同等に扱われる．

最小距離と訂正または検出可能な誤りの個数の関係も，2元符号の場合と全く同じである．たとえば，最小距離が $d_{\min}$ の符号の誤り訂正能力は $t_0 = \lfloor (d_{\min}-1)/2 \rfloor$ であり，最大 t_0 個の誤りを訂正するような復号を行える．

ハミング距離以外にもいくつかの距離が知られているが，そのような距離を用いて効率のよい符号を設計するのは，一般に非常に難しい．

7.6.2 非2元単一誤り訂正符号

α を $GF(2)$ 上の原始多項式 x^2+x+1 の根とし

$$H=\begin{bmatrix} 1 & 1 & 1 & 1 & 0 \\ 1 & \alpha & \alpha^2 & 0 & 1 \end{bmatrix} \tag{7.108}$$

を検査行列とする $GF(4)$ 上の符号を考える．この符号の生成行列は次のようになる．

$$G=\begin{bmatrix} 1 & 0 & 0 & 1 & 1 \\ 0 & 1 & 0 & 1 & \alpha \\ 0 & 0 & 1 & 1 & \alpha^2 \end{bmatrix} \tag{7.109}$$

いま，3個の情報記号 $\boldsymbol{x}=(1, \alpha, 0)$ を送りたいとしよう．このとき符号語は

$$\boldsymbol{w}=\boldsymbol{x}G=(1, \alpha, 0, \alpha^2, \alpha) \tag{7.110}$$

となる．ここで，誤りパターン $\boldsymbol{e}=(0, 0, \alpha, 0, 0)$ が加わって，$\boldsymbol{y}=(1, \alpha, \alpha, \alpha^2, \alpha)$ を受信したとする．このとき，シンドロームは

$$\boldsymbol{s}=\boldsymbol{y}H^T=(\alpha, 1) \tag{7.111}$$

となる．シンドロームの第一成分を1とするために，$\alpha^{-1}=\alpha^2$ を $\boldsymbol{s}$ に掛けると

$$\alpha^{-1}\boldsymbol{s}=(1, \alpha^2) \tag{7.112}$$

となる．これは，検査行列 H の第3列（の転置）にほかならない．したがって，第3番目の位置に α という誤りが生じたことがわかる．

シンドロームから $GF(q)$ 上の単一誤りを，この例のように，一意的に求め得るためには，検査行列の各列がほかの列の定数倍になっていないことが必要十分である．このような行列は，最も上の非零の要素が1であるような，$GF(q)$ 上のすべての列ベクトルを並べることによりつくることができる．この条件を満たす m 次元ベクトルの数は $\dfrac{q^m-1}{q-1}$ であるから，このようにして

符号長　$n=\dfrac{q^m-1}{q-1}$

情報記号数　$k=n-m$

の単一誤り訂正 q 元符号が得られる．

7.6.3 非2元BCH符号とRS符号

7.5節では2元BCH符号について述べたが，これは一般の $GF(q)$ 上の非2元符号に容易に拡張できる．$GF(q^m)$ の原始元を α とし，α^l，α^{l+1}，…，α^{l+d-2} を根とする最小次数の $GF(q)$ 上の多項式を生成多項式とすれば

符号長　$n=q^m-1$

情報記号数　$k\geq q^m-1-m(d-1)$

最小距離　$d_{\min}\geq d$

となる巡回符号が得られる．これが非2元BCH符号である．

非2元BCH符号のなかで特に重要なのは，**リード・ソロモン符号**（Reed-Solomon code：**RS符号**と略す）である．これは $m=1$ の非2元BCH符号である．RS符号の生成多項式は，$GF(q)$ の元 α^l，α^{l+1}，…，α^{l+d-2} を根とする最小次数の $GF(q)$ 上の多項式であるから

$$G(x)=(x-\alpha^l)(x-\alpha^{l+1})\cdots(x-\alpha^{l+d-2}) \tag{7.113}$$

となる．これは，ちょうど，$d-1$ 次の多項式であるから，検査記号数 $n-k=d-1$ となる．また $G(x)$ の重みがちょうど d となるから，$d_{\min}=d$ である．したがって，RS符号は

符号長　$n=q-1$

情報記号数　$k=q-d$

最小距離　$d_{\min}=d$

となる q 元巡回符号である．

【例7.11】　α を原始多項式 x^4+x+1 の根とし，符号長 $n=2^4-1=15$，最小距離 $d_{\min}=5$，誤り訂正能力 $t=2$ の $GF(2^4)$ 上のRS符号を考える．生成多項

式 $G(x)$ の根は α，α^2，α^3，α^4 とする．表7.15を用いれば，$G(x)$ は

$$G(x)=(x-\alpha)(x-\alpha^2)(x-\alpha^3)(x-\alpha^4)=x^4+\alpha^{13}x^3+\alpha^6x^3+\alpha^3x+\alpha^{10}$$

となる．この符号の情報記号数は11であるが，簡単のため，短縮化することにしよう（p.169脚注参照）．ここでは，情報記号7個を除き，(8, 4) 符号とする．符号化は巡回符号の符号化と同様に行える．

いま情報記号を $(0,1,\alpha,\alpha^2)$ としよう．このとき，情報記号を係数とする多項式は $X(x)=x^2+\alpha x+\alpha^2$ となる．これに x^4 を掛け，$G(x)$ で割った剰余多項式は $C(x)=\alpha^{10}x^3+\alpha^{11}x^2+\alpha^9x+\alpha^7$ となり，符号多項式は以下のようになる．

$$W(x)=X(x)x^4+C(x)=x^6+\alpha x^5+\alpha^2x^4+\alpha^{10}x^3+\alpha^{11}x^2+\alpha^9x+\alpha^7$$

したがって，符号語は $\boldsymbol{w}=(0,1,\alpha,\alpha^2,\alpha^{10},\alpha^{11},\alpha^9,\alpha^7)$ となる．

RS符号の復号は，7.5.2項のBCH符号の復号とほぼ同様に行える．ただし，BCH符号は通常2元符号として用いられるが，RS符号は非2元符号であるので，誤りの位置だけでなく，誤りの値も求めなければならない．シンドロームにも誤りの位置と誤りの値が入ってくる．このため復号がやや複雑となる．例を示そう．

【例7.12】 例7.11の2重誤り訂正短縮化 (8, 4) RS符号を考える．受信語が

$$\boldsymbol{y}=(0,1,\alpha,0,\alpha^{10},\alpha^{11},0,\alpha^7)$$

であったとしよう．受信多項式は $Y(x)=x^6+\alpha x^5+\alpha^{10}x^3+\alpha^{11}x^2+\alpha^7$ である．復号器ではまずシンドローム $S_i=Y(\alpha^i)$ $(i=1,2,3,4)$ を求める必要がある．表7.15を用いて計算すると

$$S_1=Y(\alpha)=\alpha^7 \qquad S_2=Y(\alpha^2)=\alpha^{14} \qquad S_3=Y(\alpha^3)=\alpha^5 \qquad S_4=Y(\alpha^4)=\alpha^8$$

となる．誤り位置多項式 $\sigma(z)=1+\sigma_1z+\sigma_2z^2$ は，誤りの位置だけの関数であるので，BCH符号の場合と同じように用いることができ，シンドロームと誤り位置多項式の係数 σ_1，σ_2 との間の関係を表す式(7.106)もそのまま成立する．したがって

$$\alpha^5+\alpha^{14}\sigma_1+\alpha^7\sigma_2=0 \qquad \alpha^8+\alpha^5\sigma_1+\alpha^{14}\sigma_2=0$$

が成立し，これから $\sigma_1=1$，$\sigma_2=\alpha^5$ が求まり，誤り位置多項式は

$$\sigma(z)=1+z+\alpha^5z^2$$

となる．これに $z=\alpha^i$（$i=0,1,2,\cdots$）を代入していけば，α^{11}，α^{14} が根であることがわかる．これらの逆元は α^4，α であり，右端から 5 番目（x^4 の位置）と 2 番目（x の位置）に誤りが生じたと推定できる．これらの位置の誤りの値を e_4，e_1 とすれば，シンドローム S_1，S_2 は

$$S_1=e_4\alpha^4+e_1\alpha \qquad S_2=e_4\alpha^8+e_1\alpha^2$$

となっているはずであり，この連立方程式を解けば，誤りの値は $e_4=\alpha^2$，$e_1=\alpha^9$ と推定できる．したがって，誤りパターンは $\boldsymbol{e}=(0,0,0,\alpha^2,0,0,\alpha^9,0)$ となり，送られた符号語は

$$\boldsymbol{w}=\boldsymbol{y}+\boldsymbol{e}=(0,1,\alpha,\alpha^2,\alpha^{10},\alpha^{11},\alpha^9,\alpha^7)$$

に訂正される．

RS 符号は，同一の最小距離をもつ線形符号のなかで検査記号数が最小となる優れた符号である（演習問題 7.3(b)参照）．また，復号も 2 元 BCH 符号の場合と同様，代数的方法で行える．このため，この符号はコンパクトディスク（CD）をはじめ多くの記録システムや通信システムで用いられている．

7.6.4　非 2 元符号を用いたバースト誤りの訂正

2^m 元誤り訂正符号の各記号を，何らかの方法で長さ m の 2 元系列に変換すれば，これは長さ m の小ブロック単位の誤りを訂正する符号となる．このような小ブロックを**バイト**と呼び*，バイト単位で誤りを訂正する符号を**バイト誤り訂正符号**と呼ぶ．

【例 7.13】　7.6.2 項で述べた式(7.108)を検査行列とする $GF(4)$ 上の符号

---

* 計算機用語としては，1 バイト＝8 ビットであるが，ここでは，バイトは単に小ブロックという意味で用いる．

を考えよう．$GF(4)$の元 0，1，α，α^2 をそれぞれ 00，01，10，11 とベクトル表現するものとする．このとき，この $GF(4)$上の（5, 3）単一誤り訂正符号から，$GF(2)$の上の（10, 6）単一バイト誤り訂正符号ができる．たとえば，$(1, \alpha, 0, \alpha^2, \alpha)$ という符号語は，バイト誤り訂正符号では（0110001110）となる．この場合，1 バイト＝2 ビットであり，一つのバイト内に生じる任意の誤りを訂正できるのである．

記憶装置には，誤りがこのようなバイト単位で生じるものもみられる．そのような場合には，バイト誤り訂正符号は非常に有効である．また，t_0 重バイト誤り訂正符号を用いれば，通常のバースト誤りでも，長さが

$$l=(t_0-1)m+1 \tag{7.114}$$

以下のバースト誤りであれば，訂正可能である（**図 7.16**）．ただし，1 バイト＝m ビットとする．

しかし，t_0 を大きくすると一般に装置化が難しくなってくる．このため，バースト誤りを訂正するには，単一バイト誤り訂正符号を**インターリーブ**（interleave）して用いることが多い．インターリーブとは，**図 7.17** のように，符号語の各バイトを一定間隔ごとに分散して配置することをいう．図 7.17 では，符号長 4 バイトの符号の 3 回のインターリーブが示してある．この場合，インターリーブされた系列には，符号語 $\boldsymbol{a}$ のバイトは 3 バイトごとに現れることになる．したがって，元の符号が単一バイト誤り訂正符号であっても，インターリーブされた系列における連続する 3 バイトの誤りは訂正可能となる．

一般に，単一バイト誤り訂正符号を I 回インターリーブすれば，インター

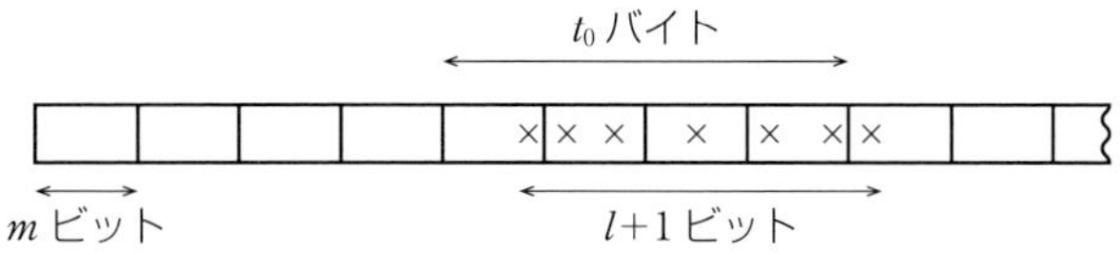

図 7.16　t_0 重バイト誤り訂正符号によって訂正不可能な最も短いバースト誤り

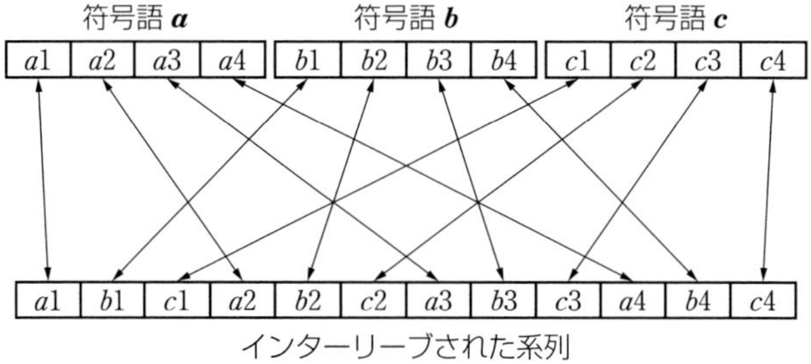

図 7.17　符号長 4 バイトの符号の 3 回のインターリーブ

リーブされた系列における連続する I バイトの誤りを訂正できる．したがって，やはり長さが

$$l=(I-1)m+1 \tag{7.115}$$

以下の通常のバースト誤りが訂正可能となる．

インターリーブという手法は，記憶のある通信路の記号を分散させて，一つひとつの符号語のなかでは記憶を減らしている．これは，通信路容量という点からみれば，むしろ，まずい方法である．本来記憶を積極的に利用したほうがより効率のよい通信が行えるはずだからである．しかし，インターリーブというのは非常に簡単で，しかもかなりの効果が得られるので，通信路の有効利用という点では確かに問題はあるが，実際に広く使われている．

7.7　畳み込み符号とビタビ復号法

これまでは，情報記号の系列を k 個の記号ごとにブロックに区切って，各ブロックをほかのブロックとは独立に符号化するという通信路符号化法を考えてきた．つまり，ブロック符号化を考えてきたのである．これに対し，通信路符号化法には，畳み込み符号化という方法がある．これは，やはり情報系列を k 個の記号ごとに区切って符号化するのであるが，各ブロックにおける符号化は，互いに独立ではなく，それ以前の情報記号にも依存するという方法である．このような方法で符号化される符号を**畳み込み符号**（convolutional code）と呼ぶ．

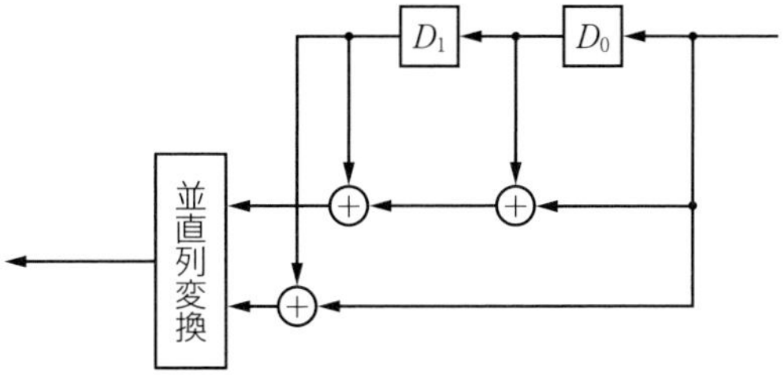

図 7.18 畳み込み符号の符号器（情報速度 1/2, 拘束長 3）

図 7.18 は畳み込み符号の符号器の例である．この符号器は情報源系列の各記号を長さ 2 の系列に符号化する．したがって，情報伝送速度は 1/2〔ビット／記号〕である．符号器に 2 記号分の記憶があるため，符号系列の各ブロックの情報記号は 3 ブロックにわたって影響を及ぼす．このように，あるブロックの情報記号が直接影響を及ぼすブロック数（または記号数）を畳み込み符号の**拘束長**という．この例では拘束長は 3 ブロック（または 6 記号）である．

この符号の符号器は二つの記憶素子 D_0, D_1 をもっている．この記憶素子の内容も D_0, D_1 で表すことにしよう．D_0, D_1 の値により符号器の状態は決まり，値は 00, 01, 10, 11 の 4 通りある．それを S_{00}, S_{01}, S_{10}, S_{11} で表すと状態図は**図 7.19** のようになる．この図において状態遷移を表す矢印は情報が 0 であるときは実線，情報が 1 であるときは破線で示してある．また，その際に出力される符号系列のブロックが各矢印に付してある．

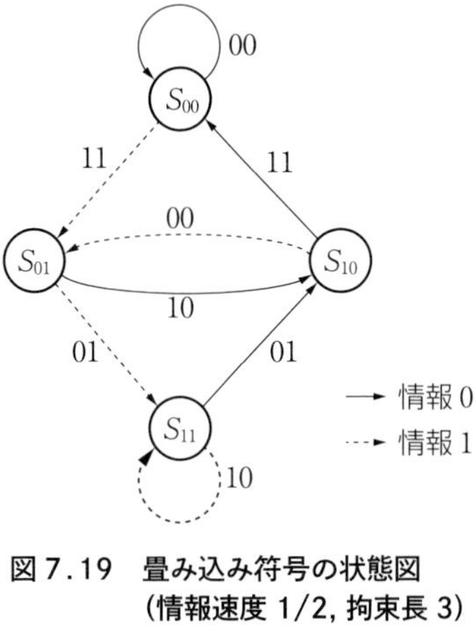

図 7.19 畳み込み符号の状態図（情報速度 1/2, 拘束長 3）

この状態図を時間軸方向に引き伸ばして描いたのが**図 7.20** である．S_{00} から出発し，情報記号を入力していくことにより，符号系列を 1 ブロックずつ出力し状態が遷移していくようすを，あらゆる情報記号列に対して示してある．たとえば，情報記号

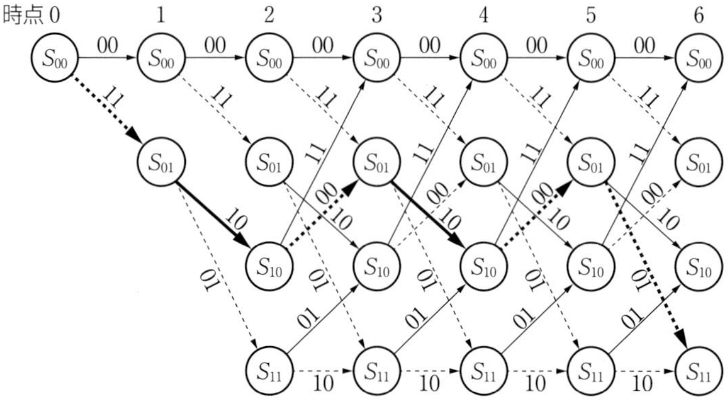

太線は情報が１０１０１１であるときの経路

図 7.20　畳み込み符号のトレリス線図

列が１０１０１１…であれば，図に太線で示してある経路を通ることになり，符号系列は 11 10 00 10 00 01 …となる．このような図を畳み込み符号の**トレリス線図**（trellis graph）と呼ぶ．

トレリス線図は，復号に用いることもできる．各時点の各状態では，その時点までの受信系列とその時点に到達する符号系列の中でハミング距離が最小となるものだけを残し，そのハミング距離を次の時点の接続している各状態に送る．この時点でその状態に達したほかの符号系列は除くが，それらがその後，よみがえることはあり得ない．次の時点の各状態では，前の時点の状態から送られてきたハミング距離にその時点の受信系列のブロックと符号系列のブロック間のハミング距離を加え，その時点までのハミング距離を計算し，その中で最小値を与える符号系列だけを残す．このような操作を続け，最終時点の各状態に到達する符号系列の中でハミング距離が最小となる符号系列を復号結果とするのである．なお，各状態において最小値を与える符号系列が複数ある場合には復号結果を一つに絞るために，そのうちの一つを選ぶことが多いが，複数残すこともある．

図 7.20 の畳み込み符号で，受信系列が 10 11 00 01 10 10 …であるときの復号過程を**図 7.21** に示す．×が付けられている経路が除かれた符号系列であ

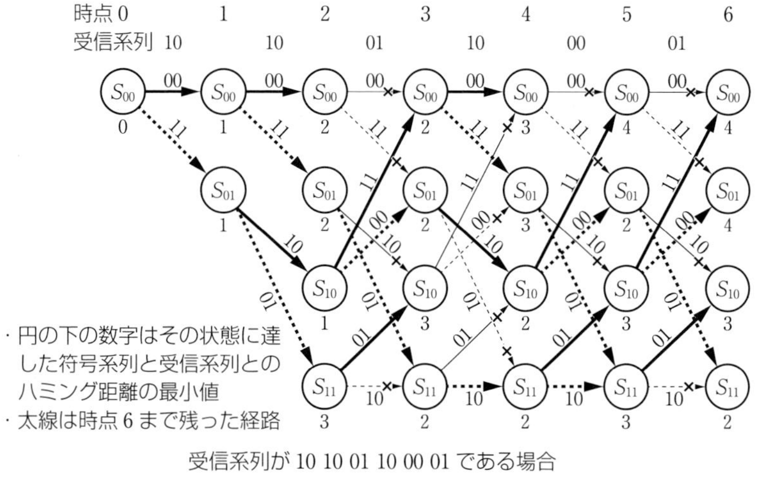

時点 0 1 2 3 4 5 6
受信系列 10 10 01 10 00 01
・円の下の数字はその状態に達した符号系列と受信系列とのハミング距離の最小値
・太線は時点 6 まで残った経路
受信系列が 10 10 01 10 00 01 である場合

図 7.21 ビタビ復号法

り，太線は時点 6 までに達した経路を示す．また，各状態の下に記されている数字がそこに至るまでのハミング距離の最小値である．この場合は時点 6 でハミング距離が状態 S_{00}，S_{01}，S_{10}，S_{11} に対し，4，4，3，2 となっている．したがって，この時点で送信された符号系列を推定するとすれば，S_{11} に到達する符号系列 11 10 00 10 00 01 を選ぶこととなる．誤りは受信系列の 2 ビット目と 6 ビット目の 2 個である．この符号の最小距離（最小重み）は $S_{00}\to S_{01}\to S_{10}\to S_{00}$ という経路の 5 であるから，2 個の誤りは訂正可能なのである．しかし，時点 5 と 6 に誤りが 2 個生じた場合には，そうはいかない．時点 6 で終わったのでは終端部分では最小距離が小さくなり，誤り訂正能力が劣化するからである．そこで，終端部分では情報記号を 0 として，最終時点で強制的に S_{00} の状態に戻すようにすることが多い．このようにすることを畳み込み符号を**終結**するという．図 7.20 の符号でいえば，終了の前の 2 時点の情報ビットを 0 にすればよいのである．

以上のような復号法を**ビタビ復号法**（Viterbi decoding）と呼ぶ．本章の前節までに述べた BCH 符号や RS 符号などの代数的な復号法が一定個数以下の誤りの訂正を行うのに対し，ビタビ復号法はハミング距離が最小となる符号系列を求める復号法であり，2元対称通信路に対して最尤復号法となっている．きわめて強力な復号法であるが，拘束長が増えれば，状態数は指数関数的に増大し，計算量も指数関数的に増大する．拘束長を長くすれば畳み込み符号の能力は上がるのであるが，拘束長が非常に大きな畳み込み符号にビタビ復号を行うのは実際上難しい．

ビタビ復号はまた，通信路から得られる情報をより有効に利用することもできる．通信路の出力は通常アナログ波形であり，それを標本化し量子化（第8章参照）してディジタル情報に変換する．2元ディジタル通信では，標本値がある一定値以上であれば1，それに達しなければ0とする．これを**硬判定**という．しかし，これにより受信信号がもっている情報をかなり失うことになる．そこで，場合によっては，中間に一定幅の区間を設け，そこに入れば消失，上を1，下を0とする2元消失通信路として扱うこともあるし，さらに多くの区間に分割し，標本化することもある．このような場合を**軟判定**と呼ぶ．これにより，受信信号のもっている情報をより有効に利用できるようになる．しかし，代数的復号法では消失を扱える場合はあるが，一般の軟判定情報を有効に利用することは難しい．ビタビ復号では，それが比較的簡単なのである．

最尤復号法は，6.2.2項で述べたように，符号系列 $\boldsymbol{w}=(w_1, w_2, \cdots, w_n)$ を送ったときに，受信系列が $\boldsymbol{y}=(y_1, y_2, \cdots, y_n)$ となる条件付確率を $P(\boldsymbol{y} \mid \boldsymbol{w})$ とし，$\boldsymbol{y}$ を受信したときに尤度関数 $P(\boldsymbol{y} \mid \boldsymbol{w})$ を最大とする $\boldsymbol{w}$ が送信された符号系列と推定する復号法であり，すべての符号系列が等確率で送信される場合，正しく復号される確率を最大とする復号法である．ここで，通信路が記憶のない一様通信路だとすれば

$$P(\boldsymbol{y} \mid \boldsymbol{w}) = \prod_{i=1}^{n} P(y_i \mid w_i) \tag{7.116}$$

となる．ここで，w_i は0か1，y_i は q 個の値を取り得るとしておこう．つまり，受信信号は q 値に量子化されたとするのである．このままの形ではビタビ復号に使いにくいので，対数をとり -1 を掛けると

$$L(\boldsymbol{y} \mid \boldsymbol{w}) = -\log_2 P(\boldsymbol{y} \mid \boldsymbol{w}) = -\sum_{i=1}^{n} \log_2 P(y_i \mid w_i) \qquad (7.117)$$

となる．$L(\boldsymbol{y} \mid \boldsymbol{w})$を対数尤度関数と呼ぶ．最尤復号を行うには，$\boldsymbol{y}$を受信したときに$L(\boldsymbol{y} \mid \boldsymbol{w})$を最小にする符号系列を求めればよい．このためには，ハミング距離の代わりに$L(\boldsymbol{y} \mid \boldsymbol{w})$を用いてビタビ復号を行えばよく，各時点では，状態ごとにその前の時点までの対数尤度関数の値にその時点の受信系列と符号系列のブロック間の対数尤度関数 $-\log_2 P(y_i \mid w_i)$を加え，比較して，最小となる経路を残す．これにより，ハミング距離を用いる場合とほとんど同じようにして送られた符号系列を推定できることになる．このように軟判定情報を利用すれば，無線通信の場合など，受信情報の品質を落とさないで，送信電力を半分以下に減らせるなど，大きな利得が得られることがある．

7.8 繰返し復号法

情報化社会が進展するにつれ，より信頼性の高い通信路符号化が求められるようになっている．このためには，6.5節の**定理 6.3**からわかるように，符号長を伸ばしていけばよい．しかし，符号長が長くなると，復号の計算量が増大する．たとえば，前節で述べた畳み込み符号のビタビ符号は復号誤り率を最小にする最尤復号が実現できるが，符号長に相当する拘束長を伸ばしていくと，復号のための計算量は指数関数的に増大していく．この問題を解決するには，**要素符号**と呼ばれる符号長の短い符号を相互に何らかの関係をもつように複数個組み合わせ，実効的に符号長の長い符号を構成するという方法が用いられる．その復号は，要素符号の復号を繰り返すことにより行われる．要素符号は符号長が短いため，復号の計算量は小さく，それを繰り返しても符号長の長い符号の復号の計算量に比べればはるかに小さくなる．このようにして，符号長がきわめて長く信頼性の高い通信路符号化が実際的な計算量で実現できるのである．このような復号法を**繰返し復号法**と呼ぶ．

図 7.22 の 3×3 水平垂直パリティ検査符号（7.1.2 項参照）について，繰

x_1	x_2	p_1
x_3	x_4	p_2
p_3	p_4	p_5

$$p_1=x_1+x_2$$
$$p_2=x_3+x_4$$
$$p_3=x_1+x_3$$
$$p_4=x_2+x_4$$
$$p_5=p_1+p_2$$
$$p_5=p_3+p_4$$

図 7.22　3×3 水平垂直パリティ検査符号

返し復号法を説明しよう．この場合，要素符号は単一パリティ検査符号（7.1.1 項参照）であり，3×3 水平垂直パリティ検査符号は，図 7.22 に示されているパリティ検査方程式のそれぞれに対応する六つの要素符号からなっている．各行の要素符号は各列の要素符号と同一の記号を共有することによって，関係をもっている．

繰返し復号における情報の流れを見るには，**図 7.23** のような**タナーグラフ**（Tanner graph）を用いるのが便利である．上段は受信語の各記号 y_1，y_2，…，y_9 を示し，メッセージノードと呼ばれる．下段は各要素符号 C_1，C_2，…，C_6 を示し，チェックノードと呼ばれ，各ノードからは要素符号に含まれるメッセージノードに枝が出ている．たとえば，C_1 は y_1，y_2，y_5 のノードと結ばれている．

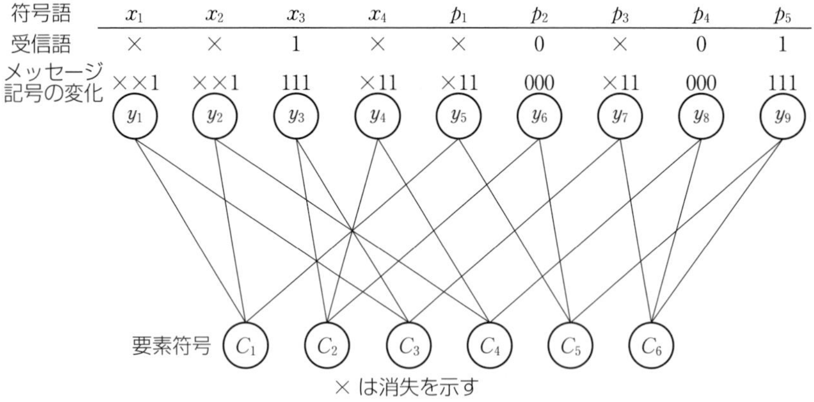

図 7.23　3×3 水平垂直パリティ検査符号のタナーグラフ

ここで，通信路は２元対称消失通信路（3.3.2 項例 3.6 参照）であるとするが，$p=0$ とする．すなわち，$0\to1$，$1\to0$ の誤りは生じないとする．したがって，受信語のある記号が０か１であれば，その記号は誤りなく受信されたと判断できる．消失×であれば，送られた記号が０か１かはその記号だけからはわからない．この場合，復号は以下のように行われる．

① 受信語の各記号をメッセージノードに置く．以降これをメッセージ記号と呼ぶ．

② 各メッセージノードでは接続されているチェックノードにメッセージ記号を送る．

③ 各チェックノードでは，接続されているメッセージノードそれぞれに対し，そのノード以外から送られてきたメッセージ記号に×が含まれていれば×を送り，×がなければそのノード以外から送られてきた記号（0 か 1）の和（排他的論理和）を送る．この送り返す情報を**外部値**と呼ぶ．

④ 各メッセージノードでは受信記号が０か１である場合は，接続されているチェックノードから送られてきた記号にかかわらず，メッセージ記号はそのままにしておく．メッセージ記号が×である場合，接続されているチェックノードから送られてきた外部値に０か１があれば，メッセージ記号をその値に変える（0 か 1 が複数ある場合，それらはすべて同じ値となる）．

⑤ ②〜④の過程をメッセージ記号が収束する（変化しなくなる）まで繰り返す．

たとえば，受信語が $\boldsymbol{y}=(\times,\times,1,\times,\times,0,\times,0,1)$ であるとすると，３回の繰返しで収束し，左端のメッセージノードでは，図 7.23 に示してあるように，メッセージ記号は× ×１と変化する．

ここで述べた水平垂直パリティ検査符号は，最小距離が４にしかならない符号であり，消失であっても３個までしか訂正できない符号である．しかし，符号長をもう少し長くすると繰返し符号を行うことによって，意外に強力な消失訂正符号となる．例を示そう．

【例 7.14】 11×11 の水平垂直パリティ検査符号を考える．これは符号長 121，情報ビット数 100，検査ビット数 21 の線形符号である．通信路は 0 → 1，1 → 0 の誤りが生じない 2 元対称消失通信路とする．

水平垂直パリティ検査符号全体としては，最小距離が 2×2＝4 で 3 個以下の消失が訂正可能であるが，前述の繰返し復号を行えば 4 個以上の消失も高い確率で訂正できる．なお，この場合，繰返し復号は各行の復号と各列の復号を順次繰返し行う方法と実質的に変わらない．

全体で符号長 121 の符号であるが，その要素符号である 22 個の単一パリティ検査符号の復号を順次行っていくとしよう．このようにすると，**図 7.24** の左上のように水平・垂直な辺だけからなる四角形の頂点にある 4 個の消失は訂正不可能であるが，それ以外のすべての 4 個の消失は訂正可能であることがわかる．4 個の消失は ${}_{121}C_4=8\,495\,410$ 通り存在するが，そのなかで訂正不可能なものは $({}_{121}C_4)^2=3\,025$ 通りしかない．これは，4 個の消失の約 0.04％である．したがって，4 個の消失は約 99.96％が訂正可能となる．

さらに，5 個の消失でも訂正不可能なパターンは 3 025×117 個であるので，これを ${}_{121}C_5$ で割れば，約 99.82％が訂正可能であることがわかる．詳細は略

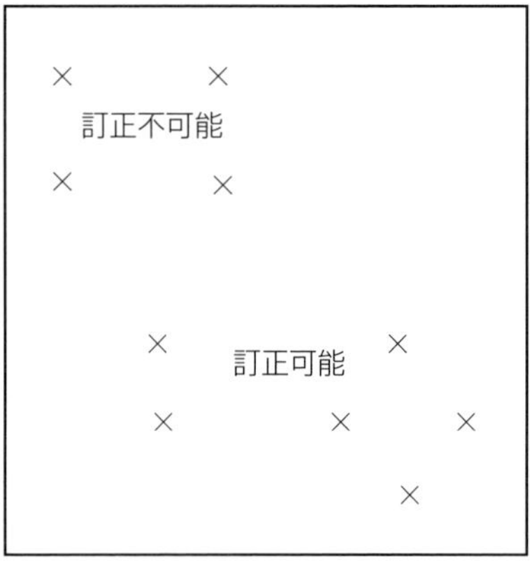

図 7.24　水平垂直パリティ検査符号による消失訂正

すが，6個の消失でも約99.47%が訂正可能である．

4個の消失を100%訂正したいのであれば，たとえばBCH符号を用いるとよい．情報ビット数を100とすれば，検査ビット数14で最小距離5の（短縮化）BCH符号をつくることができる．しかし，復号は水平垂直パリティ検査符号よりもはるかに複雑となるし，通常の復号法では5個以上の消失は訂正できない．また，6個の消失まで完全に訂正しようと思えば検査ビット数は21となり，上記の水平垂直パリティ検査符号と同等となる．

このように非常に簡単な符号でも，繰返し復号法を行うことによって，優れた復号特性が得られる．しかし，一般の通信路では，誤りのない2元対称消失通信路のように簡単に繰返し復号法を実現することはできない．軟判定などを用いる場合には，7.7節で述べたように，尤度関数などの確率関数を用いなければ十分に復号特性を向上させることができない．さらに，繰返し復号法では，異なる要素符号が相互に情報の授受を行って優れた復号特性を実現するのであるが，情報の交換の効果を最大限に引き出すためには，与えられた受信語 $\boldsymbol{y}$ に対し，どの記号（0か1か）が送信された確率が最大となるかを推定することが重要となってくる．そのような確率を**最大事後確率**（**MAP**：maximum a posteriori probability）と呼ぶ．たとえば，水平垂直パリティ検査符号では，各行の要素符号の各記号が列の要素符号の記号ともなっているので行の要素符号からMAPを計算し，それを外部値とし，その時点の受信記号の尤度を用いて事後確率を計算するという過程を繰り返し，最大事後確率を与える記号を決めていけば，優れた復号特性を得ることができる．このような復号法として，**BCJRアルゴリズム**（Bahl-Cocke-Jelinek-Raviv algorithm）がよく知られている．

繰返し復号法が注目されるようになったのは，1993年に**ターボ符号**（turbo code）が出現してからである．これは二つの畳み込み符号を組み合わせて構成された符号で，要素符号の復号を繰り返すことによりきわめて優れた復号特性を示す．ターボ符号は提案されてから10年を経ないで実用化が進展し，携帯電話の誤り訂正方式として用いられている．

もう一つの重要な符号は，**低密度パリティ検査符号**（**LDPC 符号**：low-density parity-check code）である．これは，検査行列の各行に含まれる1の数が小さな一定数以下となる符号であり，検査行列はスパースな（疎な）行列となっている．この検査行列からタナーグラフを作れば，各チェックノードが一定数以下のメッセージノードと接続された疎なタナーグラフとなり，それを用いて一定回数以下の繰返し復号を行えば，復号のための計算量はチェックノード数（符号の効率が一定であれば符号長）に比例する程度となる．BCH 符号の復号の計算量は符号長の2乗に比例するので，実用化されている符号長が数100ビットのBCH 符号と同等の計算量で数千から数万ビットのLDPC 符号の復号が可能であり，非常に信頼性の高い通信路符号化が実現できる．LDPC 符号は衛星通信や衛星放送などの誤り訂正に使われている．

演 習 問 題

7.1　(7, 4) ハミング符号の各符号語に重みが偶数となるように，検査ビットを 1 ビット付け加える．このようにして得られる (8, 4) 符号は最小重みが 4 であるから SEC/DED 符号である．これについて，次の問に答えよ．

（a）検査行列を示せ．

（b）並列符号器を図示せよ．

（c）並列復号器を図示せよ．

7.2　縦方向に $k_1=2$ 個，横方向に $k_2=2$ 個の情報ビットを並べた，情報ビット数 $k=k_1k_2=4$ の水平垂直パリティ検査符号をビット誤り率が 10^{-2} の BSC に用いるものとする．単一誤りをすべて訂正するものとし，次の確率を求めよ．

（a）誤って復号される確率．

（b）訂正不可能な誤りを検出する確率．

7.3　次の限界式を証明せよ．

（a）符号長 n，誤り訂正能力 t_0 の 2 元符号の符号語数を M とすると

$$M \leq \frac{2^n}{\sum_{i=0}^{t_0} {}_n\mathrm{C}_i}$$

（この限界式を**ハミングの限界式**という）

（b）(n, k) 線形符号の最小距離を $d_{\min}$ とすると

$$n-k+1 \geq d_{\min}$$

7.4　検査行列が式(7.31)で与えられる (15, 11) ハミング符号を，2 元対称消失通信路（消失のほかに誤りも生じ得る）に用いたとする．次のような受信語を復号せよ．

（a）$\boldsymbol{y}=(1\,0\,0\,0\,0\,1\,0\,1\,0\,1\,1\,1\,0\,1\,1)$

（b）$\boldsymbol{y}=(\times\,0\,1\,1\,0\,0\,1\,0\,1\,0\,0\,1\,1\,1\,0)$

（c）$\boldsymbol{y}=(0\,\times\,1\,0\,0\,\times\,0\,1\,1\,0\,0\,1\,1\,1\,1)$

7.5　**図 P7.1** のように，各列を (n_1, k_1) 線形符号 $\boldsymbol{C}_1$ に符号化し，各行を (n_2, k_2) 線形符号 $\boldsymbol{C}_2$ に符号化した $n_1\times n_2$ 配列を符号語とする (n_1n_2, k_1k_2) 線形符号を $\boldsymbol{C}_1$ と $\boldsymbol{C}_2$ の**積符号**という．

（a）$\boldsymbol{C}_1$，$\boldsymbol{C}_2$ の最小距離をそれぞれ d_1，d_2 とするとき，$\boldsymbol{C}_1$ と $\boldsymbol{C}_2$ の積符号の最小距離

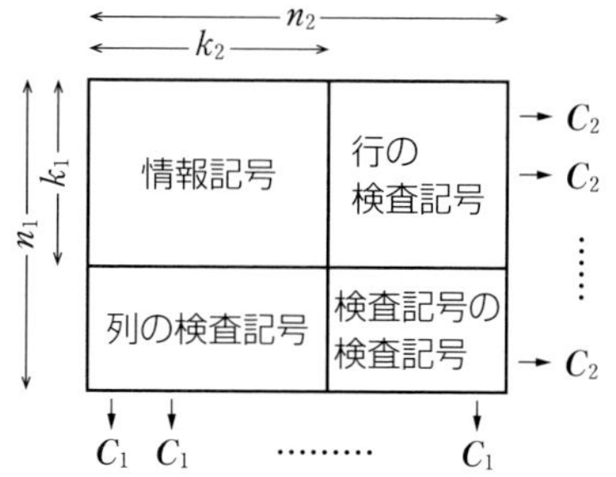

図 P7.1

が d_1d_2 となることを証明せよ．

（b）$\boldsymbol{C}_1$ を検査行列が式(7.47)で与えられる (6, 3) 線形符号，$\boldsymbol{C}_2$ が (3, 2)単一パリティ検査符号であるとき，この積符号を用いた 2 重誤り訂正・3 重誤り検出の復号アルゴリズムを示せ．

7.6　0，1 を係数とする多項式 $G(x)$の周期が p であるとする．

（a）$G(x)\,|\,(x^n-1)$の必要十分条件は $p\,|\,n$ であることを証明せよ．

（b）$G(x)$が互いに異なる既約多項式の積の形に $G(x)=F_1(x)F_2(x)\cdots F_m(x)$ と因数分解できたとする．$F_i(x)$の周期を p_i とすると

$$p=\mathrm{LCM}(p_1, p_2, \cdots, p_m)$$

であることを証明せよ．ただし，LCM は最小公倍数を表す．

7.7　m 次の生成多項式 $G(x)$で生成される巡回符号を考える．この符号を誤り検出符号として使うとき，長さ l ($l>m$) のバースト誤りは，$l=m+1$ のとき $(1-2^{-m+1})\times100$〔%〕，$l>m+1$ のとき $(1-2^{-m})\times100$〔%〕が検出可能であることを証明せよ．

7.8　生成多項式が

$$G(x)=(x+1)(x^4+x+1)$$

で与えられる符号長 15 の巡回符号を考える．

（a）この符号の符号器を図示せよ．

（b）この符号で長さ 2 以下のバースト誤りが訂正できることを示せ（長さ 2 以下のバースト誤りパターンを表す二つの多項式 $E_1(x)$と $E_2(x)$の和が $G(x)$で割り切れないことを示せばよい）．

（c）誤りトラップ復号法を用い，長さ 2 以下のバースト誤りを訂正する復号器を図示せよ．

7.9　生成多項式が $G(x)=x^{11}+x^{10}+x^9+x^8+x^6+x^4+x^3+1$ で与えられる符号長 15 の巡回符号を考える．

（a）この符号の符号語をすべて示せ．

（b）この符号の最小距離を求めよ．

（c）この符号の $\mathbf{0}$ でない符号語を一周期とする周期 15 の 2 元系列は興味深い性質をいくつかもっている．気づいた点を述べよ．

（d）（c）のような系列を発生するできるだけ簡単な回路を考えよ．

7.10　α を原始多項式 x^4+x^3+1 の根とする．

（a）α を用いて $GF(2^4)$のべき表現とベクトル表現の対応表をつくれ．

（b）x，y に関する次の連立方程式を解け．

$$\begin{cases} \alpha^7x+\alpha^3y=\alpha^9 \\ \alpha^{11}x+\alpha^2y=\alpha \end{cases}$$

7.11　$GF(2^m)$の原始元をαとし$n=2^m-1$とおく．このとき，次の(a)，(b)を証明せよ．

(a) jを$0\leq j<n$となる整数とするとき

$$\sum_{j=0}^{n-1}\alpha^{ij}=\begin{cases}1\,;\,j=0\\0\,;\,\text{その他}\end{cases}$$

($x^n-1=(x-1)(x^{n-1}+\cdots+x+1)$および$\alpha^n=1$となることを用いよ．)

(b) $GF(2^m)$上のn次元ベクトル$\boldsymbol{w}=(w_{n-1},\cdots,w_1,w_0)$に対し

$$\tilde{w}_j=\sum_{i=0}^{n-1}w_i\alpha^{ij}\quad(j=0,1,\cdots,n-1)$$

とおくと，$\boldsymbol{w}$は$\tilde{\boldsymbol{w}}=(\tilde{w}_{n-1},\cdots,\tilde{w}_1,\tilde{w}_0)$から

$$w_i=\sum_{i=0}^{n-1}\tilde{w}_j\alpha^{-ij}\quad(i=0,1,\cdots,n-1)$$

により復元できる（$\tilde{\boldsymbol{w}}$を$\boldsymbol{w}$のフーリエ変換と呼ぶ）．

7.12　αを$GF(2^m)$の原始元とするときを1，α，$\cdots$，α^{d-2}を根とする生成多項式により生成される符号長$n=2^m-1$のBCH符号の最小距離がd以上になることを，次の(a)～(c)のようにして証明せよ．

(a) 符号語$\boldsymbol{w}=(w_{n-1},\cdots,w_1,w_0)$のフーリエ変換を$\tilde{\boldsymbol{w}}=(\tilde{w}_{n-1},\cdots,\tilde{w}_1,\tilde{w}_0)$とするとき，$\tilde{w}_0=\tilde{w}_1=\cdots=\tilde{w}_{d-2}=0$であることを示せ．

(b) $\tilde{w}_{n-1}$，$\cdots$，$\tilde{w}_1$，$\tilde{w}_0$を係数とする多項式$\tilde{W}(x)=\tilde{w}_{n-1}x^{n-1}+\cdots+\tilde{w}_1x+\tilde{w}_0$の非零の根で$GF(2^m)$に含まれるものはたかだか$n-d$個であることを示せ．

(c) $\mathbf{0}$でない符号語に含まれる0の数がたかだか$n-d$であることを示せ．

(d) 生成多項式の根がα^l，α^{l+1}，$\cdots$，α^{l+d-2}の場合についても同様に証明せよ．

7.13　αを原始多項式x^4+x^3+1の根とするとき，次のBCH符号の生成多項式を示せ．

(a) α，α^3を根とするBCH符号．

(b) α，α^3，α^5を根とするBCH符号．

(c) 1，α，α^3を根とするBCH符号．

7.14　式(7.108)の検査行列をもつ$GF(4)$上の単一誤り訂正符号から例7.11のようにして，$GF(2)$上の(10, 6)単一バイト誤り訂正符号をつくるものとする．この単一バイト誤り訂正符号の検査行列を示せ（$GF(4)$の元αを乗じるという演算が，べき表現に対してはどのような演算になるかを考えよ）．

7.15　最大100ビットまでの長さのバースト誤りが発生する通信路がある．ただし，バースト誤りの後には，少なくとも1 000ビットの誤りのない区間がある．このようなバースト誤りを訂正する符号を，$GF(2^m)$上の単一誤り訂正符号から得られる単一バイト誤り訂正符号を（必要なら短縮化し）インターリーブして構成するものとする．効率をできるだけよくするには，どのような構成としたらよいか．

7.16　**図 P7.2** の情報速度 1/2，拘束長 4 の 2 元畳み込み符号を考える．

（a）この符号について，図 7.19 のような状態図を描け．

（b）受信系列 11 00 11 11 00 10 11 をビタビ復号し，送られた 7 ビットの情報源系列を推定せよ．ただし，情報系列の最後の 3 ビットは 0 として，終結している．

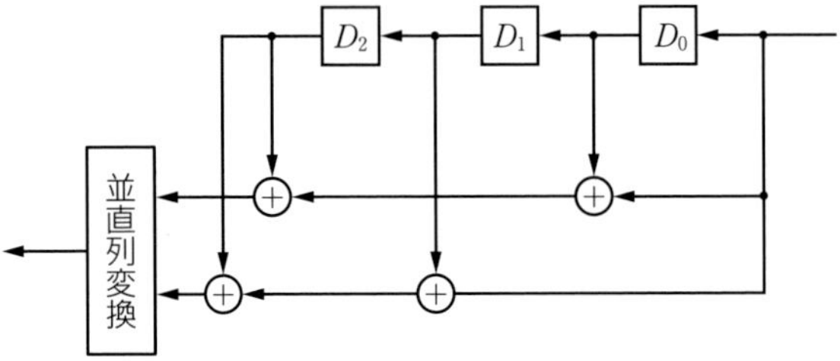

図 P7.2　畳み込み符号の符号器

第 8 章

アナログ情報源とアナログ通信路

これまで，ディジタル情報源とディジタル通信路について論じてきた．しかし，実際の情報源には，音声，画像など，アナログ波形を発生するものが多い．また，通信路は物理的なレベルで考えれば，本来，アナログ的なものである．本章では，このようなアナログ情報源や，アナログ通信路に対する符号化の問題を論じる．

アナログ的な時間が，ディジタル時計で精度よく計ることができるように，アナログ情報源やアナログ通信路も，ディジタルモデルによっていくらでも精度よく近似できる．

そのようにディジタル近似してしまえば，符号化は前章までの理論を用いて行うことができるはずである．確かに，そのようにして，アナログ情報源やアナログ通信路に対する符号化を行うこともある．しかし，アナログ情報源や通信路をディジタルモデルで表すと，非常に複雑で見通しの悪いものとなってしまうことが多い．このため，このようなモデルに対し，効率のよい符号化を行うのは，不可能ではないにしても，通常，きわめて困難である．本来のアナログ的性質を利用して符号化を行うほうが実際的であるし，理論的にも扱いやすく，見通しもよい．このため，本章で述べるような，アナログ的情報理論が必要となるのである．

8.1 アナログ情報源と通信路に対する情報理論

アナログ情報源とアナログ通信路を含む**図 8.1** のような通信系を考えよう．

情報理論の主たる対象となるのは，このような通信系である*．

アナログ情報源からは，図に示されているような連続的な波形——**アナログ波形**が発生する．このアナログ波形に対し，まず**A-D 変換**（analog-to-digital conversion）を行う．つまり，アナログ波形を，たとえば，図のように，1，0 からなる系列に変換するのである．これは，後に述べる**標本化**と**量子化**により行われる．A-D 変換は，非可逆な変換であり，1，0 の系列から元のアナログ波形を完全に再生することはできず，何らかのひずみを生じる．

このようにして得られた 1，0 の系列に対し，図 8.1 の通信系では情報源符号化を行い，情報伝送の効率化を図っている．しかし実際には，A-D 変換と情報源符号化を同時に行う場合が多い．

次に，高信頼化のために，通信路符号化を行う．その結果，得られた系列を与えられたアナログ通信路を伝送し得る形に変換する．図では 1，0 をそれぞれ正，負のパルスに変換している．このような変換が**変調**である．

通信路においては，程度の差はあれ，送られた波形に何らかのひずみが生じ，雑音が加わる．

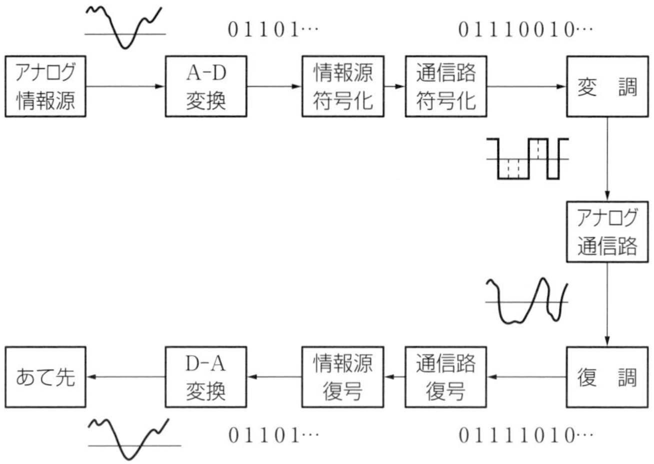

図 8.1　アナログ情報源と通信路を含む通信系

* このような通信系を広い意味で PCM（pulse code modulation）通信系という．

受信側で，まず行うのは**復調**である．これは受信された信号から送られた系列を再生する過程である．通信路のひずみや雑音のために，このような再生には誤りが生じることがある．通信路復号でその誤りを訂正し，情報源復号で情報源符号化の逆の操作を行い，その結果を **D-A 変換**（digital-to-analog conversion）して，元のアナログ波形に近い波形を再生するのである．

このような通信系において，通信の限界を与えるのは，やはり，アナログ通信路の通信路容量 $\mathcal{C}$〔ビット/秒〕とアナログ情報源の速度・ひずみ関数 $\mathcal{R}(D)$〔ビット/秒〕である．$\mathcal{C}$ と $\mathcal{R}(D)$ の意味は，ディジタル通信路や情報源に対するものと同じである．たとえば，通信路容量 $\mathcal{C}$ の通信路は，$\mathcal{C}$ より小さな伝送速度の情報を全く誤りなく伝送することができ，$\mathcal{C}$ 以上の伝送速度の情報を誤りなく伝送することはできない．また，速度・ひずみ関数が $\mathcal{R}(D)$ のアナログ情報源から発生する情報を平均ひずみ D 以下で送るには，速度が $\mathcal{R}(D)$ 以上の情報源符号を用いる必要があるし，速度が $\mathcal{R}(D)$ にいくらでも近い情報源符号で，平均ひずみを D 以下にするものが存在する．

さらに，$\mathcal{R}(D) < \mathcal{C}$ であれば，情報源からあて先まで，情報を平均ひずみ D 以下で伝えることができるが，$\mathcal{R}(D) > \mathcal{C}$ であれば平均ひずみを D 以下にできないというのも，ディジタル通信系の場合と同様である．なお，図 8.1 の通信系のように，情報源からのアナログ波形を A-D 変換して符号化するのではなく，アナログ波形のまま，何らかのアナログ的変換（変調）を行うとしても，やはり，$\mathcal{R}(D) > \mathcal{C}$ であるとき，平均ひずみを D 以下にすることはできない．通信路容量 $\mathcal{C}$ の通信路と，速度・ひずみ関数 $\mathcal{R}(D)$ の情報源が与えられた場合，どのような変換方式をとろうと，この限界は越えられないのである．

このように，通信路容量と速度・ひずみ関数が求まりさえすれば，通信の限界に関する議論は，ディジタルの場合もアナログの場合も変わらない．しかし，もちろん，ひずみ測度は異なり，それぞれの場合に適したものが用いられる．

本章では，まず，アナログ波形を扱う際の基礎となる標本化定理について学び，次いで，アナログ情報源の速度・ひずみ関数と情報源符号化法，およびアナログ通信路の通信路容量と通信路符号化法について考える．

8.2 標本化定理

8.2.1 アナログ波形の周波数成分

任意のアナログ波形 $x(t)$ は，有限の時間区間をとると正弦波の和として表すことができる．ただし，定数は周波数 0 の正弦波とみなす．いま，有限区間として，$-T/2 \leq t \leq T/2$ となる区間［$-T/2$, $T/2$］をとり

$$\Delta f = \frac{1}{T} \tag{8.1}$$

とおけば，$x(t)$ は正弦波の和として

$$x(t) = \frac{a_0}{2} + \sum_{k=1}^{\infty} (a_k \cos 2\pi k\Delta ft + b_k \sin 2\pi k\Delta ft) \tag{8.2}$$

と書けるのである．これを $x(t)$ の**フーリエ級数**（Fourier series）と呼ぶ．ここに，係数 a_k, b_k（$k=0, 1, 2, \cdots$）は

$$\left.\begin{aligned} a_k &= \frac{2}{T}\int_{-T/2}^{T/2} x(t) \cos 2\pi k\Delta ftdt \\ b_k &= \frac{2}{T}\int_{-T/2}^{T/2} x(t) \sin 2\pi k\Delta ftdt \end{aligned}\right\} \tag{8.3}$$

で与えられ，**フーリエ係数**（Fourier coefficient）と呼ばれる．

【例 8.1】　図 8.2(a)の波形は，(b)のような正弦波の和として表せる．

このように，任意のアナログ波形 $x(t)$ は，正弦波から構成されているとみることができる．$x(t)$ に対し

$$a_k \cos 2\pi k\Delta ft + b_k \sin 2\pi k\Delta ft \tag{8.4}$$

を周波数 $k\Delta f$ の成分という．

ここで，i を虚数単位とするとき

$$e^{i2\pi\Delta ft} = \cos 2\pi k\Delta ft + i \sin 2\pi k\Delta ft \tag{8.5}$$

となることに注意すれば，式(8.4)は

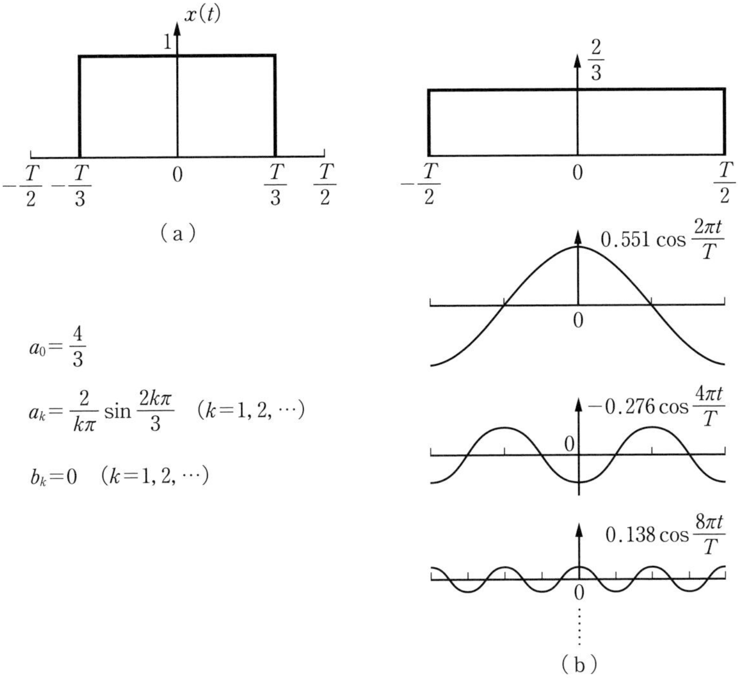

$$a_0 = \frac{4}{3}$$

$$a_k = \frac{2}{k\pi}\sin\frac{2k\pi}{3} \quad (k=1, 2, \cdots)$$

$$b_k = 0 \quad (k=1, 2, \cdots)$$

図 8.2 アナログ波形の周波数成分（フーリエ級数展開の例）

$$c_k e^{i2\pi k\Delta ft} + c_{-k} e^{-i2\pi k\Delta ft} \tag{8.6}$$

と書き直せることがわかる．ただし

$$\left.\begin{aligned} c_k &= \frac{1}{2}(a_k - ib_k) \\ c_{-k} &= \frac{1}{2}(a_k + ib_k) \end{aligned}\right\} \tag{8.7}$$

であり，c_{-k} は c_k の共役複素数となっている．これを用いれば，式(8.2)は

$$x(t) = \sum_{k=-\infty}^{\infty} c_k e^{i2\pi k\Delta ft} \tag{8.8}$$

と書ける．これを $x(t)$ の**複素フーリエ級数**という．係数 c_k は**複素フーリエ係数**と呼ばれ

$$c_k=\frac{1}{T}\int_{-T/2}^{T/2}x(t)e^{-i2\pi k\Delta ft}dt \tag{8.9}$$

により求められる．

さて，周波数 $k\Delta f$ の成分を表す式(8.6)の第1項，第2項はともに複素数であるが，便宜上，第1項 $c_k e^{i2\pi k\Delta ft}$ を周波数 $k\Delta f$ の成分，第2項 $c_{-k}e^{-i2\pi k\Delta ft}$ を周波数 $-k\Delta f$ の成分と呼ぶことにしよう．また，c_k，c_{-k} をそれぞれの成分の**複素振幅**と呼ぶ．負の周波数というのは，奇妙に思えるであろうが，**図8.3**に示すように，正の周波数成分 $c_k e^{i2\pi k\Delta ft}$ は複素平面上の半径 $|c_k|$ の円上を反時計方向に，負の周波数成分 $c_{-k}e^{-i2\pi k\Delta ft}$ は同じ円上を時計方向に，ともに角周波数 $2\pi k\Delta f$〔rad/秒〕でまわり，それを合成したものが実際の周波数 $k\Delta f$ の成分となるのである．

アナログ波形 $x(t)$ を $-T/2$ から $T/2$ までの区間で考えると，周波数成分は $\Delta f=1/T$ 間隔で現れるわけである．c_k は周波数 $k\Delta f$ の成分の複素振幅であるから，これを Δf で割れば，$k\Delta f-\Delta f/2$ から $k\Delta f+\Delta f/2$ までの間の1 Hz 当たりの平均の複素振幅が得られると考えることができる．これを**複素振幅密度**と呼ぶ．ここで，$k\Delta f=f$ とおいて，$T\to\infty\,(\Delta f\to 0)$ としてみよう．このとき，$c_k/\Delta f$ は

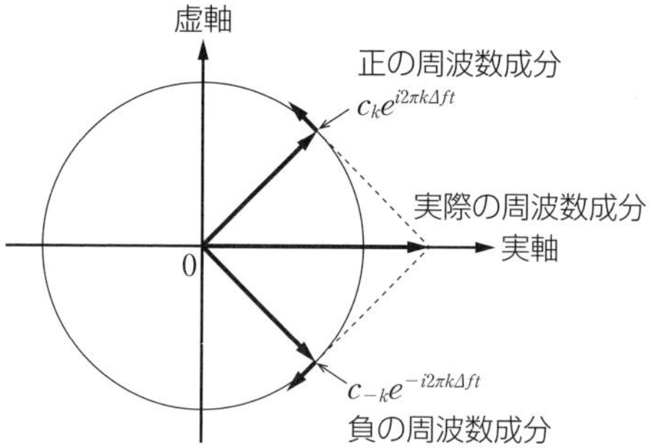

図8.3　正の周波数成分と負の周波数成分

$$X(f)=\int_{-\infty}^{\infty}x(t)e^{-i2\pi ft}dt \tag{8.10}$$

となる．$X(f)$は，$x(t)$の周波数fの付近の成分の複素振幅密度を表すものと解釈できる．これを$x(t)$の**複素振幅スペクトル密度**と呼ぶ．また，式(8.10)のような$x(t)$から$X(f)$への変換を**フーリエ変換**（Fourier transform）という．

$X(f)\varDelta f$がc_kに相当するものとなるから，$c_k=X(f)\varDelta f$を，式(8.8)に代入し，$\varDelta f\to 0$として，和を積分に直せば

$$x(t)=\int_{-\infty}^{\infty}X(f)e^{i2\pi ft}df \tag{8.11}$$

を得る．これにより，複素振幅スペクトル密度から元のアナログ波形を求めることができる．このような変換を**フーリエ逆変換**と呼ぶ．

8.2.2 標本化定理

アナログ波形は，すべての時点において，連続的に値が定まっている．しかし，これは，必ずしもすべての点における値を定めなければこのアナログ波形が確定しないということを意味するものではない．たとえば，**図8.4**のような周波数$f_0=1/T_0$の正弦波を考えてみよう．もし，図8.4に示すような等間隔の点を定めると，この正弦波は，ある意味で一意的に定まってしまう．というのは，これらの点を通る周波数f_0以下の正弦波は，図の正弦波しかあり得ないからである．

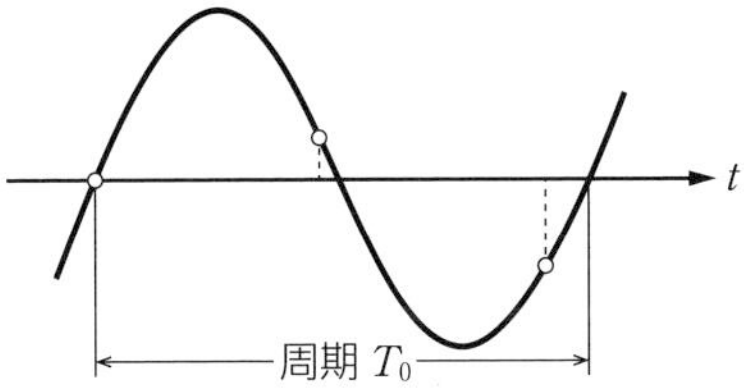

図8.4　周波数$f_0(=1/T_0)$以下の正弦波を一意に定める点

しかし，無作為な間隔で点を定めたとき，正弦波が一意的に定まるわけではない．たとえば，**図8.5**に×印で示すような点を定めても，それを通る周波数

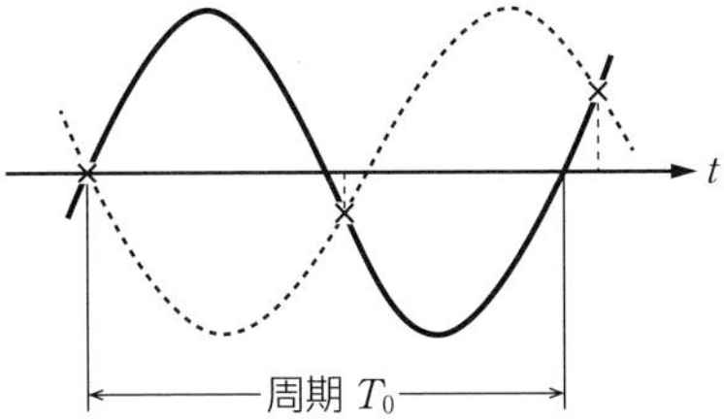

図8.5　周波数$f_0(=1/T_0)$以下の正弦波を一意に定めない点

f_0 以下の正弦波は破線で示すようにほかにも存在する．

正弦波を一意的に定め得る点の間隔の限界は，1 周期の 1/2 なのである．つまり，1 周期当たり 2 個より多くの点を等間隔にとっていけば，その周波数以下の正弦波で，それらの点を通るものはただ一つに限られる．いいかえると，周期 T_s で点をとっていけば，$1/2T_s$ 以下の周波数の正弦波は一意的に定まるのである．このような点のことを**標本点**，その値を**標本値**といい，標本値をとっていくことを**標本化**という．また，T_s を**標本化間隔**，$f_s=1/T_s$ を**標本化周波数**と呼ぶ．

さて，前項で述べたように，任意の波形は正弦波からできていると考えられる．このことから，次の定理は納得できるものであろう．

定理 8.1　標本化定理

周波数成分が 0 から W まで（負の周波数を考えれば，$-W$ から W まで）に限られている波形 $x(t)$ を，$f_s \geq 2W$ となる標本化周波数 f_s で標本化するとき，標本値 $x(kT_s)$（$k=\cdots, -2, -1, 0, 1, 2, \cdots$）から次式により，元の波形 $x(t)$ を完全に再現することができる．ただし，$T_s=1/f_s$ は標本化間隔である．

$$x(t)=\sum_{k=-\infty}^{\infty} x(kT_s)\frac{\sin \pi f_s(t-kT_s)}{\pi f_s(t-kT_s)} \tag{8.12}$$

（証明）　$x(t)$ の複素振幅スペクトル密度 $X(f)$ を**図 8.6** に示すような，周

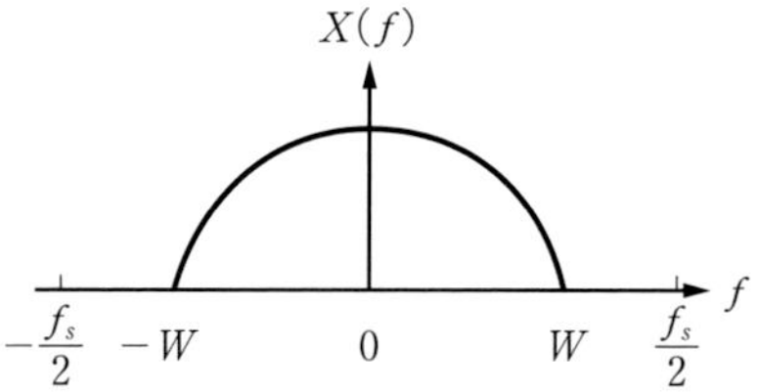

図 8.6　周波数成分が $-W$～W に制限された波形の複素振幅スペクトル密度

波数 $-f_s/2$ から $f_s/2$ までの区間においてフーリエ級数に展開するとしよう．すなわち

$$X(f)=\sum_{k=-\infty}^{\infty} c_k e^{i2\pi kT_s f} \quad \left(|f|\leq\frac{f_s}{2}\right) \tag{8.13}$$

ここに

$$c_k=\frac{1}{f_s}\int_{-f_s/2}^{f_s/2} X(f)e^{-i2\pi kT_s f}df \tag{8.14}$$

ここで，$X(f)$ が $\left[-\frac{f_s}{2},\frac{f_s}{2}\right]$ の外では 0 になることに注意すれば

$$\begin{aligned} x(t)&=\int_{-\infty}^{\infty} X(f)e^{i2\pi ft}df \\ &=\int_{-f_s/2}^{f_s/2} X(f)e^{i2\pi ft}df \end{aligned} \tag{8.15}$$

となるから

$$c_k=\frac{1}{f_s}x(-kT_s) \tag{8.16}$$

を得る．ゆえに

$$\begin{aligned} X(f)&=\sum_{k=-\infty}^{\infty}\frac{1}{f_s}x(-kT_s)e^{i2\pi kT_s f} \\ &=\sum_{l=-\infty}^{\infty}\frac{1}{f_s}x(lT_s)e^{-i2\pi lT_s f} \end{aligned} \tag{8.17}$$

となる．これを式(8.15)に代入し，積分と和の順序を交換すれば，次のようになる．

$$\begin{aligned} x(t)&=\sum_{l=-\infty}^{\infty}x(lT_s)\frac{1}{f_s}\int_{-f_s/2}^{f_s/2}e^{i2\pi f(t-lT_s)}df \\ &=\sum_{l=-\infty}^{\infty}x(lT_s)\frac{\sin\pi f_s(t-lT_s)}{\pi f_s(t-lT_s)} \end{aligned} \tag{8.18}$$

（証明終）

この定理の波形のように，周波数成分がある有限な区間に制限されている波形を**帯域制限された波形**という．実際のアナログ波形は，何らかの形で帯域制

限されていると考えられるから，以下では，もっぱら帯域制限された波形を考えていくことにする．帯域制限された波形では，それが含む最高周波数の2倍以上の標本化周波数で標本化すれば，その標本値から，式(8.12)により，元の波形を完全に再現できる．このような操作を**補間**という．補間は**図8.7**に示す $\dfrac{\sin \pi f_s t}{\pi f_s t}$ という関数を kT_s だけずらし，$x(kT_s)$ を乗じて加えていくことにより行われる．これは実際には，**図8.8**のように，振幅が標本値となるようなインパルスの列を，0から $f_s/2$ までの周波数成分だけを通過するようなフィルタを通すことにより実現できる．

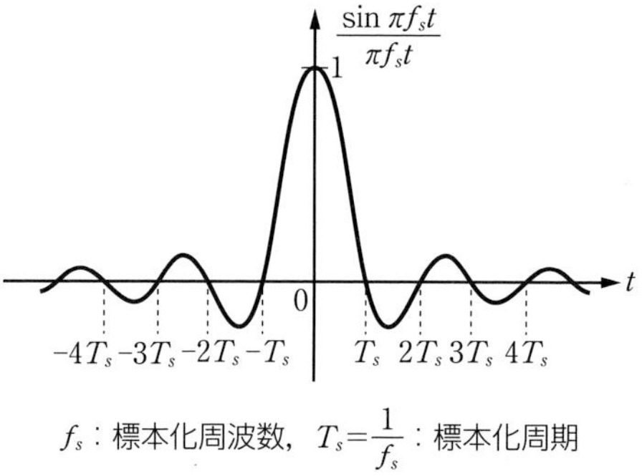

図8.7　関数 $\dfrac{\sin \pi f_s t}{\pi f_s t}$

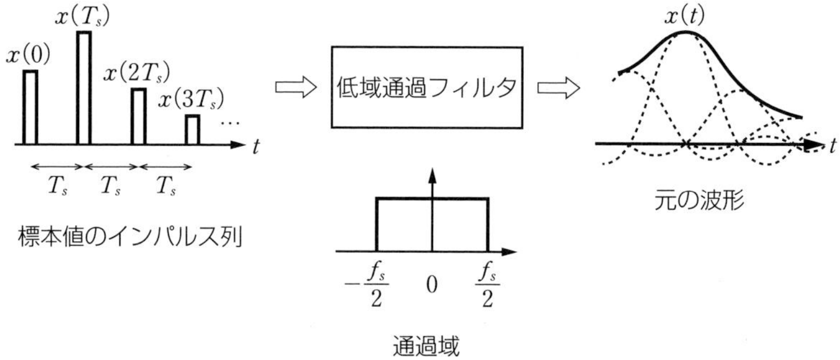

図8.8　標本値からの補間

8.3　アナログ情報源とそのエントロピー

8.3.1　アナログ情報源

帯域制限されたアナログ波形は，前節で述べたように，標本値の列として扱える．したがって，アナログ情報源は，その出力波形の帯域が制限されているとすれば，ディジタル情報源の場合と同様，確率変数の列 $X_0X_1X_2\cdots$ を発生するものと考えることができる．

ディジタルの場合，情報源の統計的性質は，任意の正整数 n に対し，X_0, X_1, $\cdots$, X_{n-1} の結合確率分布 $P_{X_0X_1\cdots X_{n-1}}(x_0, x_1, \cdots, x_{n-1})$ が与えられれば，完全に定まった．アナログの場合，確率変数 X_0, X_1, $\cdots$, X_{n-1} は連続的な値を取り得るから，結合確率分布ではなく，**結合確率密度関数** $p_{X_0X_1\cdots X_{n-1}}(x_0, x_1, \cdots, x_{n-1})$ で特徴づけなければならない．

結合確率密度関数はあくまで密度関数であり，確率そのものではない．それゆえ，1より大きくなることもある．しかし，十分微小な正数 dx_0, dx_1, $\cdots$, dx_{n-1} に対し

$$p_{X_0\cdots X_{n-1}}(x_0, \cdots, x_{n-1})\,dx_0\cdots dx_{n-1} \tag{8.19}$$

は，$x_0 \leq X_0 \leq x_0 + dx_0$, $x_1 \leq X_1 \leq x_1 + dx_1$, $\cdots$, $x_{n-1} \leq X_{n-1} \leq x_{n-1} + dx_{n-1}$ となる確率を与える．したがって，結合確率密度関数は負になることはないし

$$\int_{-\infty}^{\infty}\int_{-\infty}^{\infty}\cdots\int_{-\infty}^{\infty} p_{X_0\cdots X_{n-1}}(x_0, \cdots, x_{n-1})\,dx_0\cdots dx_{n-1} = 1 \tag{8.20}$$

となる．なお，結合確率密度関数の添え字 $X_0 \cdots X_{n-1}$ もしばしば省略する．

アナログの場合，この結合確率密度関数が，ディジタルの場合の結合確率分布とほとんど同様の役割を演じる．そして，これから条件付密度関数や平均などが，ディジタルの場合と同じようにして求められる．ただし，和は積分で置き換えねばならない．また，定常情報源やエルゴード情報源もディジタル情報源の場合と同様に定義される．たとえば，定常情報源は時間をずらしても，結合確率密度関数が変わらない情報源である．また，確率変数 X の任意の関数

$f(X)$に対し，その集合平均は，Xの確率密度関数$p(x)$を用いて

$$\overline{f(X)}=\int_{-\infty}^{\infty}f(x)p(x)dx \tag{8.21}$$

により定義される．一方，時間平均は，アナログ情報源からの一つの出力波形を$x(t)$とすれば

$$\langle f(x)\rangle=\lim_{T\to\infty}\frac{1}{T}\int_0^T f(x(t))dt \tag{8.22}$$

により定義される．そして，エルゴード情報源では

$$\overline{f(X)}=\langle f(X)\rangle \tag{8.23}$$

となるのである．

【例8.2】　各標本値が互いに独立で，**図8.9**に示すような

$$p(x)=\frac{1}{\sqrt{2\pi\sigma^2}}e^{-\frac{(x-\mu)^2}{2\sigma^2}} \tag{8.24}$$

という確率密度関数をもつ情報源を考える．このような確率密度関数によって定められる確率分布を**ガウス分布**（Gaussian distribution），または**正規分布**と呼ぶ．ガウス分布に従う確率変数Xの平均値$\overline{X}$は

$$\overline{X}=\int_{-\infty}^{\infty}xp(x)dx=\mu \tag{8.25}$$

となり，分散$\overline{(X-\mu)^2}$は

$$\overline{(X-\mu)^2}=\overline{X^2}-\mu^2=\int_{-\infty}^{\infty}x^2p(x)dx-\mu^2=\sigma^2 \tag{8.26}$$

となる．

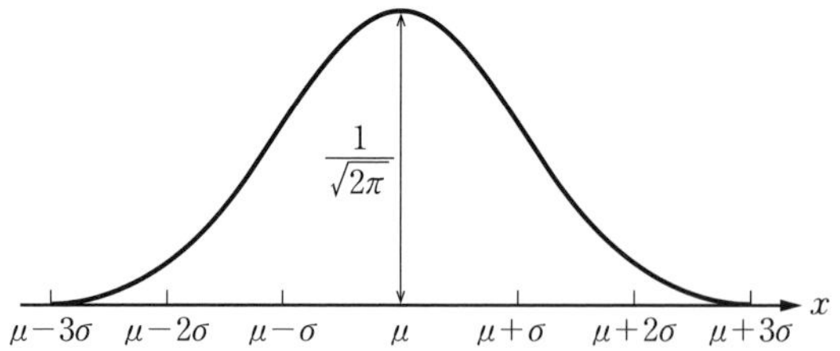

図8.9　ガウス分布の確率密度関数

さて，このような情報源から発生する標本値 X_0，X_1，…，X_{n-1} の結合確率密度関数は，これらの標本値が独立であるから

$$p(x_0, \cdots, x_{n-1}) = \prod_{i=0}^{n-1} p(x_i) \tag{8.27}$$

となる．このような情報源を無記憶ガウス情報源と呼ぶ．特に，平均値が 0 の場合には，**白色ガウス情報源**という[*1]．また，この場合，分散 σ^2 をこの情報源の平均電力と呼ぶことが多い[*2]．なお，証明は略すが，この例に示したような無記憶定常情報源はエルゴード情報源である．

【例 8.3】 任意の正整数 n に対し，標本値 X_0，…，X_{n-1} が

$$p(x_0, \cdots, x_{n-1}) = \frac{1}{(2\pi)^{\frac{n}{2}} |\Phi|^{\frac{1}{2}}} \exp\left[-\frac{1}{2}(\boldsymbol{x}-\boldsymbol{\mu})\Phi^{-1}(\boldsymbol{x}-\boldsymbol{\mu})^T\right] \tag{8.28}$$

という結合確率密度関数をもつとき，X_0，…，X_{n-1} は**結合ガウス分布**，または**結合正規分布**に従うといい，この情報源をガウス情報源という．

ここに

$$\boldsymbol{x} = (x_0, \cdots, x_{n-1}) \qquad \boldsymbol{\mu} = (\mu_0, \cdots, \mu_{n-1}) \tag{8.29}$$

であり，$\mu_i = \overline{X_i}$ である．また，Φ はその (i, j) 要素が

$$\sigma_{ij} = \overline{(X_i - \mu_i)(X_j - \mu_j)} \tag{8.30}$$

で与えられる $n \times n$ 行列であり，共分散行列と呼ばれる．$\sigma_{ij} = \sigma_{ji}$ であるから Φ は対称行列である．また，$|\Phi|$ は Φ の行列式を表す．このガウス情報源が定常であれば，μ_i はすべて等しく，任意の整数 l に対し $\sigma_{i-l, j-l} = \sigma_{ij}$ となる．

ここで，X_0 と X_1 の結合密度関数について，さらに詳しく見ておこう．簡単のため，$\mu_0 = \mu_1 = 0$，$\sigma_{00} = \sigma_{11} = \sigma^2$ とする．このとき，$p(x_0, x_1)$ は

$$p(x_0, x_1) = \frac{1}{2\pi\sigma^2\sqrt{1-\rho^2}} \exp\left[-\frac{{x_0}^2 - 2\rho x_0 x_1 + {x_1}^2}{2\sigma^2(1-\rho^2)}\right] \tag{8.31}$$

＊1 帯域内の各周波数成分が一様に含まれているので，白色光にちなみ，このように呼ぶ．

＊2 アナログ波形 $x(t)$ を電圧または電流と考え，これを 1 Ω の抵抗に印加したとき消費される電力を，アナログ波形の電力と考える．要するに，$x^2(t)$ の時間平均が平均電力である．エルゴード的であれば，これはもちろん $x^2(t)$ の集合平均に一致する．

となる．ここに，ρ は

$$\rho=\frac{\sigma_{01}}{\sqrt{\sigma_{00}\sigma_{11}}}=\frac{\overline{(X_0-\mu_0)(X_1-\mu_1)}}{\sqrt{\overline{(X_0-\mu_0)^2}\ \overline{(X_1-\mu_1)^2}}} \tag{8.32}$$

で定義され，X_0 と X_1 の**相関係数**と呼ばれる．相関係数 ρ は，-1 から 1 までの値を取り，$X_0=X_1$ であれば $\rho=1$，$X_0=-X_1$ であれば $\rho=-1$，X_0 と X_1 が独立であれば $\rho=0$ となる*．このように，相関係数は，二つの確率変数の間の関係の強さを表すものである．**図 8.10** に $\rho=0$ と $\rho=0.9$ の場合について，$p(x_0, x_1)$ を x_0-x_1 平面上に等高線で示しておこう．ただし，$\sigma^2=1$ とする．

8.3.2　アナログ情報源のエントロピー

標本化定理により帯域制限されたアナログ情報源の出力は，一定間隔でとられた標本値の列と考えることができる．そこでまず，一つの標本値を知ったときに得る情報量を考えてみよう．このため，標本値の取り得る値の領域を**図 8.11** のように幅が Δx の区間に分割し，それぞれの区間に入る標本値を各区

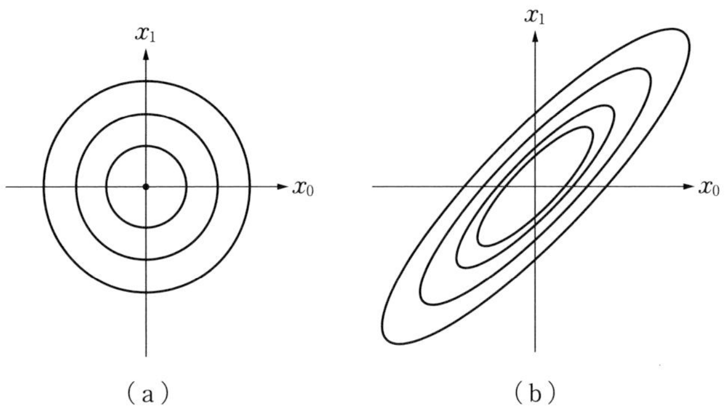

平均値 0，分散 1，相関係数（a）$\rho=0$，（b）$\rho=0.9$
等高線は外から $0.01/2\pi$，$0.1/2\pi$，$0.5/2\pi$，$1/2\pi$ の値に対応している

図 8.10　結合ガウス密度関数

---

* X_0 と X_1 が結合ガウス分布に従う場合，$\rho=0$ であれば X_0 と X_1 は独立となるが，一般には，二つの確率変数の間の相関係数が 0 であってもその二つの確率変数が独立になるとは限らない．

間の代表値で表す．代表値としては，図に示すように区間の中央の値をとるのがふつうである．このようにすれば，連続的な値が離散的な値で近似されることになる．このような操作を**量子化**(quantization) という．また，分割されたそれぞれの区間の幅（または，区間そのものを）**量子化ステップ**と呼ぶ．

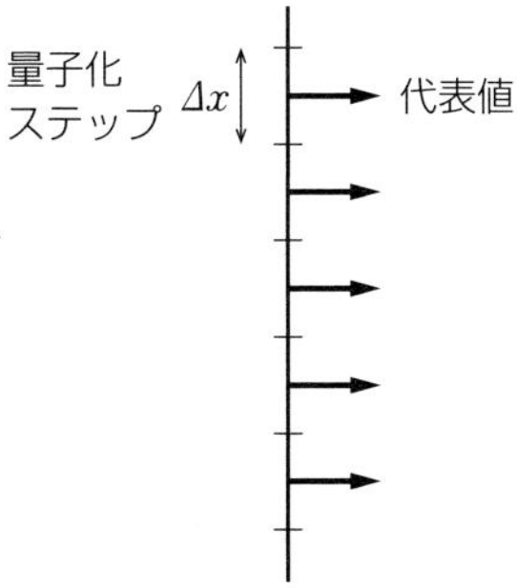

図 8.11　量子化

さて，量子化された標本値は，離散的な値しかとらないから，ディジタル情報源の場合と同様にエントロピーを定義できる．

ここで，アナログ情報源 S の標本値を量子化ステップ Δx で量子化した結果を出力する情報源を $S_{\Delta x}$ としよう．$S_{\Delta x}$ は S の出力 X が $i\Delta x-(\Delta/2)$ と $i\Delta x+(\Delta/2)$ の間に入っていれば，代表値 $i\Delta x$ を出力するような離散的情報源である（ここでは，代表値が $i\Delta x$ という形となるように量子化すると仮定する）．いま，標本値 X の密度関数を $p(x)$ とすれば，$S_{\Delta x}$ の 1 次エントロピーは

$$H_1(S_{\Delta x}) = -\sum_i p_i \log_2 p_i \qquad (8.33)$$

となる．ここに，p_i は $i\Delta x$ が出力される確率であり

$$p_i = \int_{i\Delta x-\frac{\Delta x}{2}}^{i\Delta x+\frac{\Delta x}{2}} p(x)\,dx \qquad (8.34)$$

で与えられる．Δx が十分小さければ，$p(x)$ は $i\Delta x-(\Delta x/2)$ から $i\Delta x+(\Delta x/2)$ の間で，ほぼ一定値をとると考えられるから

$$p_i \cong p(i\Delta x)\Delta x \qquad (8.35)$$

と近似できる．このとき，$H_1(S_{\Delta x})$ は

$$\begin{aligned} H_1(S_{\Delta x}) &\cong -\sum_i p(i\Delta x)\Delta x \log_2[p(i\Delta x)\Delta x] \\ &= -\sum_i [p(i\Delta x)\log_2 p(i\Delta x)]\Delta x - \log_2 \Delta x \end{aligned} \qquad (8.36)$$

となる．$\Delta x \to 0$ とすれば，$S_{\Delta x}$ は元のアナログ情報源 S になると考えられる．このとき，式 (8.36) の和の部分は積分になる．したがって，アナログ情報源 S

の1次エントロピーは

$$H_1(S) = -\int_{-\infty}^{\infty} p(x)\log_2 p(x)\,dx - \lim_{\Delta x \to 0} \log_2 \Delta x \tag{8.37}$$

となる．この第1項の積分は，多くの場合，有限な値をとるが，第2項の極限は，明らかに無限大になってしまう．もし，各標本値が独立であれば，アナログ情報源 S のエントロピーは，1次エントロピー $H_1(S)$ と一致する．また独立でない場合でも，そのエントロピーは，（拡大情報源の）1次エントロピーを基礎として定義されるから，結局，アナログ情報源 S のエントロピー $H(S)$ は無限大になってしまうのである．

これは，よく考えてみれば当然のことである．というのは，アナログ情報源からの標本値は実数であり，一般には無理数であるから，それを厳密に定めるには，無限に多くの桁数を要するはずである．このことは，一つの標本点を定めるのに，無限に多くの情報量を要することを意味し，したがって，アナログ情報源の出力の標本値は無限の情報量を与えるのである．

しかし，我々は実際には，アナログ情報源から無限に多くの情報量を得られるわけではない．なぜなら，観測には必ず誤差が伴い，厳密に標本値を定めることは不可能だからである．このように考えると，式(8.37)のようなエントロピーを考えるのは無意味なように思えるかもしれない．確かにその通りであり，絶対的なエントロピーの値には意味がない．しかし，二つのアナログ情報源のエントロピーの差には意味をもたせることができる．いま，二つの帯域制限されたアナログ情報源 S_1 と S_2 を同一周波数で標本化し，各標本値を同じ量子化ステップ Δx で量子化するものとしよう．このとき，S_1 と S_2 の1次エントロピーの差は，$\log_2 \Delta x$ の項が互いに打ち消し合い

$$H_1(S_1) - H_1(S_2) = -\int_{-\infty}^{\infty} p_1(x)\,\log_2 p_1(x)\,dx + \int_{-\infty}^{\infty} p_2(x)\,\log_2 p_2(x)\,dx \tag{8.38}$$

となる．ただし，$p_1(x)$，$p_2(x)$ はそれぞれ S_1，S_2 の標本値の密度関数である．このようにして，S_1 と S_2 の1次エントロピーの差は有限な値をとることにな

る．n 次エントロピー[*1]についても同様であり，Δx を含む項は打ち消し合い，差は有限な値をとる．したがって，S_1 と S_2 のエントロピーの差 $H(S_1)-H(S_2)$ も有限となる．もちろん，このためには，情報源 S_1 と S_2 に対し，同一の量子化ステップで量子化を行って比較するということが前提である．いいかえると，常に同じ精度で標本値を観測するという条件の下で，二つのアナログ情報源のエントロピーの差は，有限で一定な値をとるのである．そして，これは同じ精度で観測するという条件の下で，この二つの情報源が発生する情報量の差を表すと解釈できる．

そこで，標本値の密度関数が $p(x)$ のアナログ情報源 S の 1 次エントロピーを

$$H_1(S) = -\int_{-\infty}^{\infty} p(x) \log_2 p(x) dx \tag{8.39}$$

で定義することにしよう．つまり，式(8.37)の第 2 項を無視し，第 1 項をエントロピーと定義するのである．1 標本値当たりの n 次エントロピーも同様に

$$H_n(S) = -\frac{1}{n}\int_{-\infty}^{\infty}\cdots\int_{-\infty}^{\infty} p(x_0, \cdots, x_{n-1}) \log_2 p(x_0, \cdots, x_{n-1}) dx_0 \cdots dx_{n-1} \tag{8.40}$$

により定義され，S の 1 標本値当たりのエントロピーは

$$H(S) = \lim_{n\to\infty} H_n(S) \quad 〔ビット/標本値〕 \tag{8.41}$$

により定義される．

要するに，形式的には，ディジタルの場合の結合確率分布を結合確率密度関数で置き換え，和を積分で置き換えれば，全く同じ形でアナログの場合のエントロピーが定義されるのである[*2]．

無記憶定常アナログ情報源 S のエントロピー $H(S)$ は，その 1 次エントロピー $H_1(S)$ に一致する．標本値を確率変数 X で表すとき，このような情報源のエントロピーを，ディジタルの場合と同様 $H(X)$ で表すと便利なことが多い．

＊1 4.4.2 項参照．

＊2 アナログ情報源のエントロピーを微分エントロピーと呼ぶことがある．

すなわち，X の密度関数を $p(x)$ とするとき

$$H(X) = -\int_{-\infty}^{\infty} p(x) \log_2 p(x) dx \tag{8.42}$$

と表すのである．また，確率変数 Y で条件を付けた確率変数 X の条件付エントロピー $H(X \mid Y)$ も，ディジタルの場合と同様（式(5.17)参照）に

$$H(X \mid Y) = -\int_{-\infty}^{\infty}\int_{-\infty}^{\infty} p(x, y) \log_2 p(x \mid y) dxdy \tag{8.43}$$

によって定義される．ただし，$p(x \mid y)$ は条件付密度関数で，結合密度関数 $p(x, y)$ から

$$p(x \mid y) = \frac{p(x, y)}{p(y)} \tag{8.44}$$

により求められる．

【例 8.4】　白色ガウス情報源の各標本値 X は独立で

$$p(x) = \frac{1}{\sqrt{2\pi\sigma^2}} e^{-\frac{x^2}{2\sigma^2}} \tag{8.45}$$

という確率密度関数をもつから，エントロピーは次のようになる．

$$\begin{aligned} H(X) &= \int_{-\infty}^{\infty} p(x) \log_2 p(x) dx = \log_2 \sqrt{2\pi\sigma^2} + \frac{1}{2} \log_2 e \\ &= \log_2 \sqrt{2\pi e\sigma^2} \quad \text{〔ビット/標本値〕} \end{aligned} \tag{8.46}$$

【例 8.5】　各標本値 X が独立で，**図 8.12** のような，$-A$ から A までで一様な確率密度関数をもつとする．このとき，エントロピーは

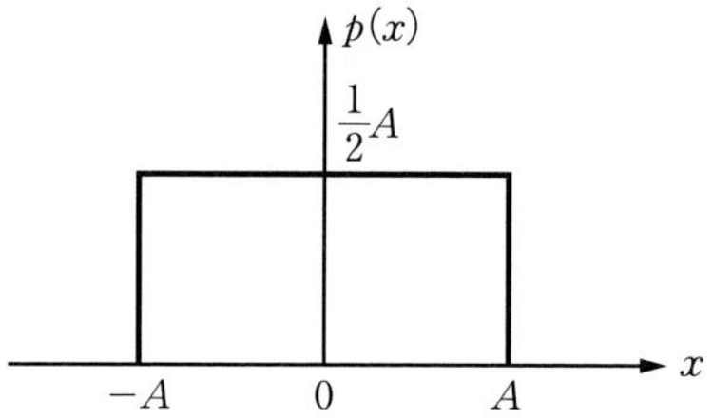

図 8.12　一様分布の確率密度関数

$$H(X)=-\int_{-A}^{A}\frac{1}{2A}\log_2\frac{1}{2A}\,dx=\log_2 2A \qquad (8.47)$$

となる．

8.3.3 最大エントロピー定理

ここで，アナログ情報源のエントロピーが最大となる場合について考えよう．もし，何の制約も加えないとすると，各標本値が独立で，かつ $-\infty$ から ∞ までの間で一様に分布するとき，最もあいまいさが大きいから，エントロピーは最大になるであろう．この場合のエントロピーを求めるには，例 8.5 で $A\to\infty$ とすればよい．ところが，このとき，式(8.47)の $H(X)$ は無限大になってしまい，意味のある結果は得られない．

そこで，標本値 X に何らかの制約を加えることにしよう．最もよく用いられる制約は，その 2 乗平均値をある値以下にするというものである．すなわち

$$\overline{X^2}\leq P \qquad (8.48)$$

とするのである．これは，この情報源の発生するアナログ波形の平均電力を制限することに相当する．つまり，平均電力が P 以下のアナログ情報源で，発生する情報量が最大となる情報源は，どのようなものかという問題を考えるのである．

容易に想像できるように，各標本値が独立であるとき，エントロピーは最大となる．このとき，標本値 X の密度関数を $p(x)$ とすれば，エントロピーは

$$H(X)=-\int_{-\infty}^{\infty}p(x)\log_2 p(x)\,dx \qquad (8.49)$$

となる．また，平均電力に対する条件式(8.48)は

$$\int_{-\infty}^{\infty}x^2p(x)\,dx\leq P \qquad (8.50)$$

となる．さらに，$p(x)$ は密度関数だから

$$\int_{-\infty}^{\infty}p(x)\,dx=1 \qquad (8.51)$$

を満たさねばならない．

したがって，問題は，式(8.50)，(8.51)の条件の下に，式(8.49)の $H(X)$ を最大とする $p(x)\,(\geq 0)$ を求めるという問題となる．これは，簡単な変分問題であり，λ，μ を未定乗数として

$$F = -p(x)\log_2 p(x) + \lambda x^2 p(x) + \mu p(x) \tag{8.52}$$

を最大とする $p(x)$ を求めることにより解くことができる．そこで，F を $p(x)$ に関し偏微分し，0とおけば

$$\frac{\partial F}{\partial p(x)} = -\log_2 p(x) - \log_2 e + \lambda x^2 + \mu = 0 \tag{8.53}$$

となり，これから，$p(x)$ は

$$p(x) = \alpha e^{\beta x^2} \tag{8.54}$$

という形となることがわかる．ここに，α，β は x と無関係な定数である．この $p(x)$ を式(8.50)，(8.51)に代入すれば，α，β が定まり*，$p(x)$ は，結局

$$p(x) = \frac{1}{\sqrt{2\pi P}} e^{-\frac{x^2}{2P}} \tag{8.55}$$

となることがわかる．すなわち，標本値 X が平均値0，分散 P のガウス分布に従うとき，エントロピー $H(X)$ は最大となるのである．また，そのエントロピーは，例8.4により

$$H(X) = \log_2 \sqrt{2\pi e P} \quad \text{〔ビット/秒〕} \tag{8.56}$$

で与えられる．以上の結果を次の定理にまとめておこう．

定理 8.2　最大エントロピー定理

平均電力が P 以下の情報源で，エントロピーが最大となるのは，平均電力 P の白色ガウス情報源であり，そのエントロピーは，式(8.56)で与えられる．

* 式(8.50)は不等式であるが，等号が成立するとき，エントロピーが最大になることが容易に確かめられる．

8.4 アナログ情報源の速度・ひずみ関数

8.4.1 相互情報量

アナログの場合も，ディジタルの場合と同様，二つの確率変数 X と Y に対し

$$I(X;Y)=H(X)-H(X\mid Y) \tag{8.57}$$

により相互情報量を定義する．これは，エントロピーの差であるから，$\log_2 \Delta x$ という項は打ち消し合って有限な値をとる．$I(X;Y)$ は Y を知ったときに X について得る情報量の平均値として，明確な意味をもつのである．ここで

$$\begin{aligned} H(X) &= -\int_{-\infty}^{\infty} p(x)\log_2 p(x)dx \\ &= -\int_{-\infty}^{\infty}\int_{-\infty}^{\infty} p(x,y)\log_2 p(x)dxdy \end{aligned} \tag{8.58}$$

となることに注意し，式(8.58)と式(8.43)を式(8.57)に代入すれば

$$I(X;Y)=\int_{-\infty}^{\infty}\int_{-\infty}^{\infty} p(x,y)\log_2\frac{p(x,y)}{p(x)p(y)}dxdy \tag{8.59}$$

を得る．これはディジタルの場合の式(5.23)に対応するものである．また，シャノンの補助定理（**補助定理 4.1**）は，和を積分で置き換え，確率分布を確率密度関数で置き換えても成立するので

$$I(X;Y)\geq 0 \tag{8.60}$$

となることも容易に確かめられる．

【例 8.6】 X を平均値 0，分散 $\sigma_x{}^2$ のガウス分布に従う確率変数とする．また，Z を X と独立な平均値 0，分散 $\sigma_z{}^2$ のガウス分布に従う確率変数とし，$Y=X+Z$ とする．もちろん，この和は実数としての和である．このとき，Y は平均値 0，分散 $\sigma_y{}^2=\sigma_x{}^2+\sigma_z{}^2$ のガウス分布に従う*．したがって

$$H(Y)=\log_2\sqrt{2\pi e(\sigma_x{}^2+\sigma_z{}^2)} \tag{8.61}$$

---

* 独立なガウス分布に従う確率変数の和は，ガウス分布に従う．そのとき，平均値，分散は，それぞれの平均値，分散の和となる．

となる．また，Y は，$X=x$ が与えられたとき，x を平均値とする分散 $\sigma_z{}^2$ のガウス分布に従うはずである，それゆえ

$$p(y\,|\,x)=\frac{1}{\sqrt{2\pi\sigma_z{}^2}}\,e^{-\frac{(y-x)^2}{2\sigma_z{}^2}} \tag{8.62}$$

となる．これから

$$H(Y\,|\,X)=\log_2\sqrt{2\pi e\sigma_z{}^2} \tag{8.63}$$

が導ける．相互情報量 $I(X;Y)$ はディジタルの場合と同様，$H(Y)-H(Y\,|\,X)$ によっても求められるので

$$\begin{aligned}I(X;Y)&=H(Y)-H(Y\,|\,X)\\&=\log_2\sqrt{\frac{\sigma_x{}^2+\sigma_z{}^2}{\sigma_z{}^2}}=\frac{1}{2}\log_2\left(1+\frac{\sigma_x{}^2}{\sigma_z{}^2}\right)\end{aligned} \tag{8.64}$$

を得る．

8.4.2　速度・ひずみ関数

図 8.13 のように，アナログ情報源から発生する情報を標本化して，標本値を2元符号に符号化する場合を考える．アナログ情報源の場合には，ひずみなしに符号化することはできない．というのは，各標本値は無限に多くの情報量をもっているから，ひずみなしに符号化するためには，1標本値当たりの平均符号長を無限に長くしなければならないのである．したがって，アナログ情報源の符号化には，必ずひずみが伴う．

そこで，ひずみを計るためのひずみ測度を $d(x,y)$ としよう．このとき，平均ひずみは

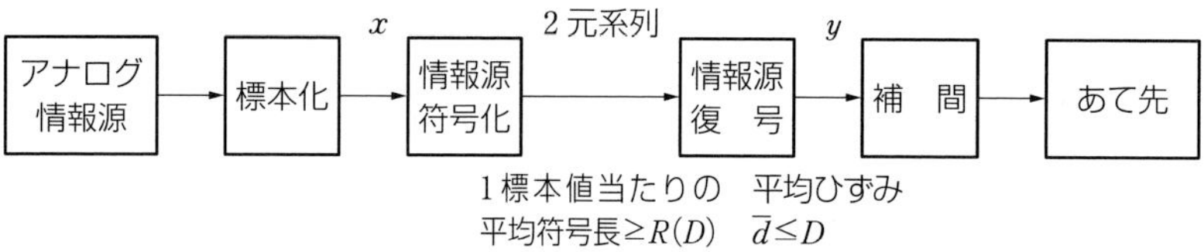

図 8.13　アナログ波形の標本値 x とその情報源復号結果 y

$$\overline{d}=\int_{-\infty}^{\infty}\int_{-\infty}^{\infty}d(x,y)p(x,y)dxdy \tag{8.65}$$

により与えられる．ここに，$p(x,y)$は，アナログ情報源の標本値Xと，それを符号化し，復号した結果Yとの結合確率密度関数である．ここで，速度・ひずみ関数を，ディジタルの場合と全く同様に

$$R(D)=\min_{d\leq D}\{I(X;Y)\} \tag{8.66}$$

で定義しよう．すなわち，平均ひずみ$\overline{d}$を与えられた値D以下に抑えるという条件の下での，XとYとの相互情報量$I(X;Y)$の最小値を$R(D)$〔ビット/標本値〕とするのである．このとき，アナログ情報源に対しても，ひずみのある場合の情報源符号化定理がそのまま成立する．つまり，$R(D)$は，平均ひずみ$\overline{d}$をD以下に抑えるという条件の下で，アナログ情報源の標本値を2元符号に符号化したときの，1標本値当たりの平均符号長の下限となるのである．

以上の議論は，各標本値が独立の場合，すなわち，記憶のない場合であったが，記憶のある場合もディジタルの場合と同様にして，この結果を拡張できる．

8.4.3 白色ガウス情報源の速度・ひずみ関数

ここで，例8.2，8.4の白色ガウス情報源の速度・ひずみ関数を求めてみよう．そのためには，まず，ひずみ測度を定義しなければならない．ここでは2乗誤差

$$d(x,y)=(x-y)^2 \tag{8.67}$$

を用いることにしよう．このとき，平均ひずみ$\overline{d}$は2乗平均誤差となる．

さて，問題は，Xの確率密度関数$p(x)$が，式(8.45)で与えられるとき

$$\overline{d}=\int_{-\infty}^{\infty}\int_{-\infty}^{\infty}p(x)p(y\mid x)(x-y)^2dxdy\leq D \tag{8.68}$$

という条件の下で

$$I(X;Y)=\int_{-\infty}^{\infty}p(x)\left[\int_{-\infty}^{\infty}p(y\mid x)\log_2\frac{p(y\mid x)}{p(y)}dy\right]dx \tag{8.69}$$

を条件付確率密度関数$p(y\mid x)$に関し，最小にすることである．ただし，$p(y)$

は次式で与えられる．

$$p(y)=\int_{-\infty}^{\infty}p(x)p(y\mid x)dx \tag{8.70}$$

この問題をこのまま解くのは難しいが，この場合は，例5.4と同じような考え方で簡単に解くことができる．$I(X;Y)=H(X)-H(X\mid Y)$であり，$H(X)$は

$$H(X)=\log_2\sqrt{2\pi e\sigma^2} \tag{8.71}$$

であるから，$I(X;Y)$を最小にするには，$H(X\mid Y)$を最大にすればよい．ここで

$$H(X\mid Y)=H(X-Y\mid Y)=H(Z\mid Y) \tag{8.72}$$

となることに注意しよう．ただし，$Z=X-Y$である．明らかに，$H(Z\mid Y)\leq H(Z)$であるから

$$H(X\mid Y)\leq H(Z) \tag{8.73}$$

となる．等号はZとYが独立のとき成立する．

Zは，XとYの差を表す確率変数であるから，XとYの2乗平均誤差がD以下という条件は

$$\overline{d}=\overline{Z^2}\leq D \tag{8.74}$$

となる．この条件の下に，$H(Z)$が最大となるのは，最大エントロピー定理により，Zが平均値0，分散Dのガウス分布に従うときであり，そのとき

$$H(Z)=\log_2\sqrt{2\pi eD} \tag{8.75}$$

となる．したがって，式(8.57)から

$$\begin{aligned}I(X;Y)&\leq\log_2\sqrt{2\pi e\sigma^2}-\log_2\sqrt{2\pi eD}\\&=\frac{1}{2}\log_2\frac{\sigma^2}{D}\end{aligned} \tag{8.76}$$

となる．等号は，ZがXと独立で（このとき，ZとYも独立となる），平均値0，分散Dのガウス分布に従うとき成立する．ゆえに

$$R(D)=\frac{1}{2}\log_2\frac{\sigma^2}{D}\quad\text{〔ビット/標本値〕} \tag{8.77}$$

を得る．**図8.14**に$\sigma^2=1$のときの$R(D)$を示しておこう．この図からもわか

るように，アナログ情報源の場合，$R(D)$ は $D=0$ で無限大となる．これは，前述のように，ひずみなしに符号化するには，無限大の情報を要するからである．

ここで，この白色ガウス情報源の帯域が $0\sim W$ であったとしよう．このとき標本値が毎秒 $2W$〔個〕とられるから，1 秒当たりの速度・ひずみ関数は

$$\mathcal{R}(D) = W \log_2 \frac{\sigma^2}{D} \quad \text{〔ビット/秒〕} \tag{8.78}$$

となる．

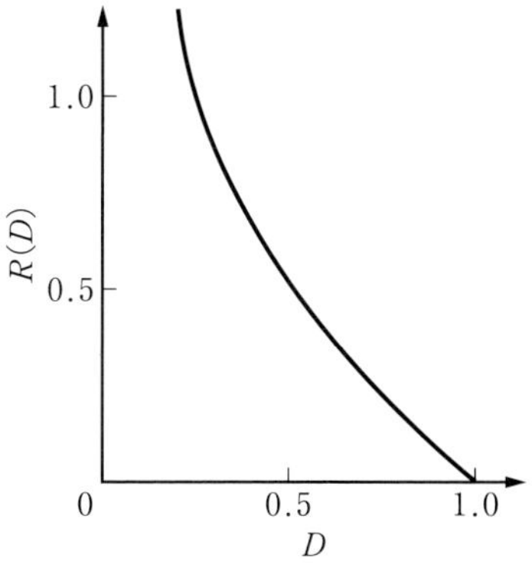

図 8.14　白色ガウス情報源の速度・ひずみ関数 ($\sigma^2=1$)

8.5　アナログ情報源に対する符号化

アナログ情報源に対する情報源符号化法はきわめて多様である．これは，アナログ情報源自身が多様であることによるが，また，決定的な方法がないためでもあろう．ここでは，アナログ情報源の情報源符号化の代表的ないくつかの方法について，その考え方を簡単に述べる．

アナログ情報源に対する情報源符号化は，アナログ波形を記号列に変換する過程であるから，量子化も情報源符号化の過程に含まれる．というよりも，量子化をいかに行うかということが，いかに効率のよい符号化を行えるかの鍵となることが多い．そこでまず，量子化についてもう一度見ておこう．

8.5.1　量　子　化

実際の量子化は，**図 8.15** に示すように，ある有限区間を有限個の量子化ステップに分割し，各ステップに属する標本値をそのステップの代表値で置き換えるという操作である．この量子化ステップの数を**量子化レベル数**という．

また，代表値は通常図 8.15 のように 2 進数に対応づけられている[*1]．このため，量子化レベル数は 2^m という形であることが多い．このとき，m を**量子化ビット数**という．図 8.15 の場合，量子化ビット数は 3 である．

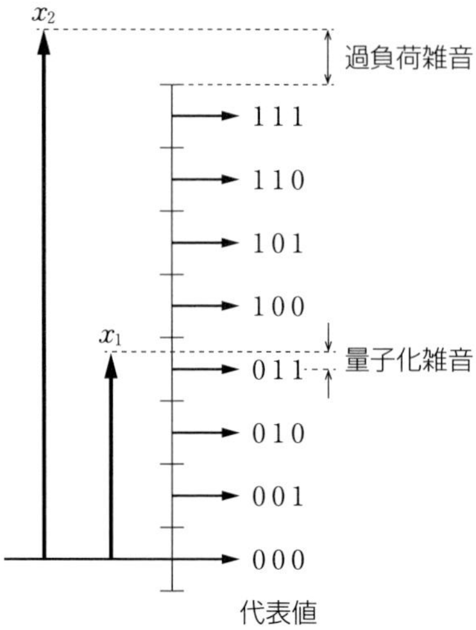

図 8.15　量子化雑音と過負荷雑音

このような量子化によって生じる基本的な雑音は，2 種類ある．一つは，図 8.15 の標本値 x_1 のように，連続的な値を離散的な値で置き換えることによる誤差であり，**量子化雑音**と呼ばれる．もう一つは，図 8.15 の標本値 x_2 のように，標本値が量子化の対象となる区間の外に出てしまったことによる雑音で，**過負荷雑音**と呼ばれる[*2]．

さて，多くの場合，装置化の簡単さや信頼性の高さから，すべての量子化ステップの大きさは等しくとられる．このような量子化を直線量子化と呼ぶ．しかし，効率のよい量子化を行うには，量子化ステップの大きさを変えるほうがよいことがある．そのような，量子化ステップの大きさが一様でない量子化を**非直線量子化**という．

入力の確率密度関数が一様でないときには，同じ区間を同じ量子化レベル数で量子化する場合でも，確率の高い部分では量子化ステップを細かくし，確率の低い部分では量子化ステップを粗くして非直線量子化を行うと，量子化雑音は平均として小さくなるのである．

＊1 代表値を 2 進数に対応づけることを符号化ということがある．このいい方に従えば，A-D 変換は，標本化と量子化と符号化によって行われるということになる．

＊2 見方によっては，過負荷雑音は，量子化雑音の一種と考えられるので，最も基本的なのは量子化雑音である．

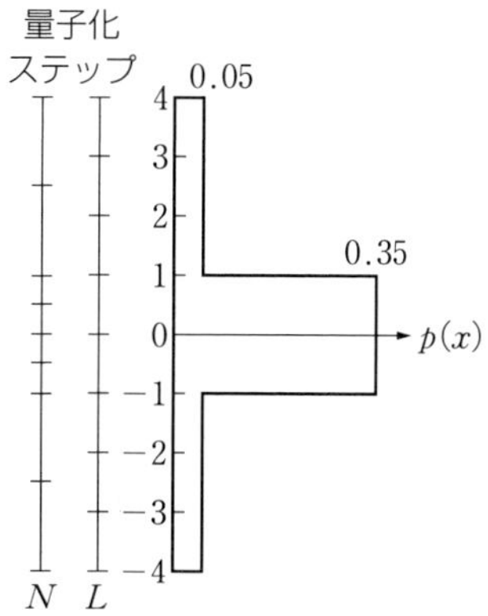

図 8.16 直線量子化 L と非直線量子化 N

【例 8.7】 **図 8.16** のような確率密度関数をもつ確率変数 X を，-4 から 4 までの区間で 8 レベルに量子化するものとしよう．このとき，図の L のような直線量子化を行えば，量子化雑音の 2 乗平均値（電力）は

$$N_{QL}=\frac{1}{12}$$

となる（演習問題 8.5 参照）．これに対し，図の N のように量子化を行うと，代表点を各ステップの中心にとるとして，量子化雑音の 2 乗平均値は

$$N_{QN}=\frac{0.855}{12}$$

となり，直線量子化の場合より約 15% 減少する．

8.5.2 ベクトル量子化

前項で述べた量子化は，一つひとつの標本値を量子化するというものであった．このような量子化を **1 次元量子化**という．しかし，量子化の意義は，アナログ波形の標本値の列を離散的な値の列に変換することにあるから，いくつかの標本値を同時に見て，量子化を行ってもよいはずである．そのようにすれば，量子化雑音を減らせるのではないであろうか．

例として，各標本値が独立で，ある区間で一様な確率密度関数をもつ場合を考えよう．ここで，1 次元の直線量子化を二つの標本値 X_0 と X_1 について見てみると，これは，X_0 を横軸，X_1 を縦軸にとった平面を**図 8.17** のように，正方形で分割し，その中央の値を代表点としていると解釈できる．これに対し，代表点の数は同じであるが，各代表点に対応する領域を**図 8.18** のように六角形となるように配置してみよう．このとき，量子化雑音は明らかに小さくなる．事実，代表点の密度を同じにすれば（図 8.17 の正方形と図 8.18 の六角形

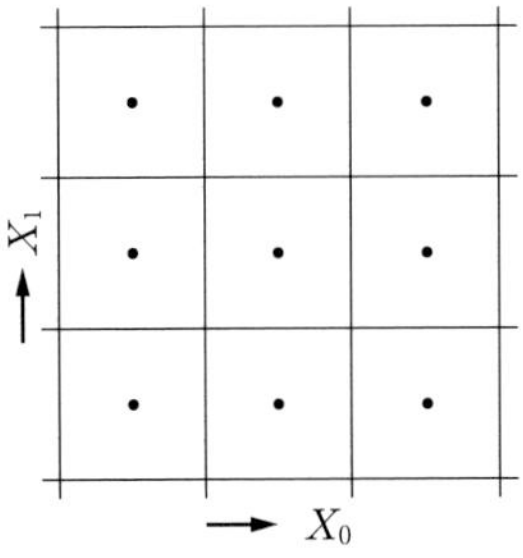

図 8.17　1次元量子化の2次元面上での代表点

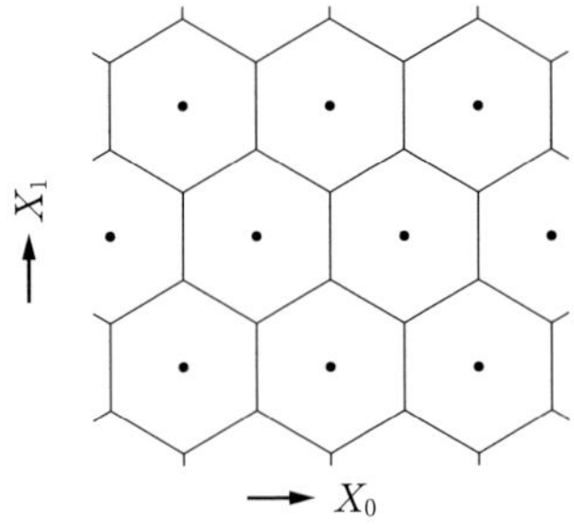

図 8.18　2次元六角形量子化の代表点

の面積を等しくすれば)，量子化雑音の平均電力 (2乗平均値) は1標本点当たり，六角形の場合，1次元量子化の場合の $\dfrac{5}{3\sqrt{3}}=0.96$ となる (演習問題 8.6).

このように，二つの標本値を見て量子化すれば，1次元量子化より，量子化雑音を小さくすることが可能である．さらに多くの標本値を見て量子化すれば，量子化雑音はさらに小さくできるであろう．このような量子化を**ベクトル量子化**と呼ぶ.

ベクトル量子化は，一般的にいえば，n 個の標本値 X_0，X_1，$\cdots$，X_{n-1} からなる n 次元空間において，有限個の代表点をとり，実際の n 個の標本値の組 $(x_0, x_1, \cdots, x_{n-1})$ をそれに最も近い (ひずみ測度の小さい) 代表点で置き換える量子化法ということになる.

これは，要するに，ディジタルの場合の 5.4.4 項で述べた符号化法に対応するものにほかならない．アナログの場合も，平均ひずみが最小となるように代表点を選んでベクトル量子化を行い，次いで，その代表点に対しひずみのない場合の情報源符号化を行えば，n を大きくするとき，1標本点当たりの平均符号長をいくらでもその下限 $R(D)$ に近づけることができる．しかし，そのような代表点をいかに選ぶかという問題を解析的に解くのはきわめて難しく，簡単な場合にしか解かれていない．このため，一般には，十分な数のサンプルを準備し，それに基づいて代表点を定め，ベクトル量子化器を設計するという方法がとられる．これにはさまざまな変形があるが，最も基本的には，以下のように行われる．

① n 個の標本値の組のサンプルを多数準備し，n 次元の標本値空間にサンプル点として記入しておく．また，標本値空間内の M 個の点を適当に選び，それらを代表点とする．

② M 個の代表点 $\boldsymbol{y}_i(i=1,2,\cdots,M)$ のそれぞれに対し，ひずみ測度 $d(\boldsymbol{x},\boldsymbol{y}_i)$ が最小となるような標本値空間の点 $\boldsymbol{x}$ すべての集合 R_i を求める．すなわち，R_i は代表点 $\boldsymbol{y}_i$ に対し

$$d(\boldsymbol{x},\boldsymbol{y}_i)\leq d(\boldsymbol{x},\boldsymbol{y}_j)\quad(j=1,2,\cdots,M) \tag{8.79}$$

を満たす $\boldsymbol{x}$ すべての集合であり，R_i を代表点 $\boldsymbol{y}_i$ に対応する領域と呼ぶ．

③ 各領域 R_i について，それに含まれるすべてのサンプル点 $\boldsymbol{s}$ に対し，ひずみ測度 $d(\boldsymbol{s},\boldsymbol{y})$ の和が最小となるような $\boldsymbol{y}$ を求め，それを新たな代表点 $\boldsymbol{y}_i$ とする．

④ 代表点が収束するまで（変化が十分小さくなるまで）②と③を続ける．

一般の情報源に対しては，②と③は大きな計算量を要する．しかし，ひずみ測度が二つの点 $\boldsymbol{x}=(x_1,x_2,\cdots,x_n)$ と $\boldsymbol{y}=(y_1,y_2,\cdots,y_n)$ のユークリッド距離の2乗，すなわち

$$d(\boldsymbol{x},\boldsymbol{y})=(x_1-y_1)^2+(x_2-y_2)^2+\cdots+(x_n-y_n)^2 \tag{8.80}$$

である場合には，領域 R_i の新たな代表点 $\boldsymbol{y}_i$ は R_i に含まれる N_i 個のサンプル点 $\boldsymbol{s}_1{}^{(i)}$，$\boldsymbol{s}_2{}^{(i)}$，$\cdots$，$\boldsymbol{s}_{Ni}{}^{(i)}$ の平均値

$$\boldsymbol{y}_i=\frac{1}{N_i}(\boldsymbol{s}_1{}^{(i)}+\boldsymbol{s}_2{}^{(i)}+\cdots+\boldsymbol{s}_{N_i}{}^{(i)}) \tag{8.81}$$

となることが証明できる．しかし，この場合でも，②の過程は大きな計算量を要する．さらに，このようにして最終的な代表点が定まった後，情報源系列に対しひずみ測度が最小となる代表点を求めるのも，一般にはすべての代表点とのひずみ測度を計算する必要があり，M が大きいとかなりの計算量を要する．また，上述の方法で必ずしも真に最適な代表点が求まるとも限らない．局所的な最適性しか保証されない場合もあるからである．しかし，多くの場合，よい

結果が得られるし，計算量に関してもさまざまな工夫が行われており，ベクトル量子化は広く実用化されている．なお，送信すべき情報源系列に対し代表点 $\boldsymbol{y}_i$ が求まった後，その番号 i を送ってもよいが，ひずみのない情報源符号化を行ってさらに効率を向上させることもある．

8.5.3　変換符号化

相続く二つの標本値 X_0 と X_1 が，**図 8.19** の等高線で示されるような結合密度関数をもっていたとする．このとき，1 次元の直線量子化を行うとすれば，図 8.19(a)のように代表点をとることになるであろう．これに対し，図 8.19(b)のように代表点をとれば，代表点の数は同じでも，量子化雑音を減少できると考えられる．

図 8.19(b)のような量子化を行うには，座標軸を x_0-x_1 から

$$y_0=\frac{1}{\sqrt{2}}(x_0-x_1) \qquad y_1=\frac{1}{\sqrt{2}}(x_0+x_1) \tag{8.82}$$

により，y_0-y_1 に変換し，y_0，y_1 について，それぞれ適当な範囲で 1 次元量子化を行えばよい．このようにすれば，代表点の数が同じ場合，量子化雑音を減少できるであろうし，量子化雑音を同程度に保つのであれば，代表点の数を減

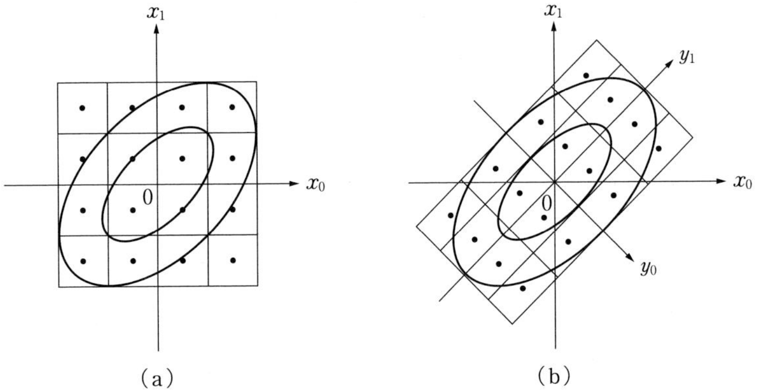

図 8.19　通常の 1 次元量子化（a）と変換符号化（b）

らせるであろう（この例の場合，y_0 についての量子化レベル数を減らせるであろう）.

このように，座標軸を変換してから1次元量子化を行い，その代表点を符号化するという情報源符号化を**変換符号化**（transform coding）と呼ぶ.

変換符号化はまた，標本値列に適当な可逆変換を施すことにより，重要な情報を担う成分と，重要でない成分に分離し，重要な成分には量子化レベル数を多く割り当て，重要でない成分には量子化レベル数を少なくし，全体として効率化を図る方法とみることもできる.

8.5.4　予測符号化

予測符号化（predictive coding）は，やはり1次元量子化を行うのであるが，**図8.20**(a)に示すように，過去の標本値から現在の標本値の予測を行い，その差を量子化するのである．予測がうまく行われれば，この差は，元の標本値よりも0付近に集中して分布するであろう．したがって，量子化の対象となる

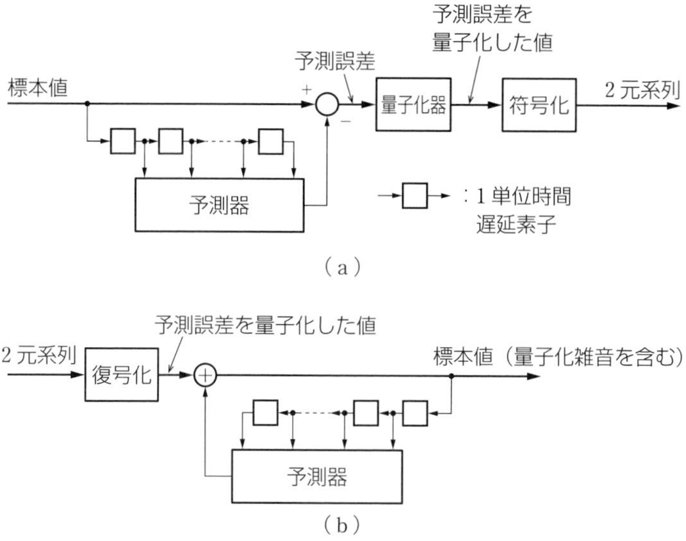

図8.20　予測符号器（a）と予測復号器（b）

区間を小さくし，0付近の量子化ステップを細かくすることにより，量子化雑音を小さくできると考えられる．あるいは同程度の量子化雑音に対し，量子化レベル数を減らすことができるであろう．

いいかえると，予測符号化では，標本値の予測を行って，それを標本値から引くことにより，記憶を減らし，その分標本値の1次エントロピーを下げている．このため，1次元量子化によっても，平均符号長を小さくできるのである．

なお，予測符号化の復号は，符号化の場合と同じ予測器を用い，図8.20(b)のようにして行える．

予測符号化の最も簡単な方式は，一つ前の標本値のみを用いて予測を行う方式である．このような方式は**差分PCM**または**DPCM**（differential pulse code modulation）として広く用いられている．

8.6　アナログ通信路

8.6.1　アナログ通信路

アナログ通信路は，入力，出力ともにアナログ波形であるような通信路であるが，入力，出力とも帯域制限されていれば，ある一定間隔でとられた標本値の列を入力とする通信路として扱うことができる．さらに，各時点の出力がその時点の入力のみに関係し，それ以外の時点の入力にも出力にも無関係な同一の確率分布に従うときには，通信路の統計的性質は，入力Xで条件を付けた出力Yの条件付確率密度関数$p(y|x)$のみによって完全に決まる．このような通信路を，ディジタルの場合と同様，**無記憶（定常）通信路**と呼ぶ．

【例8.8】　図8.21に示すように，入力Xに対し，平均電力Nの白色ガウス雑音源から発生する雑音Zが加わり，$Y=X+Z$が出力される通信路を考える．ただし，Zは入力Xと独立である

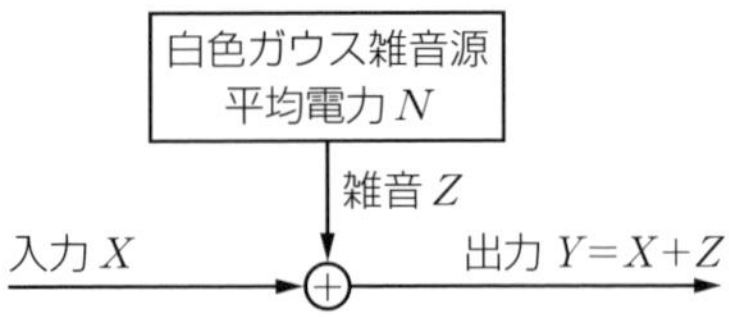

図8.21　加法的白色ガウスの通信路

とする．このような通信路を**加法的白色ガウス通信路**（additive white Gaussian channel）という．これは，明らかに無記憶通信路である．この通信路の条件付確率密度関数は

$$p(y\,|\,x)=\frac{1}{\sqrt{2\pi N}}e^{-\frac{(y-x)^2}{2N}} \tag{8.83}$$

となる．なお，現実の通信路では，無制限に大きな入力を入れることはできず，何らかの制約が付く．よく用いられる制約条件は，入力の 2 乗平均値（平均電力）$\overline{X^2}$ が一定値以下に抑えられるというものである．すなわち

$$\overline{X^2}\leq S \tag{8.84}$$

となる．このような制約条件を付けたとき，この通信路を**平均電力制限の加法的白色ガウス通信路**と呼ぶ．

8.6.2 通信路容量

アナログ通信路の通信路容量も，ディジタル通信路の場合と全く同様に定義される．**図 8.22** のような無記憶通信路に対しては

$$C=\max_{p(x)}\{I(X;Y)\}\quad〔ビット/標本値〕 \tag{8.85}$$

により，通信路容量 C が定義される．すなわち，式(8.69)で与えられる相互情報量 $I(X;Y)$ の $p(x)$ に関する最大値が通信路容量なのである．

通信路容量の記憶のある通信路への拡張も，ディジタルの場合と全く同様に行えるので，もうこれ以上言及する必要はないであろう．

さて，この通信路容量に対し，やはり，通信路符号化定理（**定理 6.1**）がそのまま成立するのである．すなわち，$R<C$ であれば，復号誤り率 P_e をいく

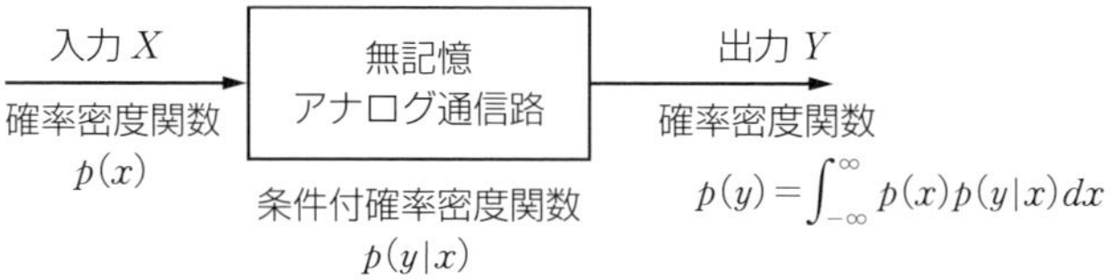

図 8.22 無記憶アナログ通信路

らでも小さくできる伝送速度 R〔ビット/標本値〕の通信路符号化が存在し，$R>C$ であれば，そのような符号は存在しない．

アナログ通信路の場合，通信路の入出力アルファベットは，通常，実数全体の集合ということになるから，符号長 n の通信路符号の符号語は各成分が実数であるような n 次元ベクトルということになる．いいかえると，符号語は実数体上の n 次元ベクトル空間における点である．もちろん，符号語の数 M は有限であり，符号の伝送速度は $R=\log_2 M/n$〔ビット/標本値〕で与えられる．

アナログ通信路に対する通信路符号構成の問題は，このような n 次元のベクトル空間から M 個の点を選んでくるという問題になる．通信路符号化定理によれば，$R<C$ のとき，M 個の点を適当に選べば，n を大きくするに従い，復号誤り率をいくらでも小さくできることが保証されている．しかし，そのような符号を具体的に構成するという問題は，ディジタルの場合よりもなお一層難しい．

8.6.3　白色ガウス通信路の通信路容量

ここで，例8.8に示した平均電力制限の白色ガウス通信路の通信路容量を求めてみよう．これには，$I(X;Y)=H(Y)-H(Y|X)$ を $p(x)$ について最大にすればよい．ところが

$$H(Y|X)=-\int_{-\infty}^{\infty}\int_{-\infty}^{\infty}p(x)p(y|x)\log_2 p(y|x)dxdy \tag{8.86}$$

に，式(8.83)を代入すれば

$$H(Y|X)=\log_2\sqrt{2\pi eN} \tag{8.87}$$

となり，$p(x)$ には無関係となる．

したがって，$I(X;Y)$ を最大にするには $H(Y)$ を最大にすればよい．Y は入力 X と白色ガウス雑音 Z の和であり，X と Z は独立だから

$$\overline{Y^2}=\overline{X^2}+\overline{Z^2}=\overline{X^2}+N \tag{8.88}$$

となる．平均電力制限の条件式(8.84)から，

$$\overline{Y^2}\leq S+N \tag{8.89}$$

である．このような条件の下に$H(Y)$を最大にするには，最大エントロピー定理（**定理 8.2**）により，Yの分布を分散$S+N$のガウス分布とすればよい．このためには，入力Xを分散Sのガウス分布に従う確率変数とすればよいのである．このとき

$$H(Y)=\log_2\sqrt{2\pi e(S+N)} \tag{8.90}$$

となる．それゆえ，通信路容量は式(8.90)から式(8.87)を引いて

$$C=\frac{1}{2}\log_2\left(1+\frac{S}{N}\right)\ \text{〔ビット/標本値〕} \tag{8.91}$$

となることがわかる．ここで，S/Nは通信路における信号と雑音の電力比であり，***SN* 比**と呼ばれる．

なお，この通信路の帯域が$0\sim W$〔Hz〕であれば，標本値は1秒当たり$2W$個であるから，1秒当たりの通信路容量は

$$\mathscr{C}=W\log_2\left(1+\frac{S}{N}\right)\ \text{〔ビット/秒〕} \tag{8.92}$$

となる．このように，白色ガウス通信路の通信路容量は，帯域幅WとSN比を増大すれば大きくなるのである．

8.7　アナログ通信路に対する符号化

8.7.1　アナログ通信路のディジタル化

前節で述べたように，アナログ通信路に対する通信路符号は，実数体上のn次元ベクトル空間から，復号誤り率が小さくなるようにM個の点（符号語）を選ぶことによって構成される．しかし，これは，伝送速度がきわめて小さい場合を除き，難しい問題である．また仮に，そのような符号が構成できたとしても，その復号は難しいものとなろう．このため，アナログ通信路に対し，通信路符号化を行う場合，**図 8.23** のようにアナログ通信路を変調と復調によってディジタル通信路に変換し，それに対し符号化を行うというのがふつうである．

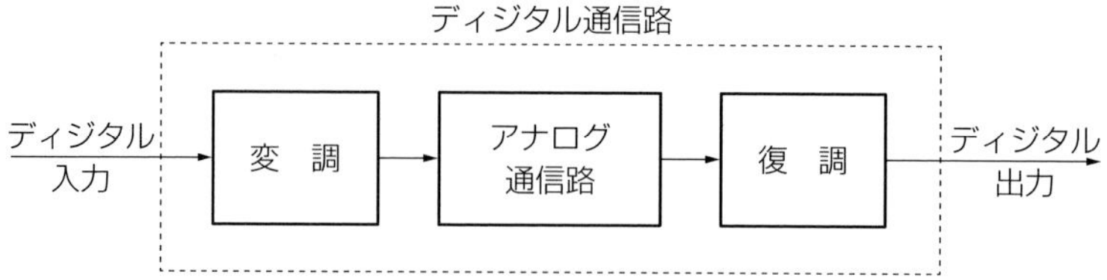

図 8.23　アナログ通信路を含むディジタル通信路

つまり，アナログ通信路に対する通信路符号化を，変調とディジタル通信路に対する通信路符号化に分けて考えるのである．このために，一般には損失が生じる．例を示そう．

【例 8.9】　入力信号の電力が S，雑音電力が N で帯域が 0〜W〔Hz〕の白色ガウス通信路を考える．この通信路に対し，0，1 を振幅が，$\sqrt{S}$ で間隔が $T_s=1/2W$ の正負のパルスに変調して送るものとしよう．受信側では，**図 8.24** に示すように，受信波形を標本化間隔 T_s で標本化し*，その標本値の正負によって，0，1 の判定を行うものとする．このような変調と復調を含めると，この通信路は 2 元対称通信路となる．

元の情報が 0 であるとき，標本値の平均値は $\sqrt{S}$ で，分散は N である．これが負になったとき，誤って 1 と判定されるから，0 を 1 に誤る確率は

$$p=\int_{-\infty}^{0}\frac{1}{\sqrt{2\pi N}}\,e^{-\frac{x-\sqrt{S}}{2N}}dx=\frac{1}{\sqrt{2\pi}}\int_{-\infty}^{-\sqrt{\frac{S}{N}}}e^{-\frac{x^2}{2}}dx \tag{8.93}$$

となる．1 を 0 に誤る確率もこれに等しく，これが 2 元対称通信路のビット誤

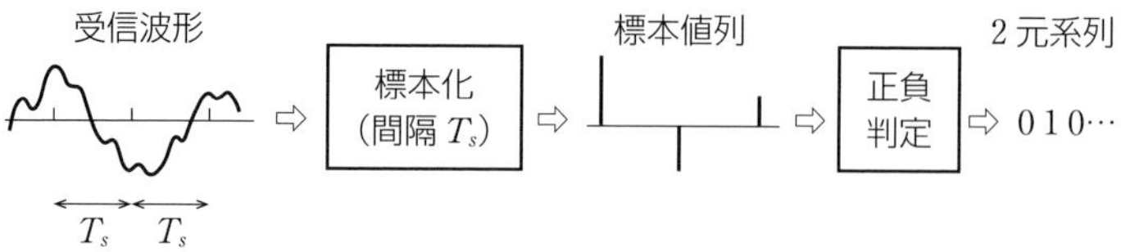

図 8.24　パルス変調の復調

* 実際には受信波形に対し，何らかの方法で同期をとって，標本化時点を定める必要がある．

り率となる．

ここで，$S/N=9$ とすると，元の白色ガウス通信路の通信路容量は，式(8.91)から

$$C_G=\frac{1}{2}\log_2 10=1.66 \quad \text{〔ビット/標本値〕} \tag{8.94}$$

となる．これに対し，2 元対称通信路のビット誤り率は，式(8.93)から $p=0.0013$ となり，その通信路容量は，式(6.11)から

$$C_B=1-\mathscr{H}(p)=0.986 \quad \text{〔ビット/記号〕} \tag{8.95}$$

となる．つまり，このような変調を行うことによって，本来の通信路容量の約 40% を無駄にしているのである．

このように，ディジタル化することによって，通信路容量が減じるのは，ある程度やむを得ないことであるが，この例のような 2 値変調ではなく多値変調を行うなどの変調方式の工夫，あるいは軟判定などにより復調器から得られる，通信路に関するアナログ的な情報を復号に利用することなどにより，改善は可能である．

8.7.2 アナログ通信路用符号

伝送速度が低く大量の情報が短時間では送られない符号であっても，非常に高い信頼性が確保できるのであれば，利用場面は存在する．たとえば，惑星探査ロケットとの通信などである．このような符号として，直交符号や陪直交符号がよく知られている．これらの符号は**アダマール行列**（Hadamard matrix）からつくることができる．アダマール行列は各要素が $+1$ か -1 で各行が直交している（すなわち任意の二つの行の内積が 0 となる）正方行列である．$n\times n$ のアダマール行列を H_n で表そう．$n=2$ の場合以外は，n が 4 の倍数のときに H_n は存在すると予想されているが，使いやすいのは n が 2 のべき乗の場合である．$+1$ を $+$ で表し，-1 を $-$ で表すと

$$H_2=\begin{bmatrix} + & + \\ + & - \end{bmatrix} \tag{8.96}$$

であり，H_{2^m}（$m=2, 3, \cdots$）は

$$H_{2^m}=H_2\otimes H_{2^{m-1}}=\begin{bmatrix} +H_{2^{m-1}} & +H_{2^{m-1}} \\ +H_{2^{m-1}} & -H_{2^{m-1}} \end{bmatrix} \tag{8.97}$$

により求めることができる．ここに，⊗はクロネッカー積を表す．たとえば，H_8 は

$$H_8=\begin{bmatrix} +\,+\,+\,+\,+\,+\,+\,+ \\ +\,-\,+\,-\,+\,-\,+\,- \\ +\,+\,-\,-\,+\,+\,-\,- \\ +\,-\,-\,+\,+\,-\,-\,+ \\ +\,+\,+\,+\,-\,-\,-\,- \\ +\,-\,+\,-\,-\,+\,-\,+ \\ +\,+\,-\,-\,-\,-\,+\,+ \\ +\,-\,-\,+\,-\,+\,+\,- \end{bmatrix} \tag{8.98}$$

となる．この行列の任意の二つの行は＋＋と－－の対が4個，＋－と－＋の対が4個あるから，内積は0となり直交している．このようにして符号長と符号語数がともに $n=2^m$ の**直交符号**（orthogonal code）が構成できる．

この符号の復号は，通常，相関受信によって行う．すなわち，1周期分（標本値 n 個分）の受信波形に各符号語の波形（＋のところは＋の極性パルス，－のところは反転したパルスからなる波形）を掛けて積分し，その値が最大となる符号語が受信したと判定する．白色ガウス通信路であれば，これは最尤復号となっていることが証明できる．

この復号の計算を，それぞれの符号語ごとに個別に行うと，n の2乗に比例する計算量となる．ところが，式(8.97)の構造をうまく利用すると，よく知られている高速フーリエ変換（FFT）と同じように高速アダマール変換（FHT）が行える．これにより復号の計算量は $n\log_2 n=nm$ に比例する程度に削減される．

直交符号は信頼性の高い通信を実現するうえで優れた符号であることは疑いない．しかし若干の無駄がある．たとえば，式(8.98)で与えられる直交符号の符号点は8次元空間の半径が $\sqrt{8}$ の超球面上に配置されているが，超球面上に

空きがかなりありそうである．実際，符号点から原点を挟んで逆方向の超球面上の点は使われていない．そのような点も使うには

$$B_n=\begin{bmatrix} +H_n \\ -H_n \end{bmatrix} \tag{8.99}$$

という行列の行を使えばよい．この符号を**陪直交符号**（bi-orthogonal code）と呼ぶ．この符号の符号化や復号は直交符号の場合と同様に行える．

直交符号の伝送速度は $m/2^m$〔ビット/標本値〕であるが，陪直交符号では $(m+1)/2^m$ となり，超球面上の点を有効に使っている．しかし，陪直交符号でも，m が大きくなれば伝送速度はきわめて小さくなるが，はるか遠くの宇宙などからの貴重な情報を誤りなく受けるために，重要な役割を果たしてきた．また，直交符号や陪直交符号は通信以外にもさまざまなところで応用できる可能性をもっている．

直交符号はまた応用上重要な***M* 系列**（maximal length sequence）からもつくることができる．M 系列は周期 2^m-1 の 2 元周期系列で，0，1 の発生率がほぼ 1/2 であり，1 周期内から始まる長さ m のパターンが互いに異なるというランダム系列のもつべき性質をもっているため，擬似ランダム系列としてよく用いられる．また，M 系列の 1 周期分を符号語として，M 系列を相関受信すれば，周期が符号語と一致したところで相関器の出力はピークとなり，それ以外では 0 に近い値をとる．このため M 系列は同期をとるためにも使われる．

M 系列をつくるには，7.3.2 項で述べた多項式の割り算回路を用いればよい．m 次原始多項式の割り算回路で遅延素子に全零以外の初期値を設定し，入力を切って回路を動かせば，周期 2^m-1 の M 系列が生成される．**図 8.25** は 3 次の原始多項式 x^3+x+1 による割り算回路で初期値を 0 0 1 に設定した場合を示している．この M 系列の最初の 1 周期分とそれを 1 ビットずらして得られる 6 個の 1 周期分を取り出し並べたうえで，全零の長さ 7 の系列をいちばん上に置き，さらにこの 8 個の系列の前に 0 を付加すると

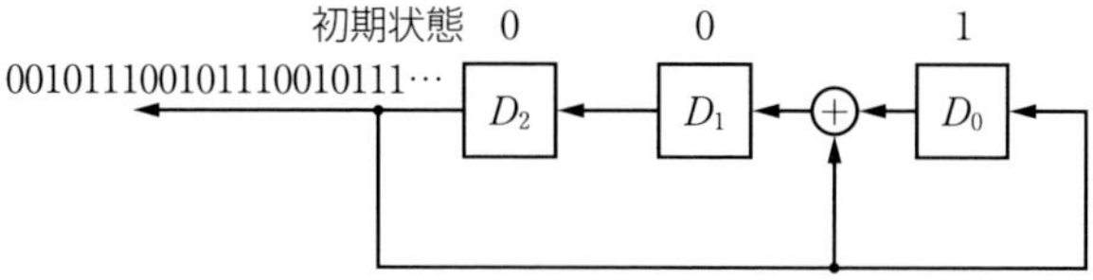

図 8.25　原始多項式 x^3+x+1 による M 系列生成

$$H_8'=\begin{bmatrix}00000000\\00010111\\00101110\\01011100\\00111001\\01110010\\01100101\\01001011\end{bmatrix}=\begin{bmatrix}+&+&+&+&+&+&+&+\\+&+&+&-&+&-&-&-\\+&+&-&+&-&-&-&+\\+&-&+&-&-&-&+&+\\+&+&-&-&-&+&+&-\\+&-&-&-&+&+&-&+\\+&-&-&+&+&-&+&-\\+&-&+&+&-&+&-&-\end{bmatrix} \tag{8.100}$$

となる．ただし，0 を＋，1 を－としている．この行列の行は直交符号をなす（演習問題 8.10 参照）．これから陪直交符号もすぐつくれるから，M 系列からも直交符号や陪直交符号は構成できるのである．この方式の利点は図 8.25 のようなシフトレジスタ回路で簡単に符号化できることや同期がとりやすいことなど，装置化に適している点にある．

演 習 問 題

8.1　**図 P8.1**(a)(b)の波形を $[-T/2, T/2]$ の区間でフーリエ級数に展開せよ．また，$[-T/2, T/2]$ の外では 0 であるとして，フーリエ変換せよ．

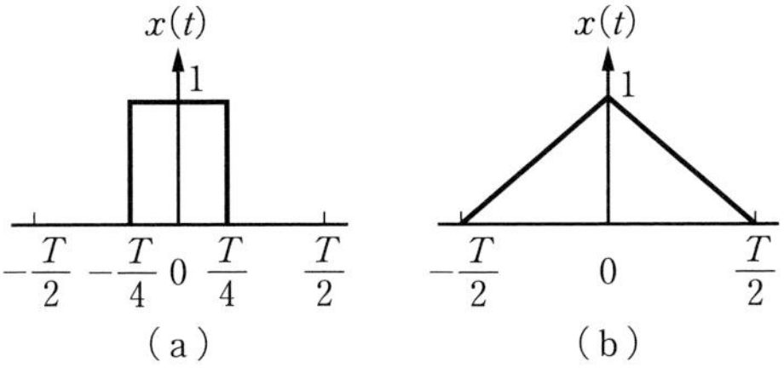

図 P8.1

8.2　標本化について，次の問に答えよ．

(a) W〔Hz〕以上の周波数成分をもつ波形を $f_s=1/2W$ の標本化周波数で標本化し，その標本値を補間して，波形を再生した場合，どのような現象が生じるかを論ぜよ．

(b) 映画やテレビで幌馬車の車輪が回転し，速度を上げていくようすを見ると，はじめ本来の方向にまわっているが，ある所で逆転し，やがて停止，また本来の方向にまわりはじめるように見える．この現象を(a)と関連づけて説明せよ．

8.3　標本値 X が互いに独立で，その確率密度関数が

$$p(x)=\frac{a}{2}e^{-a|x|}$$

となる情報源を考える．

(a) X の平均値と分散を求めよ．

(b) この情報源のエントロピーを求めよ．

(c) 標本値当たり同一のエントロピーをもつ白色ガウス情報源の平均電力と，この情報源の平均電力を比較せよ．

8.4　確率変数 X は，**図 P8.2** のような確率密度関数をもつ．いま，-1 から 1 までの間で X を 8 レベルに量子化した結果を Y とする．

(a) 直線量子化を行ったとき，相互情報量 $I(X;Y)$ はどうなるか．

(b) 相互情報量 $I(X;Y)$ を最大とするように量子化するには，どのようにしたらよいか．また，

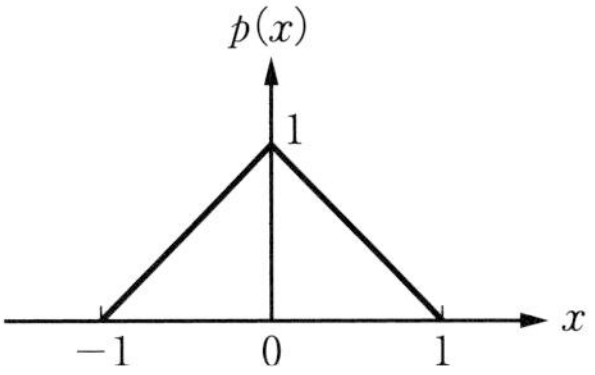

図 P8.2

そのときの $I(X;Y)$ はどうなるか．

8.5　直線量子化について，次の問に答えよ．ただし，各量子化ステップ内では，標本値は一様に分布していると仮定せよ．

（a）量子化雑音の平均電力が $\Delta x^2/12$ となることを証明せよ．ただし，Δx は量子化ステップの大きさである．

（b）過負荷雑音を生じない最大の正弦波の平均電力と量子化雑音の平均電力の比を量子化ビット数 m を用い，dB（デシベル）表示で表せ．ただし，比 r の dB 表示とは，$10\log_{10} r$〔dB〕で定義される．たとえば，$r=100$ は 20 dB となる．なお，量子化の対象となる区間は正負対称とする．

8.6　図 8.17 と図 8.18 に示した量子化で，1 標本値当たりの平均電力の比が $2/\pi$ となることを示せ．ただし，図 8.17 の正方形と図 8.18 の正六角形の面積は等しいとし，標本値は一様に分布しているとする．

8.7　平均値 0 で平均電力 P の定常な情報源の予測符号化を考える．いま，1 時点前の標本値を X_{-1} とするとき，これに係数 a を乗じて，aX_{-1} を現時点の標本値 X_0 の予測値とする．したがって，予測誤差は $E_p=X_0-aX_{-1}$ である．

（a）予測誤差の 2 乗平均値 $\overline{E_p{}^2}$ を最小にするには，a はどのように定めたらよいか．

（b）（a）のように係数 a を定めたとき，E_p と X_{-1} の関係について論ぜよ．

（c）この情報源が，ガウス情報源であるとして，E_p のエントロピー $H(E_p)$ と X_0 のエントロピー（情報源の 1 次エントロピー）$H(X_0)$ とを比較せよ．

8.8　帯域が $0\sim B$〔Hz〕の白色ガウス情報源がある．この情報源からのアナログ波形を白色ガウス通信路を介して送る．この白色ガウス通信路は，信号の平均電力が常に S 以下でなければならないが，帯域幅 W〔Hz〕は変えることができる．また，雑音の平均電力は 1 Hz 当たり N_0 の密度をもっている．したがって，帯域幅が W であれば，雑音の平均電力は $N=N_0W$ である．次のような場合に，復号後の信号の平均電力 P と雑音の平均電力（元の信号と復号結果との 2 乗平均誤差）D との比 P/D の上限を示せ．

（a）帯域幅 W が有限の一定値の場合．

（b）$W\to\infty$ とした場合．

8.9　例 8.9 と同様の通信系を考える．ただし，$S/N=4$ とする．このとき，次の問に答えよ．必要があれば，**表 P8.1** を用いてよい．

（a）白色ガウス通信路の通信路容量〔ビット/標本値〕を求めよ．

（b）変復調により，ディジタル化して得られる 2 元対称通信路の通信路容量〔ビット/記号〕を求めよ．

（c）復調において，標本値の振幅を 0 と 1 と消失の三つの区間に分けて判定することにより，2 元対称消失通信路に変換するものとする．この通信路の通信路容量が最大

表 P8.1　$\Phi(z)=\frac{1}{\sqrt{2\pi}}\int_{-\infty}^{x} e^{-\frac{x^2}{2}}dx$

z	$\Phi(z)$	z	$\Phi(z)$	z	$\Phi(z)$
0	0.5000	−1.0	0.1587	−2.0	0.0228
−0.1	0.4602	−1.1	0.1357	−2.1	0.0179
−0.2	0.4207	−1.2	0.1151	−2.2	0.0139
−0.3	0.3821	−1.3	0.0968	−2.3	0.0107
−0.4	0.3446	−1.4	0.0808	−2.4	0.0082
−0.5	0.3085	−1.5	0.0668	−2.5	0.0062
−0.6	0.2743	−1.6	0.0548	−2.6	0.0047
−0.7	0.2420	−1.7	0.0446	−2.7	0.0035
−0.8	0.2119	−1.8	0.0359	−2.8	0.0026
−0.9	0.1841	−1.9	0.0287	−2.9	0.0019
				−3.0	0.0013

となるように三つの区間を定めるには，どのようにしたらよいか（表 P8.1 の精度の範囲で求めればよい）．また，そのときの通信路容量〔ビット/記号〕を求めよ．

（d）{0 0 0, 1 1 1} という最小距離 3 の符号を用いるものとする．2 元対称通信路とする場合と，2 元対称消失通信路とする場合について，復号特性を比較せよ．

8.10　M 系列から 8.7.2 項の後半に示されている方法により直交符号が構成できることを証明せよ．すなわち，構成した全零以外の任意の二つの符号語が直交していることを証明せよ．

8.11　式(8.100)の＋，−の行列を①行の入換え，②列の入換え，③行または列ごとの＋，−の反転によって式(8.98)の行列に変換せよ．

参 考 文 献

本文中でも述べたように，情報理論は1948年のシャノンの論文

（1） C. E. Shannon: “A mathematical theory of communication”, Bell System Tech. J., vol. 27, pp. 379-423, pp. 623-656 (1948).

にはじまる．情報理論を学ぶ者にとって，一度は読むべき論文であろう．このシャノンの論文は，ウィーバーの解説をつけて，1949年，単行本として出版された．次にあげるのは，その和訳である．

（2） C. E. Shannon，W. Weaver著，長谷川淳，井上光洋訳：“コミュニケーションの数学的理論”，明治図書（1969）.

シャノン以後，情報理論の教科書，参考書は数多く出版された．ここでは，国内で出版された情報理論の主な著書および訳書をあげておこう．

（3） 関英男：“情報理論（岩波講座現代物理学V. D.)”，岩波書店（1955）.
（4） 喜安善一：“情報理論入門（通信工学講座11-A)”，共立出版（1956）.
（5） 喜安善一，室賀三郎：“情報理論（岩波講座現代応用数学B9)”，岩波書店（1957）.
（6） ヤグロム著，井関清志，西田俊夫訳：“情報理論入門”，みすず書房（1958）.
（7） 国沢清典：“情報理論（オートメーションシリーズ1)”，共立出版（1960）.
（8） 本多波雄：“情報理論入門”，日刊工業新聞社（1960）.
（9） 大泉充郎，本多波雄，野口正一：“情報理論”，オーム社（1962）.
（10） 三根久：“情報理論入門”，朝倉書店（1964）.
（11） 笠原芳郎：“情報理論と通信方式”，共立出版（1965）.
（12） R. M. Fano著，宇田川銈久訳：“情報理論”，紀伊国屋（1965）
（13） 国沢清典，梅垣寿春編：“情報理論の進歩——エントロピー理論の発展（現代科学選書)”，岩波書店（1965）.
（14） S. Goldman著，関英男訳：“情報理論”，近代科学社（1966）.
（15） 細野敏夫：“情報工学の基礎”，コロナ社（1967）.
（16） 奥野治雄：“近代情報理論工学（近代通信工学大講座13)”，電気書院（1968）.
（17） A. Feinstein著，釜三夫訳：“情報理論の基礎”，ラティス（1968）.
（18） 田中幸吉：“情報工学”，朝倉書店（1969）.
（19） 藤田広一：“基礎情報理論”，昭晃堂（1969）.
（20） 関英男：“情報理論”，オーム社（1969）.
（21） N. Abramson著，宮川洋訳：“情報理論入門”，好学社（1969）.
（22） 福村晃夫：“情報理論”，コロナ社（1970）.

(23)　甘利俊一：“情報理論”，ダイヤモンド社（1970）．
(24)　F. M. Reza 著，鶴見茂監訳，大石尚弘訳：“情報理論入門——確率・情報・コード”，共立出版（1973）．
(25)　加納省吾：“情報科学の基礎理論”，朝倉書店（1974）．
(26)　野口正一：“情報工学基礎論 I（電子・通信・電気工学基礎講座 13）”，丸善（1976）．
(27)　有本卓：“情報理論”，共立出版（1976）．
(28)　滝保夫：“情報論 I ——情報伝送の理論（岩波全書 306）”，岩波書店（1978）．
(29)　三根久：“情報の数理”，筑摩書房（1978）．
(30)　有本卓著，電子通信学会編：“現代情報理論”，電子通信学会（1978）．
(31)　A. M. Rosie 著，佐藤利三郎，池田哲夫訳：“情報通信入門”，マグロウヒル好学社（1978）．
(32)　宮川洋：“情報理論（電子通信大学講座 39）”，コロナ社（1979）．
(33)　磯道義典：“情報理論（電子情報通信学会　大学シリーズ G-1）”，コロナ社（1980）．
(34)　宮川洋，原島博，今井秀樹：“情報と符号の理論（岩波講座情報科学 4）”，岩波書店（1982）．
(35)　佐藤洋：“情報理論（改訂版）”，裳華房（1983）．
(36)　北川敏男編，国沢清典著：“情報理論 I（情報科学講座 A·2·4）”，共立出版（1983）．
(37)　今井秀樹：“情報・符号・暗号の理論”，コロナ社（2004）．
(38)　小沢一雅：“情報理論の基礎”，オーム社（2011）．
(39)　T. M. Cover，J. A. Thomas 著，山本博資，古賀弘樹，有村光晴，岩本貢訳：“情報理論——基礎と広がり”，共立出版（2012）．

情報理論の最近の研究動向を知るには，単行本ではないが，

(40)　“特集情報理論——シャノン以後の展開”，数理科学 1980 年 4 月号，サイエンス社．

が参考となろう．また，情報理論と他分野との関連については，次のような著書が興味深い．

(41)　F. Attneave 著，小野茂，羽生義正訳：“心理学と情報理論”，ラティス（1968）．
(42)　L. Brillouin 著，佐藤洋訳：“科学と情報理論”，みすず書房（1969）．
(43)　F. J. Crosson，K. M. Sayre 編，高野守正，星野慎吾訳：“情報工学と哲学”，培風館（1971）．
(44)　L. L. Gatlin 著，野田春彦，長谷川政美，矢野隆昭訳：“生体系と情報理論”，東京化学同人（1974）．

情報理論の教科書，参考書には，符号理論にかなりの頁数を割いているものも少なくない．しかし，符号理論をさらに専門的に勉強したい場合には，次のような参考書が推薦できる．

(45)　宮川洋，岩垂好裕，今井秀樹：“符号理論（コンピュータ基礎講座 18）”，昭晃堂（1973）．
(46)　嵩忠雄，都倉信樹，岩垂好裕，稲垣康雄：“符号理論（情報工学講座 14）”，コロナ社（1975）．

(47)　武田二郎：“代数系と符号理論”，槙書店（1978）．

(48)　今井秀樹：“符号理論”，電子情報通信学会（1990）．

(49)　和田山正：“誤り訂正技術の基礎”，森北出版（2010）．

(50)　萩原学：“符号理論——デジタルコミュニケーションにおける数学”，日本評論社（2012）．

(51)　銭飛：“ネットワーク符号化の基礎”，森北出版（2015）．

(52)　萩原学編著：“進化する符号理論”，日本評論社（2016）．

なお，本文では触れなかったが，誤り訂正符号には，演算装置における誤りの訂正を目的とするものがある．これについては，次の著書が詳しい．

(53)　福村晃夫，後藤宗弘：“算術符号理論”，コロナ社（1978）．

本書では，信号理論については，第8章でその基礎を述べる程度で，あまり詳しく触れなかった．最後に，この理論の教科書，参考書をあげておこう．

(54)　W. B. Davenport Jr.，W. L. Root 著，滝保夫，宮川洋訳：“不規則信号と雑音の理論”，好学社（1968）．

(55)　宮川洋，佐藤拓宋，茅陽一：“不規則信号論と動特性推定”，コロナ社（1969）．

(56)　Y. W. Lee 著，宮川洋，今井秀樹訳：“不規則信号論　上，下”，東京大学出版会（1973, 1974）．

(57)　L. E. Franks 著，猪瀬博，加藤誠巳，安田浩訳：“信号理論”，産業図書（1974）．

(58)　高橋進一，中川正雄：“信号理論の基礎”，実教出版（1976）．

(59)　添田喬，中溝高好，大松繁：“信号処理の基礎と応用”，日新出版（1979）．

演習問題解答

第3章

3.1

x	y	z	$P_{XYZ}(x, y, z)$
0	0	0	0.504
0	0	1	0.056
0	1	0	0.070
0	1	1	0.070
1	0	0	0.096
1	0	1	0.024
1	1	0	0.054
1	1	1	0.126

x	z	$P_{X\mid Z}(x\mid z)$
0	0	0.793
1	0	0.207
0	1	0.457
1	1	0.543

3.2 （a） $w_0=\dfrac{28}{47}$， $w_1=\dfrac{7}{47}$， $w_2=\dfrac{7}{47}$， $w_3=\dfrac{5}{47}$

（b） $P_x(0)=\dfrac{33}{47}$

（c） $P(0\mid 0^n)=\dfrac{5.32\times(0.9)^{n-1}+(0.3)^{n+1}}{5.32\times(0.9)^{n-2}+(0.3)^n}$

3.3 図 a.3.1 のとおり．

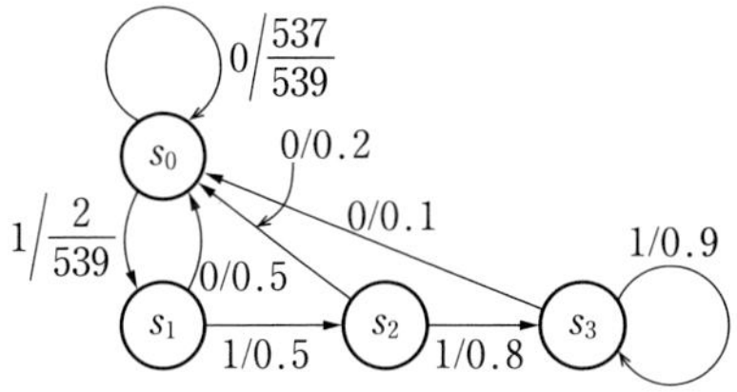

図 a.3.1

3.4 （a） ${}_n\mathrm{C}_k(0.3)^k(0.7)^{n-k}$　　$\dfrac{n!}{k_1!k_2!(n-k_1-k_2)!}(0.2)^{k_1}(0.1)^{k_2}(0.7)^{n-k_1-k_2}$

（b） 0.340900056

3.5 （a） 7.5×10^{-3}

（b） 6.1×10^{-3}

第4章

4.1 a_0〜a_7 を 1，001，010，0000，0001，0110，01110，01111 および 0，2，3，10，11，12，130，131 と符号化すればよい．

4.2 （a）s_0〜s_3 の確率がそれぞれ 0.8，0.04，0.04，0.12 となる．

（b）0.185

（c）0.634

（d）0.498

4.3 ハフマン符号は省略．$L=0.155$

4.4 （a）第1桁目の 0〜6 および 0^{56} の確率はそれぞれ 0.149，0.127，0.108，0.092，0.078，0.067，0.057，0.323 となる．また，第2桁目の 0〜7 の確率はそれぞれ 0.134，0.131，0.129，0.126，0.124，0.121，0.119，0.116 となる．これに対し，それぞれハフマン符号化すればよい．

（b）$L=0.143$

4.5 4.6.2 項の方法で符号化を行えば，$L=0.402$．また，A，B，C，D をそれぞれ 00，01，10，11 と変換し，これらの第1桁目および第2桁目からなる系列をそれぞれ問題 4.4 と同様な方法で，同じ符号を用いて符号化すると，$L=0.380$ となる．

4.6 （a）0.553

（b）1，01，0^21，0^31，0^4 の確率はそれぞれ 0.5916，0.0408，0.0368，0.0331，0.2977 となる（原理的には，1，01，…，0^4 の五つの状態からなる状態図を考え定常分布を求めれば，これらの確率を求めることができるが，状態を適当にまとめて考えれば計算を簡単化できる）．これに対し，ハフマン符号化すればよい．

（c）（b）と同様にして 0^4，$0(1)$，$0^2(1)$，$0^3(1)$，$\lambda(1)$，1^4，$1(0)$，$1^2(0)$，$1^3(0)$，$\lambda(0)$ の確率が，それぞれ，0.4251，0.0583，0.0525，0.0472，0.0425，0.1739，0.0679，0.0543，0.0435，0.0348 であることがわかる．ただし，（1），（0）は次の記号が 1，0 であることを示す．また，λ は空系列（長さ 0 のラン）を表す．これは，0 のランと 1 のランを区別するため必要である．0 のラン 0^4，$0(1)$，$0^2(1)$，$0^3(1)$，$\lambda(1)$ および 1 のラン 1^4，$1(0)$，$1^2(0)$，$1^3(0)$，$\lambda(0)$ に対し，別々にハフマン符号化を行えば，ともに符号語の長さが 1，3，3，3，3 という符号となる．

（d）（b）の場合 0.754，（c）の場合 0.599．

4.7 （a）1 の発生確率は $\frac{2}{3}\times 0.1+\frac{1}{3}\times 0.2=0.133$．したがって

$$H_1(S_1)=\mathscr{H}(0.133)=0.567$$

（b）$H(S_1)=H(S_0)=0.553$（可逆な変換に対しては，エントロピーは変わらない）

4.8　(a) $L=0.879$, $H(S)=0.872$

(b) ランレングス 0, 1, 2, 3, 4, 5, 6, 7, 8, …に対し, 00, 010, 011, 100, 1010, 1011, 1100, 11010, 11011, …と符号化すればよい.

4.9　(a) $0.1\cong 2^{-3}$, $0.2\cong 2^{-2}$ と近似して符号化を行うと, $\tilde{C}(x)=0.1101100100100$

(b) 各状態について式(4.75)を用いて L_n を計算し，それを平均すると

$$\frac{2}{3}\times 0.473+\frac{1}{3}\times 0.816=0.587$$

4.10　(a) 詳細は略すが，送信系列は0101010011100110110000となる.

(b) 復号の対象とする受信系列の最初の2ビットをアルファベットの記号に復号し，参照番号1として辞書に登録する．以下，第 i 番目の部分系列はまだ復号されていない受信系列の右端の $\lceil \log_2 i \rceil$ ビットを参照番号として辞書を検索し，その欄の単語に受信系列の次の2ビットに対応する記号を連接した系列をこの $\lceil \log_2 i \rceil+2$ ビットの復号結果として出力するとともに参照番号 i の単語として辞書に登録する，という過程で行う.

(c) 辞書の初期値として，符号化の対象となる分野で頻繁に使われる単語を入れるように設定しておく，など.

第5章

5.1　(a) 0.0394 ビット

(b) 0

(c) 適中率は Y' のほうが高いが，Y' は何の情報も与えない.

5.2　(a) 右辺は $-\sum_x\sum_y\sum_z P(x,y,z)\log_2 P(x)P(y)P(z)$ となる．これに**補助定理 4.1** を用いればよい．符号は X, Y, Z が互いに独立であるとき成立．解釈は省略.

(b) $P(x,y,z)=P(x\,|\,y,z)P(y\,|\,z)P(z)$ となることから明らか.

(c) 右辺は $-\sum_z P(z)\sum_x\sum_y P(x,y\,|\,z)\log_2 P(x\,|\,z)P(y\,|\,z)$ となる．x と y に関する和について**補助定理 4.1** を用いればよい．等号は $P(x,y\,|\,z)=P(x\,|\,z)P(y\,|\,x)$ のとき.

(d) $H(X\,|\,Z)-H(X\,|\,Y,Z)=\sum_z P(z)\sum_x\sum_y P(x,y\,|\,z)\log_2[P(x,y\,|\,z)/\{P(x\,|\,z)P(y\,|\,z)\}]$ に対し，**補助定理 4.1** を用いればよい．等号は $P(x,z\,|\,y)=P(x\,|\,y)P(z\,|\,y)$ のとき．2番目の不等式はすでに明らか.

5.3　(a) $I(X;Y\,|\,Z)$ が問題5.2(d)の解答に示したような形になることから明らか．解釈は省略する.

(b) (X,Y) を一つの確率変数と考えれば明らか.

(c) 左辺 $=H(z)-H(Z\,|\,X,Y)$．右辺 $=[H(z)-H(Z\,|\,X)]+[H(Z\,|\,X)-H(Z\,|\,X,Y)]$ $=$ 左辺.

(d) (c)を繰り返せばよい.

5.4　長さ n の情報源系列を $\boldsymbol{X}_n$，それに対応する変換された系列を $\boldsymbol{Y}_n$ とする．n を3の倍数とする．このとき，$\boldsymbol{X}_n$ が決まれば $\boldsymbol{Y}_n$ は完全に決まるから，$H(\boldsymbol{Y}_n|\boldsymbol{X}_n)=0$．ゆえに，$I(\boldsymbol{X}_n;\boldsymbol{Y}_n)=H(\boldsymbol{Y}_n)$．したがって，1記号当たりの相互情報量 $I(X;Y)$ を求めるには，$\boldsymbol{Y}_n$ の1記号当たりのエントロピーを求めればよい．$\boldsymbol{Y}_n$ は，二つの状態をもつ**図a.5.1**のようなマルコフ情報源から発生する系列と考えることができる．このエントロピーを求め，3で割れば，$I(X;Y)=0.509$ を得る．

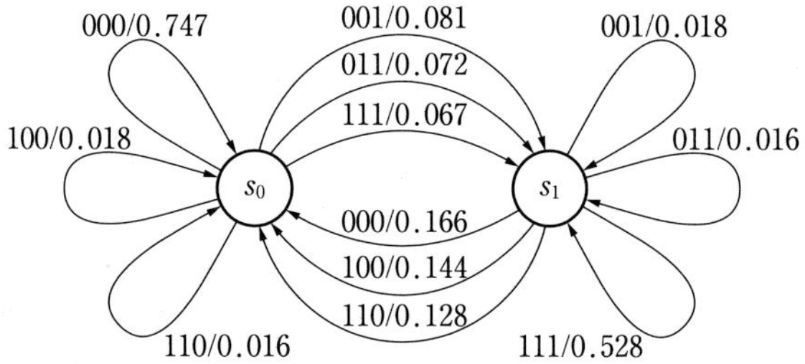

図a.5.1

5.5　$p=0.5$ のときは，$\bar{d}=2^{-7}\times112/7=0.125$．各符号語は等確率で選ばれるから $L_B=4/7=0.571$．このとき $L_I=1-\mathscr{H}(\bar{d})=0.456$．$p=0.25$ のときは $\bar{d}=0.117$．含まれる1の数(ハミング重み)が0，3，4，7の符号語はそれぞれ1，7，7，1個あり，それぞれ確率0.4495，0.0560，0.0231，0.0013で選ばれるから，エントロピーは2.108．ゆえに $L_B=0.301$．一方，$L_I=0.290$．

第6章

6.1　(a) $1-\mathscr{H}(p_1p_2+(1-p_1)(1-p_2))$

(b) $2-\mathscr{H}(p_a)-\mathscr{H}(p_b)$

(c) $\log_2(1+2^{-\mathscr{H}(p)/p})$

6.2　(a) $\log_2(1+2^{1-\mathscr{H}(p)})$

(b) $\log_2(2^{1-\mathscr{H}(p_1)}+2^{1-\mathscr{H}(p_2)})$

6.3　$P(s_1|s_0)=0.00101$，$P(s_0|s_1)=0.1$ という状態遷移確率をもつ単純マルコフモデルとなる．通信路容量は0.9839〔ビット/記号〕．

6.4　(a) 問題5.3(d)および $H(Y_1,\cdots,Y_i|\boldsymbol{X}_n)=H(Y_1,\cdots,Y_i|X_1,\ \cdots,\ X_i)$ から導ける．

(b) $w_i=f_i(\boldsymbol{x}_i,y_1,\cdots,y_{i-1})$ であるから，$\boldsymbol{x}_i$，y_1，$\cdots$，y_{i-1} が定まれば w_i は確定する．y_i は w_i を入力したときの通信路の出力だから，$H(Y_i|\boldsymbol{X}_i,Y_1,\cdots,Y_{i-1})=H(Y_i|W_i)$．また，$H(Y_i|Y_1,\cdots,Y_{i-1})\leq H(Y_i)$ だから

$$I(\boldsymbol{X}_i;Y_i\mid Y_1,\cdots,Y_{i-1})=H(Y_i\mid Y_1,\cdots,Y_{i-1})-H(Y_i\mid \boldsymbol{X}_i,Y_1,\cdots,Y_{i-1})$$
$$\leq H(Y_i)-H(Y_i\mid W_i)=I(W_i;Y_i).$$

（c）（a）と（b）および $I(W_i;X_i)\leq C$ を用いれば，$I(\boldsymbol{X}_n;\boldsymbol{Y}_n)\leq nC$．このシステムの通信路容量を C_0 とすれば

$$C_0=\lim_{n\to\infty}\frac{1}{n}I(\boldsymbol{X}_n;\boldsymbol{Y}_n)\leq C$$

6.5　この場合，速度・ひずみ関数は，$R(D)=1-\mathcal{H}(D)$．$D=10^{-4}$ だから，$R(10^{-4})=0.99853$．一方，通信路容量は $\mathcal{C}=9008.2$〔ビット/秒〕．α の可能な最大値は

$$\alpha_{\max}=\mathcal{C}/R(10^{-4})=9021.5$$

6.6　$R=0.4$ における信頼性関数の値は $E(0.4)=0.01513$．ゆえに

$$n\geq\frac{-\log_2 10^{-6}}{0.01513}\cong 1\,320$$

第7章

7.1　（a）パリティ検査方程式は，式(7.19)に $w_1+w_2+\cdots+w_8=0$ を追加したものとなる．この最後の式に式(7.19)の三つの式の辺々を加えると $w_1+w_3+w_4+x_8=0$ となる．これを用いれば

$$H=\begin{bmatrix}1\,1\,1\,0\,1\,0\,0\,0\\0\,1\,1\,1\,0\,1\,0\,0\\1\,1\,0\,1\,0\,0\,1\,0\\1\,0\,1\,1\,0\,0\,0\,1\end{bmatrix}$$

（b）$c_1=x_1+x_2+x_3$，$c_2=x_2+x_3+x_4$，$c_3=x_1+x_2+x_4$，$c_4=x_1+x_3+x_4$ となるようにつくればよい．

（c）図7.6と同様に構成すればよいが，この場合，シンドロームが $\mathbf{0}$ でなく，かつ単一誤り（検査ビットの単一誤りも含む）でなければ，誤り検出信号を発生する回路が必要である．

7.2　（a）$P_e=3.40\times10^{-5}$

（b）$P_d=3.40\times10^{-3}$

7.3　（a）各符号語を中心とする復号領域には $\sum_{i=0}^{t_0}{}_nC_i$ 個の点が含まれる．受信空間には 2^n 個の点が含まれ，M 個の復号領域は互いに重複してはならないことから，この限界式が出てくる．

（b）情報記号が一つだけ非零であるような符号語の重みを考えればよい．

7.4　（a）左から9番目の記号が誤り．

（b）1消失で誤りがあるので訂正不可能．

（c）消失はともに1.

7.5　（a）1が1個あれば，その列には少なくとも d_1 個の1があり，その列の各々の1のある行のそれぞれに少なくとも d_2 個の1があるから，最小距離＝最小重み $\geq d_1d_2$．また，重みがちょうど d_1d_2 の符号語が存在する．ゆえに，$d_{\min}=d_1d_2$.

（b）各列（$\boldsymbol{C}_1$）のシンドロームを S_1，S_2，S_3，各行（$\boldsymbol{C}_2$）のシンドロームを s_1，s_2，…，s_6 とする．また，S_1，S_2，S_3 のうち，$\mathbf{0}$ でないものの数を W，s_1，s_2，…，s_6 のうち0でないものの数を w とする．

（i）$W=w=0$ なら誤りなしと判定.

（ii）$W=1$，$w=1$ または2なら，$S_i \neq 0$ となる列 i の $s_j \neq 0$ となる行 j の要素を訂正する（訂正した誤りパターンに対するシンドロームを求め，これが実際のシンドロームと一致するかどうかを確認すれば誤って復号する確率をさらに減らせる．以下同様).

（iii）$W=2$，$w=0$，または2なら，$S_i \neq 0$，$S_j \neq 0$ となるシンドローム S_i，S_j によって，列 i，j の単一誤りを訂正する.

（iv）それ以外の場合は誤り検出とする.

7.6　（a）$n=ap+b$（$0 \leq b < p$）とする.

$$x^n-1=x^{ap+b}-1=x^b(x^{ap}-1)+x^b-1$$

$G(x) \mid (x^p-1)$ であり，$(x^p-1) \mid (x^{ap}-1)$ であるから，$G(x) \mid (x^{ap}-1)$．ゆえに，$G(x) \mid (x^n-1)$ のためには，$G(x) \mid (x^b-1)$ が必要十分．しかるに，$0 \leq b < p$ だから，$b=0$.

（b）$F_1(x)$，…，$F_m(x)$ は互いに素だから，$G(x) \mid (x^n-1)$ のためには $F_i(x) \mid (x^n-1)$（$i=1, 2, \cdots, m$）が必要十分．このためには，$p_i \mid n$ が必要十分．周期 p は，このような最小の n だから，$\mathrm{LCM}(p_1, \cdots, p_m)$ となる.

7.7　バースト誤りパターンを表す多項式のうち，$G(x)$ で割り切れるものの割合は，$l=m+1$ のとき $\dfrac{1}{2^{l-2}}=2^{-m+1}$，$l>m+1$ のとき，$\dfrac{2^{l-m-2}}{2^{l-2}}=2^{-m}$ となる.

7.8　（a）略

（b）$E_1(x)$ と $E_2(x)$ がともに長さ2のバースト誤りの場合を考える．このとき

$$E_1(x)+E_2(x)=x^i(x+1)+x^j(x+1)=(x+1)x^j(x^{i-j}+1) \quad (i>j \text{ とする})$$

$G(x)$ がこれを割り切るには，$(x^4+x+1) \mid (x^{i-j}+1)$ が必要．x^4+x+1 の周期は15であり，$0<i-j<15$ であるから，これは不可能．ほかの場合は略.

（c）図7.15の復号器と同様に構成できる．シフトレジスタの部分を $G(x)$ による割り算回路とし，D_2，D_1，D_0 の出力が0のとき，D_4 の出力を15単位時間遅延させた受信語に加えればよい.

7.9　（a）$\mathbf{0}$ と（000111101011001）を巡回置換して得られるすべてのベクトル.

（b）$d_{\min}=8$

（c）M 系列（最大周期系列）と呼ばれる系列である．たとえば，ある 1 周期内からはじまる長さ 4 ビットのパターンを見ていくと，**0** 以外のすべてのパターンが一度ずつ現れる．また，0 と 1 の数がほぼバランスしているなど擬似ランダム系列としての性質をもつ．

（d）x^4+x^3+1 による割り算回路をつくり，遅延素子に最初に全零以外の任意の状態を設定しておき，入力を入れないで，シフトするとよい．なお，$x^4+x^3+1=\dfrac{x^{15}+1}{G(x)}$ である．

7.10（a）略．

（b）$x=\alpha^{13}$，$y=\alpha^5$．

7.11（a）α^j は x^n-1 の根．ゆえに $\alpha^j \neq 1$ のときは，$x^{n-1}+\cdots+x+1$ の根となることから明らか．$\alpha^j=1$ のときは，n が奇数だから $GF(2^m)$ 上で $n=1$ となる．

（b）（a）を用いれば直ちに導ける．

7.12（a）フーリエ変換の定義から明らか．

（b）$\widetilde{W}(x)/x^d$ が $n-d$ 次以下の多項式となることから明らか．

（c）問題 7.11 の（b）を用いればよい．

（d）$GF(2^m)$ の非零の元は x^n-1 の根であるから，$\widetilde{W}(x)$ の非零の根で $GF(2^m)$ に含まれるものは，$\widetilde{W}(x)$ と x^n-1 の GCD（最大公約多項式）の根となる．このことを用いて，（b）と同様のことを示せばよい．

7.13（a）$G(x)=x^8+x^4+x^2+x+1$

（b）$G(x)=x^{10}+x^9+x^8+x^6+x^5+x^2+1$

（c）$G(x)=x^9+x^8+x^5+x^4+x^3+1$

7.14 $GF(4)$ の元 x に α を掛けることは x のベクトル表現 (x_1, x_0) についていえば，右から $\begin{bmatrix}1 & 1\\ 1 & 0\end{bmatrix}$ という行列を乗じることに相当する．ゆえに，検査行列は

$$H=\begin{bmatrix}1010101000\\0101010100\\1011010010\\0110110001\end{bmatrix}$$

7.15 $GF(2^3)$ の上の $(9,7)$ 単一誤り訂正符号から，$(27,21)$ 単一バイト誤り訂正符号を作り，34 回交錯する．この効率は $7/9\times100=77.8\%$．

7.16（a）詳細は略すが，8 個の状態からなり，矢印の向きを除けば，矢印が交差することなく，上下左右対称に描くことができる．矢印の向きは上下左右で逆になる．また，状態に関しても上下左右で綺麗な対称性がある．

（b）情報源系列は 1111000 であり，送信系列は 11 01 00 11 00 10 11 となる．

第8章

8.1　フーリエ級数

（a）$a_k=\dfrac{\sin\dfrac{k\pi}{2}}{\dfrac{k\pi}{2}}$　　$b_k=0$

（b）$a_k=\dfrac{\sin^2\dfrac{k\pi}{2}}{\left(\dfrac{k\pi}{2}\right)^2}$　　$b_k=0$

フーリエ変換

（a）$\dfrac{\sin\dfrac{kfT}{2}}{\pi f}$

（b）$\dfrac{\sin^2\dfrac{kfT}{2}}{(\pi f)^2}$

8.2　（a）$W+f_1(0<f_1<W)$の周波数成分を含むとき，$W-f_1$の周波数成分として現れる（ただし，位相は逆転する）．このような現象を折返し（aliasing）という．

（b）映画やテレビは，標本化された画像を次々と見せている．このため折返しが生じるのである．

8.3　（a）$\overline{X}=0$　　$\overline{X_2}-\overline{X}^2=\dfrac{2}{a^2}$

（b）$H(X)=\log_2\dfrac{2e}{a}$

（c）この情報源の平均電力が白色ガウス情報源の平均電力の$\pi/e=1.16$倍．

8.4　Xが定まればYも完全に定まるから，$I(X;Y)=H(Y)$

（a）各量子化ステップに入る確率は$(1,3,5,7,7,5,3,1)/32$．ゆえに，$I(X;Y)=H(Y)=2.749$

（b）Yが一様分布に従うようにすればよい．量子化の区分点は±0.5，$\dfrac{\pm(2-\sqrt{2})}{2}$，$\pm\dfrac{(2-\sqrt{3})}{2}$，0．$I(X;Y)=3$．

8.5　（a）$\dfrac{1}{\Delta x}\displaystyle\int_{-\Delta x/2}^{\Delta x/2}x^2dx=\dfrac{\Delta x^2}{12}$

（b）振幅Aの正弦波の平均電力は$\dfrac{A^2}{2}$．量子化雑音の平均電力は$\dfrac{\left(\dfrac{2A}{2^m}\right)^2}{12}$．ゆえに，平均電力の比は$10\log_{10}1.5+m\cdot20\log_{10}2=1.76+6.02m$〔dB〕．

8.6　図 8.17 の正方形の一辺を Δx とすれば，図 8.17 の量子化雑音電力は 1 標本値当たり $\dfrac{\Delta x^2}{12}$．図 8.18 の正六角形の一辺は $\sqrt{\dfrac{2}{3\sqrt{3}}}\Delta x$ となり，量子化雑音電力は $\dfrac{5\Delta x^2}{18\sqrt{3}}$．ゆえに，1 標本値当たり $\dfrac{5\Delta x^2}{36\sqrt{3}}$．

8.7　（a）$\overline{X_0}^2-2a\overline{X_{-1}X_0}+a^2\overline{X_{-1}}^2$ を α に関し最小化すれば，$\alpha=\overline{X_{-1}X_0}/\overline{X_{-1}X_{-1}}^2=\rho$ を得る．ただし，ρ は相続く二つの標本値の間の相関係数である．

（b）$\overline{E_pX_{-1}}=0$．すなわち，E_p と X_{-1} の相関係数は 0.

（c）E_p は平均値 0，分散 $P(1-\rho^2)$ のガウス分布に従う．ゆえに，$H(X_0)-H(E_p)=\log_2\sqrt{1-\rho^2}$ となる．

8.8　（a）$\mathscr{R}(D)\leq\mathscr{C}$ から $\dfrac{P}{D}\leq\left(1+\dfrac{S}{N_0W}\right)^{\frac{W}{B}}$

（b）（a）で $W\to\infty$ とすれば，$\dfrac{P}{D}\leq e^{\frac{S}{N_0B}}$ $\left(\lim_{x\to\infty}\left(1+\dfrac{a}{x}\right)^x=e^a\right.$ となることに注意$\Big)$．

8.9　（a）1.161〔ビット/標本値〕

（b）0.843〔ビット/記号〕

（c）$-0.5\sqrt{N}$ 以下を 1，$-0.5\sqrt{N}\sim0.5\sqrt{N}$ を消失，$0.5\sqrt{N}$ 以上を 0 とする．通信路容量は 0.886〔ビット/記号〕．

（d）2 元対称通信路の場合：復号誤り率 $P_e=1.54\times10^{-3}$，誤り検出率 $P_d=0$
2 元対称消失通信路の場合，$P_e=1.83\times10^{-3}$，$P_d=2.33\times10^{-3}$．

8.10　周期 2^m-1 の M 系列の最初の 1 周期は，原始多項式を生成多項式とする巡回符号の全零以外の符号語となっている．その 1 周期から 1 ビット後にずらした 1 周期は，最初の 1 周期を 1 ビット巡回置換した系列と一致する．したがって，巡回符号の符号語となっている．最初の 1 周期が出るまでの間は m 段のシフトレジスタの内容に同じ m 次元パターンが現れることはないから，その間，全零以外のすべての m 次元 2 元パターンが現れる（全零が現れればそこで周期が終わる）．したがって，右端の遅延素子には全零以外のすべての m 次元の 2 元パターンの最初のビットが通るから，最初の符号語に含まれる 1 の数（重み）は 2^{m-1} 個である．ほかの符号語はこの符号語を巡回置換したものであるから，やはり重みは 2^{m-1} 個である．各符号語の頭に 0 を加え，符号長を 2^m にした符号は，符号長のちょうど半分が 0 となる．したがって，0，1 を $+1$，-1 として，符号語の全記号の和をとると 0 になる．巡回符号は線形符号であるから，任意の二つの符号語の和も符号語であり，任意の二つの符号語（全零も含めて）の相関はこの二つの符号語の和の全記号の和となるから 0 となる．すなわち任意の二つの符号語は直交している．

8.11　略．なお，符号長がもっと長い場合はうまくいくとは限らない．

索　　引

数字・記号

アルファベット

あ　行

か　行

さ 行

た　行

ま　行

や　行

ら　行

わ　行

〈著者略歴〉

今井秀樹（いまい　ひでき）
工学博士
1966年　東京大学工学部電子工学科卒業
1971年　横浜国立大学講師
　　　　同大学工学部情報工学科教授をへて
　　　　東京大学生産技術研究所教授
　　　　中央大学理工学部教授
現　在　東京大学名誉教授

• 本書は，昭晃堂から発行されていた「情報理論」を改訂し，改訂2版としてオーム社から発行するものです．

情報理論（改訂2版）

2014年9月15日　第1版第1刷発行
2019年2月20日　改訂2版第1刷発行
2024年9月10日　改訂2版第7刷発行

著　者　今井秀樹
発行者　村上和夫
発行所　株式会社オーム社
　　　　郵便番号　101-8460
　　　　東京都千代田区神田錦町3-1
　　　　電　話　03(3233)0641(代表)
　　　　URL　https://www.ohmsha.co.jp/

印刷　中央印刷　　製本　協栄製本
ISBN978-4-274-22325-9　Printed in Japan